职业院校新形态通识教育系列教材

安全教育教程

|视|频|指|导|版|

邵从清◉主编

人民邮电出版社
北京

图书在版编目（CIP）数据

安全教育教程 ：视频指导版 / 邵从清主编. -- 北京 ：人民邮电出版社，2022.8
职业院校新形态通识教育系列教材
ISBN 978-7-115-57604-0

Ⅰ. ①安… Ⅱ. ①邵… Ⅲ. ①安全教育－高等职业教育－教材 Ⅳ. ①X956

中国版本图书馆CIP数据核字(2022)第056959号

内 容 提 要

安全是保证每个大学生顺利度过大学生活的重要保障，也是每个大学生健康成长的基本条件。为了增强大学生的安全意识，丰富大学生的安全知识与防范技能，我们编写了本书。本书共 10 章，分别从安全意识、国家安全、校园安全、心理安全、人身财产安全、交通安全、网络安全、消防安全、公共安全和社会实践安全 10 个方面阐述大学生安全教育的相关内容。本书每章末设计了“自我测评”板块，用于测评大学生的安全意识，帮助大学生认识和改善自身在安全保护方面的不足。此外，本书配有丰富的拓展资源，读者可以扫描二维码观看。

本书既可以作为高等院校大学生安全教育、大学生入学教育课程的教材，又可以作为各行各业进行安全教育的参考用书。

◆ 主　　编　邵从清
责任编辑　楼雪樵
责任印制　王　郁　彭志环
◆ 人民邮电出版社出版发行　　北京市丰台区成寿寺路 11 号
邮编　100164　　电子邮件　315@ptpress.com.cn
网址　https://www.ptpress.com.cn
北京鑫丰华彩印有限公司印刷
◆ 开本：787×1092　1/16
印张：13.25　　2022 年 8 月第 1 版
字数：336 千字　　2024 年 7 月北京第 5 次印刷

定价：46.00 元

读者服务热线：(010)81055256　印装质量热线：(010)81055316
反盗版热线：(010)81055315
广告经营许可证：京东市监广登字 20170147 号

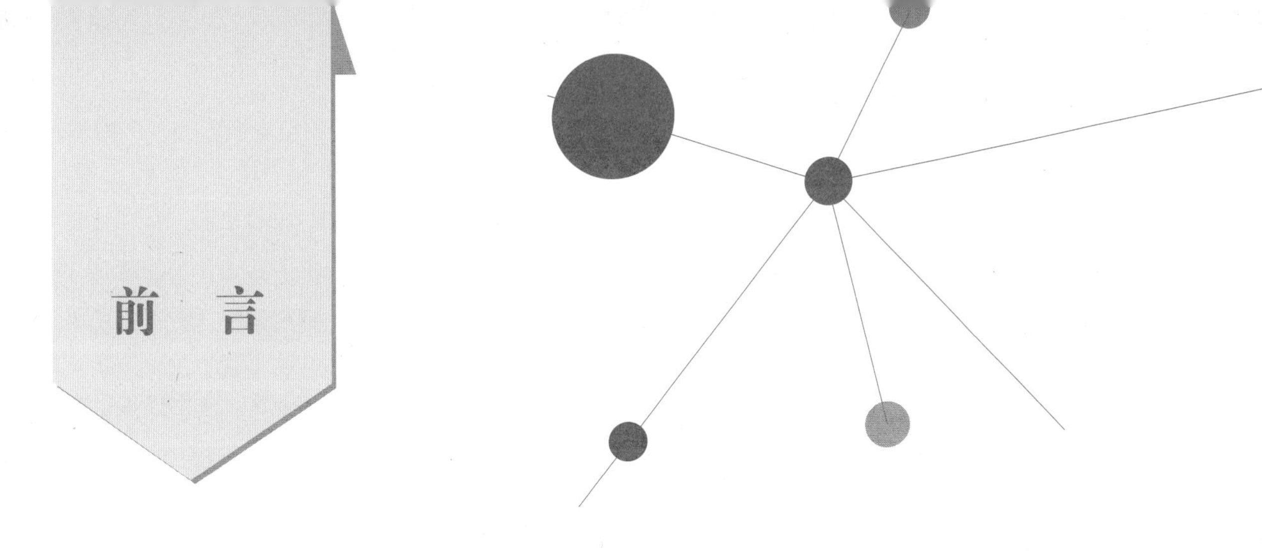

前言

党的二十大报告指出："坚持安全第一、预防为主，建立大安全大应急框架，完善公共安全体系，推动公共安全治理模式向事前预防转型。"无论何时，安全都是每个人不可忽视的。虽然大学生活丰富多彩，校园环境优美，治安状况良好，但在大学校园中学习和生活的大学生难免会面对危险。例如，我们有时在新闻报道中看到宿舍失窃、使用违规电器引发火灾，以及遭遇网络诈骗、发生交通事故等事件。这些事件一再敲响了警钟，就大学校园安全问题而言，这些事件大多是大学生的安全意识淡薄导致的。

对于安全问题，大学生不应该亡羊补牢，而应该未雨绸缪。不要等到事故已经发生，或已经造成损失、伤害后，再想办法补救，而要做到有备无患。大学是大学生进入社会、开启独立生活的第一站，在这一站中，大学生应当多了解、多掌握一些安全知识与防范技能，筑牢安全防线。

本书根据大学生安全教育的需求和大学生的身心特点编写，立足安全教育的实用性，注重内容的可读性，通过丰富的案例剖析大学生常见安全问题出现的原因，为大学生提供基本的安全保障。

本书特色

本书对与大学生安全教育相关的内容进行了较为全面的梳理，内容简单易懂，处处体现了安全知识的实用性。希望同学们能通过本书认识发生各类事故的原因，掌握消除安全隐患的方法，了解发生事故时的应急处理措施。

（1）分析原因，对症下药

本书注重分析大学生发生各种安全事故的原因，有针对性地提出了消除安全隐患的方法和注意事项，以提醒大学生约束自己的不安全行为，避免因自己的不安全行为而面临险境。同时，本书在正文中穿插了"想一想""话题讨论"板块，有助于大学生设身处地地思考和讨论与安全相关的话题，以加深对安全知识的认识。

（2）言简意赅，学以致用

本书言简意赅地指明了大学生增强安全意识、消除安全隐患、保障自身安全的方法、途径和注意事项，有助于大学生快速掌握安全知识与防范技能，并将其应用到实际的学习和生活中。同时，本书在正文中穿插了"安全小贴士"板块，总结了保障个人安全的诀窍或注意事项；"随堂活动"板块则用于大学生动手操练，帮助大学生查看自己对安全知识与防范技能的掌握情况。

（3）案例丰富，敲响警钟

本书每章都有丰富的警示案例，这些案例大多是发生的真实事件，案例中的场景与大学生的学习和生活密切相关，如大学生上当受骗，发生交通事故、人身侵害事故等。本书列举这些案例的目的是给大学生敲响警钟，希望大学生能遵守安全规章制度，提高警惕，有效、积极地保障人身财产安全。

另外，本书配有丰富的拓展内容，读者通过扫描书中的二维码即可观看。本书还提供了丰富的教学资源，包括 PPT、教学大纲、教案和题库等，用书教师通过访问人邮教育社区（www.ryjiaoyu.com），搜索本书书名，即可下载和使用。

致谢

在本书的编写过程中，编者参考和借鉴了一些资料，在此谨向这些资料的作者致以诚挚的谢意！

由于编者水平有限，书中难免存在疏漏与不足之处，敬请广大读者批评指正。

编　者

2023 年 4 月

目 录

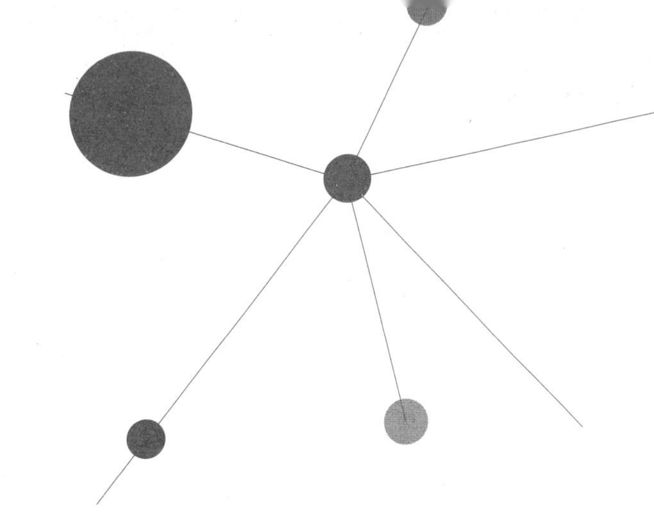

第一章 安全意识……1
第一节 安全意识的重要性……2
一、安全意识的重要意义……2
二、安全意识的主要内容……3
第二节 增强安全意识……4
一、了解安全意识淡薄的原因……4
二、遵守安全规章制度……5
三、重视安全教育……6
四、积极参加安全教育活动……6
五、汲取经验教训……6
六、及时报告事故隐患……6
自我测评……7
过关练习……7
第二章 国家安全……9
第一节 了解国家安全……10
一、国家安全的内容……10
二、《国家安全法》规定的七项义务……11
第二节 增强国家安全意识……12
一、国家安全意识淡薄的原因……13
二、如何增强国家安全意识……13
第三节 切实维护国家安全……15
一、反对民族分裂……15
二、保守国家秘密……16
三、反恐防暴……19
四、抵制邪教迷信……20
自我测评……21
过关练习……22
第三章 校园安全……23
第一节 校园生活安全……24
一、军训安全……24
二、食宿安全……25
三、体育运动安全……29
第二节 实验室安全……31
一、实验室安全事故的成因……31
二、实验室安全规则……32
三、预防实验室安全事故……33
四、实验室物品和仪器的安全管理……35
第三节 维护校园稳定……36
一、树立理想信念……36
二、构建和谐的人际关系……37
三、遵守校纪校规……38
自我测评……40
过关练习……41
第四章 心理安全……43
第一节 调适心理障碍……44
一、调适学习心理障碍……44
二、调适人际交往障碍……46
三、恋爱常见问题及应对……49
四、管理压力与情绪……52
第二节 应对心理危机……55
一、心理危机的诱因与征兆……55
二、心理危机的预防与干预……57
三、感受生命的重量……60
自我测评……61
过关练习……63
第五章 人身财产安全……65
第一节 防范人身伤害……66
一、应对寻衅滋扰……66

二、防范打架斗殴 …… 67
三、防止性侵害 …… 69
四、远离黄、赌、毒 …… 73
第二节　保障财产安全 …… 77
一、防盗 …… 77
二、防诈骗 …… 80
三、防抢劫 …… 83
自我测评 …… 84
过关练习 …… 85
第六章　交通安全 …… 87
第一节　预防交通事故 …… 88
一、增强交通安全意识 …… 88
二、交通安全常识 …… 90
三、识别交通标志 …… 95
第二节　处理交通事故 …… 98
一、及时报案 …… 98
二、保护现场 …… 99
三、控制肇事者 …… 99
四、及时救治伤员 …… 100
五、交通事故赔偿 …… 100
自我测评 …… 100
过关练习 …… 101
第七章　网络安全 …… 103
第一节　信息安全 …… 104
一、信息安全的基本要求 …… 104
二、信息安全面临的威胁 …… 104
三、信息泄露的危害 …… 107
四、保护信息安全的措施 …… 108
第二节　抵制不良网络行为 …… 118
一、拒绝不良信息的诱惑 …… 118
二、防止沉迷网络 …… 121
三、拒绝网络赌博 …… 123
四、拒绝不良的网络贷款 …… 125
五、拒绝网络暴力 …… 128
自我测评 …… 130
过关练习 …… 131
第八章　消防安全 …… 133
第一节　消防常识 …… 134
一、认识火灾 …… 134
二、火灾发生的原因 …… 135
三、火灾的预防 …… 138
第二节　应对火灾 …… 144
一、火灾报警 …… 145
二、常见消防器材的使用 …… 145
三、火灾扑救 …… 147
四、在火灾中逃生自救 …… 149
自我测评 …… 152
过关练习 …… 153
第九章　公共安全 …… 155
第一节　防范自然灾害 …… 156
一、雷电灾害 …… 156
二、洪涝灾害 …… 157
三、地震灾害 …… 158
四、泥石流灾害 …… 160
五、滑坡灾害 …… 161
六、其他自然灾害 …… 162
第二节　预防户外事故 …… 163
一、户外运动安全 …… 163
二、旅游出行安全 …… 169
第三节　预防疾病 …… 172
一、预防常见传染病 …… 172
二、预防其他常见疾病 …… 174
三、预防新型冠状病毒肺炎 …… 175
第四节　救护常识 …… 178
一、识别预警信息 …… 178
二、遇险求救须知 …… 181
三、一般急救知识 …… 182
自我测评 …… 187
过关练习 …… 187
第十章　社会实践安全 …… 189
第一节　校外实践安全 …… 190
一、勤工助学安全 …… 190
二、校外实习安全 …… 191
第二节　求职就业安全 …… 193
一、求职安全 …… 193
二、就业安全 …… 197
自我测评 …… 201
过关练习 …… 201
参考文献 …… 203

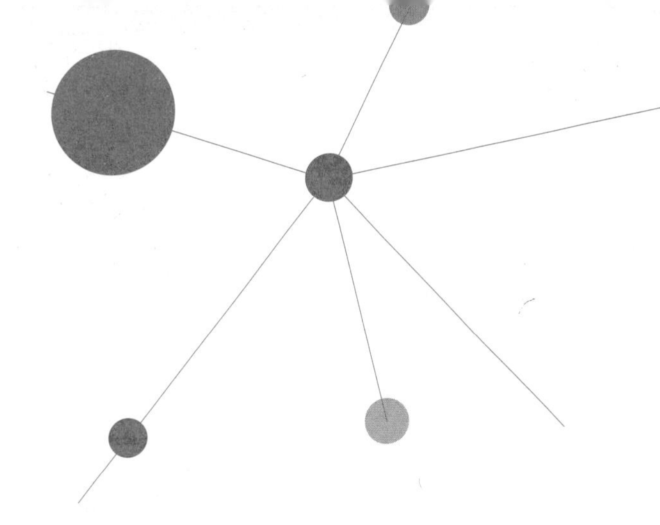

第一章

安全意识

先其未然谓之防，发而止之谓之救，行而责之谓之戒。防为上，救次之，戒为下。

——荀悦

随着社会的进步和经济的发展，安全问题越来越受到关注与重视。重视生活安全和生产安全，是保证人们的人身安全和财产安全的前提，是实现国民经济可持续发展的前提，是提高人们生活质量和促进社会稳定的基础。要想保证自身安全，大学生应深刻认识到安全意识的重要性，并增强安全意识，做到防患于未然。

视频

第一节 安全意识的重要性

安全意识，简单来说就是人们在进行生活、生产等活动时大脑反映出的安全观念，即人们在生活、生产等活动中对各种有可能对自己或他人造成伤害的条件的一种警觉的心理状态。安全意识属于一种自我保护意识，其重要性不可忽视。从安全事故发生的原因来看，人的不安全行为是主要原因，事实证明，超过 95% 的安全事故均由人的不安全行为所导致。因此，人们需要先有安全意识，才能做出安全的行为，从而才能保证安全。

【学习目标】

◎ 认识安全意识的重要性。

◎ 熟悉安全意识的主要内容。

一、安全意识的重要意义

安全是指人们在生活和工作的过程中没有危险，财产免于损失，身体免于伤害，生命得到保障。安全无小事，防微杜渐是关键。良好的安全意识是预防人的不安全行为、预防事故发生的根本措施。

（一）事故及事故发生的要素

事故一般指造成意外死亡、疾病、伤害、损坏或其他损失的情况，如交通事故、生产事故、医疗事故、自伤事故等。

从对人和对物的管理两方面来探讨事故，事故的发生通常包含两大因素：一是人的不安全行为，如走路时低头看手机、过马路时闯红灯等；二是物的不安全状态，如疾驰的失控车辆、丢失井盖的下水道及各种自然灾害等。这两大因素中，人的不安全行为是主观可控的，物的不安全状态是客观不可控的，当主观因素（人的不安全行为）和客观因素（物的不安全状态）在同一时间、同一地点产生交集时，就会发生事故。例如，人走路时低头看手机掉进丢失井盖的下水道后受伤；又如，人在过马路时闯红灯与疾驰的车辆相撞后危及生命。因此，为了从主观上防止安全事故发生，培养人们的安全意识至关重要。

【安全小贴士】

没有安全意识，事故有时会“不请自来”。大学生应谨记两点：一是不要以身犯险，要避开危险，正如孟子所说“是故知命者，不立乎岩墙之下”；二是有备则无患，如果不能避免危险，就要做好万全的应对措施。

（二）安全意识的积极意义

安全意识具有以下 4 个方面的积极意义。

- 安全意识能够使人们主动认识所处的生活、工作环境，以及生活、工作方式中存在的安全隐患。
- 安全意识能够使人们主动对安全隐患采取一定的防范措施。
- 安全意识有助于减少和控制人的不安全行为，从而有效减少和避免事故的发生。
- 在生活、生产等活动中，人们的安全意识会不断提醒人们，从而尽量消除人为的不安全因素。

安全意识使小周建立起主动防御潜在威胁的心理防线

某校新生小周到市中心的商业街逛街。傍晚，小周到一家超市购物，遇到一名穿着时髦的中年妇女。这名妇女肩上挎着一个皮包，包鼓鼓囊囊的，她神情非常焦急，像是遇到了难处。这名妇女拦住小周，简单诉说了自己的遭遇：她的钱包和手机丢了，且急着找人，想要借用小周的手机。小周觉得这不是什么难事，就把手机借给了她。这名妇女接过小周的手机后便有模有样地拨打起电话："喂……喂？信号怎么这么不好？小伙子，你帮我拿下包，我出去打电话。"她把自己的皮包递给小周后，就往门口走。小周安全意识较强，觉得事有蹊跷，便提着包跟着这名妇女向门口走去。刚出超市门口，这名妇女就想跑。好在小周及时反应过来，在超市保安的帮助下当场拦下了这名妇女。原来，这名妇女是想"借"走小周手机的骗子，她的皮包是假的，里面装了一堆废报纸。

点评：骗子骗人的手段多种多样，但只要像小周那样树立起安全意识，就能主动对安全隐患采取一定的防范措施，使自己的财产或身体免于受损。

话题讨论

讨论主题：事故的受害者与安全的受益者

讨论内容：安全意识关乎自己和他人的健康和生命安全，关乎每一个家庭的完整，关乎社会的稳定。在安全问题中，你认为谁是事故的受害者？谁是安全的受益者？

二、安全意识的主要内容

微课视频

安全意识的主要内容

大学阶段是大学生一生中人格发展与完善的关键时期，是实现人生的一次重大飞跃的重要阶段。要想实现这一飞跃，保证安全是基础。

对大学生而言，安全意识的内容主要体现在以下 8 个方面。

- **具备日常生活安全意识。**不随意泄露个人信息，加强起居安全意识，注意防盗、防抢、防诈骗、防敲诈、防食物中毒，防止性侵害，远离黄、赌、毒；不打架、不斗殴，与人为善，注意治安防范，避免身体和财产受到损害；安全用电、用火，掌握火灾扑救与逃生等安全知识；安全驾驶，安全出行，遵守交通规则，避免发生交通事故等。
- **具备国家安全意识。**作为国之栋梁和社会主义建设的接班人，大学生应具备国家安全意识，明确国家利益高于一切，提高警惕性，反对民族分裂，保守国家机密，抵制邪教迷信，维护国家安全。
- **具备心理安全意识。**保持健康的心理状态，学会克服各种心理障碍；应对心理危机，防止自杀、自残等不安全行为。
- **具备网络安全意识。**加强防范网络信息泄露的意识，做好保护网络信息安全的措施，并抵制不良的网络行为。
- **具备公共安全意识和自救意识。**注意预防户外事故、预防疾病等，发生自然灾害或其他突发安全事件时，具备自救意识；保持强烈的求生欲望，保持理智和清醒，正确判断、果断决策，不自我放弃。
- **具备实验和实践的安全意识。**严格遵守实验、实训操作规则，掌握实验、实训事故应急处理方法；树立勤工俭学安全、实习安全和求职就业安全等安全意识。

- **具备安全互保的意识。**安全工作是一项系统工程，只有我安全、你安全、他也安全，才能确保集体安全。大学生生活在集体中，每个人都应具备相互提醒、相互支持和相互帮助的意识。
- **提高对生命意义的认识。**安全意识淡薄是发生安全事故的罪魁祸首，轻视生命价值是安全意识淡薄的根本原因。因此，大学生要提高对生命意义的认识，学会尊重生命。

第二节 增强安全意识

树立安全意识，就是树立“安全第一，预防为主”的观念，就是将“要我安全”的被动观念转变为“我要安全”的主动观念。增强安全意识，有助于大学生树立牢固的自我保护意识，有助于大学生养成遵章守纪、安全活动的良好习惯。增强安全意识，不仅仅是为了生产和生活安全，还是服务于生命本身的一种责任。大学生只有切实增强自身的安全意识和提升综合素质，才能有效落实“安全第一，预防为主”的观念，有效减少或避免事故的发生。

【学习目标】

◎ 了解安全意识淡薄的原因。

◎ 树立良好、牢固的安全意识。

◎ 掌握安全知识与技能。

一、了解安全意识淡薄的原因

除客观因素外，从个人角度看，人们安全意识淡薄是其轻视安全的心理在作祟，以及受到个人情绪的影响。

（一）轻视安全的心理

以下详细列举了各种轻视安全的心理状态。若大学生在生活、学习或实践中存在这些不良心理状态，应认识到它的错误和危害性，并及时积极地纠正。

- **侥幸心理。**有的人因为偶然违规没有出事，就认为能够应对各种环境和条件的变化，盲目自信，慢慢滋生了侥幸心理，忽视了长期违规发生安全事故的必然性。
- **麻痹心理。**当安全生产形势相对稳定时，有的人容易思想松懈，忽视规章制度，掉以轻心，麻痹大意。
- **逆反心理。**有的人认为操作标准太严、管理措施烦琐，便消极抵触，甚至反其道而行之，铤而走险，任凭逆反心理作祟。
- **自大心理。**有的人自认为技术好，即使预见有危险，也相信凭自己丰富的经验可以避免危险。
- **逞能心理。**有的人技术有待锤炼，经验欠缺，但为了表现自己，往往不顾客观条件，不懂装懂，明知违规或有危险，却偏要尝试。
- **马虎心理。**有的人工作不细心，即使遇到连续或特殊作业，注意力也没有高度集中，依然我行我素，马虎应付。

- **从众心理**。有的人平时不注意学习安全知识和技能，对应该注意的安全问题认识不清晰，别人违规时非但不制止，自己也稀里糊涂地跟着干。
- **好奇心理**。有的人总喜欢表现自己的胆大，不熟悉的事物总想摸一摸、试一试，从而使自己陷入危险境地。

（二）个人情绪对安全行为的影响

常言道，不要把个人情绪带入工作中，因为个人情绪有时不仅影响工作效率，也会对安全行为产生影响。因此，大学生需要养成不把个人情绪带入学习和实践中的习惯。

影响安全行为的常见情绪如下。

- **紧张**。心理紧张容易造成工作失误。
- **兴奋**。情绪兴奋往往使人忘乎所以，从而忽视安全问题。
- **消沉**。情绪消沉容易使人注意力难以集中，心情难以平静，从而造成工作失误。
- **急躁**。急躁往往使人心态不平衡，做事急于求成，从而忽视安全问题。
- **抵触**。抵触情绪容易使人缺乏主动性，做事马虎，应付了事，从而容易发生安全事故。

切莫因逞能、自大害了自己

大一暑假，晓峰回到家中，一群朋友邀他游泳，抵不过他们的劝说，晓峰即使还未学会游泳也跟着他们去了。这群人中，大军也不会游泳，他和晓峰下河后便在浅水区玩。大军提醒晓峰不远处有一条很深的河沟，那个地方不能去。晓峰出于好奇，不以为然，且初次下水比较兴奋，便想探测河沟的深浅，他心里想着：到了河沟边如果感觉水深可以退回来。拗不过晓峰，大军陪着晓峰往河沟走去，接近河沟的危险区域时，大军停了下来，并再次阻拦晓峰。晓峰仍固执地前进到了河沟边沿，由于河底的泥很软，晓峰使不上力，来不及反应就滑到了河沟里。幸好大军及时呼救，其他同伴赶来将晓峰救了上来，否则后果不堪设想。

晓峰上岸后，仍旧惊魂未定，虽然他只呛了几口水，但回想起来还是心有余悸。经过这次教训，晓峰再也不敢贸然行事。

点评：这个案例告诉我们，当存在安全隐患时，逞能、自大的心理是极具危害性的。同时也可以看出，安全意识淡薄会使人做出不安全的行为，从而埋下安全隐患，在盲目自大和逞能心理的怂恿下，人们很容易陷入危险境地。

二、遵守安全规章制度

大学生在校园中会接触各种安全规章制度，如宿舍安全管理制度、实验室安全管理制度、网络安全管理制度、消防安全管理制度、校园治安管理制度等，这些安全规章制度在保障学生安全方面发挥了积极的作用。

大学生要在生活、学习、实践中形成“始终将安全放在首位”的观念，久而久之，就能养成重视并遵守安全规章制度的习惯。相反，如果为了省时、省力而违反安全规章制度，那就是对国家和社会的不负责，对人民的生命财产不负责，对自己和他人的家庭幸福不负责，终将付出惨痛代价。大学生应该从遵守校园安全规章制度开始，养成重视安全规章制度的习惯，增强遵章守纪的自觉性，抵制违反安全规章制度的行为，这样才能防患于未然。

三、重视安全教育

美国心理学家亚伯拉罕·马斯洛认为：安全需要是人类的重要需要之一。由此可见，安全与我们的日常生活息息相关。然而生活不是十全十美的，如果大学生对社会安全形势和安全问题认识不清晰，缺乏自我保护意识和必要的安全知识，缺乏解决各种复杂问题和矛盾的能力，那么，在存在安全隐患的情况下就可能身处险境。另外，有的大学生自制力较差，不考虑做事的后果，易受到不良风气的影响，往往明知故犯，以身犯险，以身试法。

因此，大学生务必重视安全教育，积极接受安全教育。安全教育能够帮助大学生认识安全事故的危害性，了解树立安全意识的重要性，学习安全防范的相关知识和注意事项，防止大学生因安全意识淡薄而做出不安全的行为，或因为不了解安全知识而做出不安全的行为。例如，一些大学生因为不能正确识别某些交通标志而违反交通规则，做出不安全的行为。

四、积极参加安全教育活动

重视安全不是喊口号，更不是面子功夫，而是要大学生行动起来。只有真正把重视安全落到实处，才能帮助自己筑起一座牢固的安全“长城”。因此，大学生应该积极参加学校组织的安全教育活动，包括各类安全演练和培训，例如，消防安全演练、抗震逃生演练、应急救援演练、疾病预防的培训、急救知识的培训、心理健康知识的培训等。

大学生积极参加安全教育活动，可以增强判断所处环境潜在危险的能力、抗压力和克服心理障碍的能力，以及事故应急处理和逃生自救的能力等。事实也证明，安全教育活动有助于在真正发生事故时减少或避免财产损失和人员伤亡。例如，在汶川大地震中，四川安县桑枣中学 2000 多名师生全部成功逃生且无伤亡，这主要归功于该校对安全活动的重视，该校每学期都会组织一次全校师生紧急疏散演练。因此，大学生不仅要积极参加安全活动，而且不能有参加安全活动是小题大做的想法，不能抱着好玩的心态，不能敷衍了事，要按照活动的主题、步骤和要求，认真完成活动内容，不断巩固自己的安全知识，真正做到有备无患。

想一想

你积极参加了学校组织的安全演练活动吗？完成活动任务后有什么收获？对增强自己的安全意识有何积极意义？

五、汲取经验教训

其实每个人从懂事到入学再到步入社会，都有相关的人或相关的安全事故提醒我们要有安全意识，要注意自身和他人安全，要珍爱和保护生命，要从中汲取经验教训。

另外，为了提高自己对安全的重视，可以适当收集一些安全事故的案例，分析事故发生的原因，然后从中汲取经验教训，从而有针对性地避免事故的发生。这也是大学生重视安全问题、增强安全意识的有效手段。

六、及时报告事故隐患

“一人把关一人安，众人把关稳如山”，防范事故要靠大家齐心协力。大学生不仅要以身作则，自觉遵守安全规章制度、重视安全问题，还要形成随时制止他人不安全行为、关心周围安全情况的意识；发现事故隐患和不安全因素后要及时向老师、学校领导或有关部门汇报情况；一旦发生事故，要及时抢救伤员、保护现场，同时协助有关人员做好调查工作。

自我测评

本次“自我测评”用于测试同学们安全意识的强弱，共10道测试题。请仔细阅读以下内容，实事求是地作答。若回答“是”，则在测试题后面的括号中填“是”；若回答“不是”，则在测试题后面的括号中填“否”。

1. 你认为安全问题与学生无关，学生只需要关注学习。（ ）
2. 你认为安全问题不用主动防范，讲究“兵来将挡，水来土掩”。（ ）
3. 你在存在安全隐患的情况下，具有侥幸心理。（ ）
4. 你在存在安全隐患的情况下，具有自大心理。（ ）
5. 你在存在安全隐患的情况下，具有逞能心理。（ ）
6. 你在存在安全隐患的情况下，具有逆反心理。（ ）
7. 你在存在安全隐患的情况下，具有麻痹心理。（ ）
8. 你认为劳动安全教育没有意义。（ ）
9. 你打心底里不愿意参加劳动安全活动，认为它没有实际用处。（ ）
10. 你认为只要自己遵守安全规章制度即可，其他人是否遵守无关紧要。（ ）

以上填“是”的选项越多，说明安全意识越淡薄，需要增强安全意识。大学生应该及早树立良好的安全意识，将“要我安全”的被动观念转变为“我要安全”的主动观念，长此以往，就会具备强烈的自我保护意识，让保护自身安全成为一种条件反射，一旦在生活、学习、实践中发现安全隐患，就会注重保护自身安全，并提醒他人注意安全。总之，树立良好的安全意识，会使我们终身受益。

过关练习

一、判断题

1. 良好的安全意识是预防人的不安全行为的根本措施。（ ）
2. 如果人的不安全行为没有导致事故发生，就不必引起重视。（ ）
3. 积极参加安全活动是增强安全意识的有效途径。（ ）
4. 生命是自己的，不需要对他人的安全负责。（ ）
5. 大学生生活在校园中，不需要接受交通安全教育。（ ）

二、单选题

1. 通常，安全事故发生的主要原因是（ ）。

A. 物的不安全状态　B. 人的不安全行为　C. 命运使然　D. 自然规律

2. 小李在实习中经常忽视规章制度，变得对安全问题掉以轻心、思想松懈。面对安全问题，他主要是产生了（ ）。

A. 逆反心理　B. 麻痹心理　C. 从众心理　D. 侥幸心理

3. 下面有关安全意识的描述中，错误的是（ ）。

A. 树立安全意识，就是建立“安全第一，预防为主”的观念

B. 安全意识是一种自我保护意识

C. 有了安全意识可以完全避免事故的发生

D. 有了安全意识可以使自己对于安全隐患主动采取一定的防范措施

三、多选题

1. 重视安全问题，大学生应当谨记（　　）。

A. 独善其身　　B. 有备无患

C. 逃避面对　　D. 不以身犯险

2. 增强安全意识的主要手段包括（　　）。

A. 参加安全活动　　B. 遵守安全规章制度

C. 汲取经验教训　　D. 携带危险品上车

3. 安全意识的积极意义包括（　　）。

A. 使自己主动认识环境中存在的安全隐患

B. 使自己对安全隐患主动采取防范措施

C. 有助于减少和控制自己的不安全行为

D. 不断地提醒自己消除人为的不安全因素

四、思考题

1. 如何理解安全意识？为什么要增强安全意识？

2. 有哪些途径和方法可以增强自己的安全意识，掌握安全知识与技能？

3. 阅读下面的材料，你对小王的做法、想法有何建议？

小王是一个特立独行的大学生，他觉得车辆会礼让行人，所以在不设交通信号灯的路口只管自己往前走，从来不走人行横道，也不观察周围来往的车辆。并且，他认为事故还没有发生，就不存在安全隐患，生命是自己的，与他人无关。

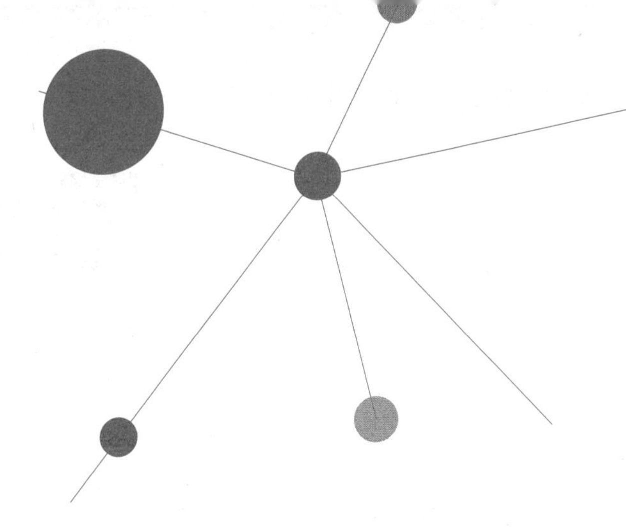

第二章 国家安全

国家安全人人有责，维护国家安全人人可为。

——国家安全标语

人们的生活安全与国家安全息息相关，国家安全不仅关乎国家利益，也关乎每个人的切身利益。自觉关心和维护国家安全是每个人的基本义务，国家安全的真正实现需要每个人的参与。“居安思危，思则有备，有备无患”，国家安全不局限于国土安全、主权安全、政治安全等，还包括文化安全、信息安全等，国家安全已经渗透到人们生活的方方面面。因此，大学生需要了解、掌握国家安全知识，树立正确的国家安全观，自觉维护国家安全。

视频

第一节 了解国家安全

2015 年 7 月 1 日，第十二届全国人民代表大会常务委员会第十五次会议通过了《国家安全法》。《国家安全法》规定：国家安全是指国家政权、主权、统一和领土完整、人民福祉、经济社会可持续发展和国家其他重大利益相对处于没有危险和不受内外威胁的状态，以及保障持续安全状态的能力。

【学习目标】

◎ 了解国家安全的内容。

◎ 了解《国家安全法》规定的七项义务。

一、国家安全的内容

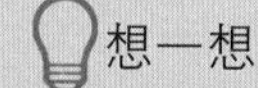

想一想

“国家安全”话题涉及的范围非常广泛，其中哪些是与我们日常生活密切相关的内容？你能列出来吗？

维护国家安全，人人有责。提到国家安全，部分大学生很容易想到“军事、战争、国土、间谍、恐怖主义”等与国家安全相关的词汇，这些都是对国家安全传统的、局部的认识。实际上，国家安全早已不局限于国土安全、军事安全、政治安全等，随着信息技术的发展和普及，国家安全已渗透到我们生活的各方面，和我们每个人息息相关。近年来，在日常生活中，危害国家安全的案件时有发生，例如，“军迷”在社交网站晒军事资料泄密，国家机关工作人员在微信朋友圈发布涉密信息，网络攻击和窃密等。因此，当代大学生不仅要丰富自身的国家安全知识，更要自觉维护国家安全。

当前我国国家安全内涵和外延丰富，内外因素复杂，既要重视传统安全，又要重视非传统安全。根据总体国家安全观，国家安全体系涵盖 16 种安全，涉及政治、国土、军事、经济、文化、社会、科技、网络、生态、资源、核、海外利益、生物，以及太空、深海、极地等多个领域安全。

- **政治安全。**政治安全攸关党和国家安危，其核心是政权安全和制度安全。维护政治安全的主要任务包括：坚持中国共产党的领导，维护中国特色社会主义制度，坚持马克思主义的指导地位，发展社会主义民主政治，健全社会主义法治，强化权力运行制约和监督机制，保障人民当家作主的各项权利等。
- **国土安全。**国土安全是指领土完整、国家统一、海洋权益及边疆边境不受侵犯或免受威胁的状态，其涵盖领土、自然资源、基础设施等要素。国家领土神圣不可侵犯，国土安全是立国之基，是传统安全领域关注的首要方面。
- **军事安全。**军事安全是指国家不受外部军事入侵和战争威胁的状态，以及保障这一持续安全状态的能力。军事安全既是国家安全体系的重要领域，也是国家其他安全的重要保障。
- **经济安全。**经济安全的核心是要坚持社会主义基本经济制度不动摇，不断完善社会主义市场经济体制，坚持发展是硬道理，不断提高国家的经济整体实力、竞争力和抵御内外各种冲击与威胁的能力，重点防控好各种重大风险，保护国家根本利益不受伤害。

- **文化安全。**文化是民族的血脉，是人民的精神家园。文化安全是国家安全的重要保障。维护国家文化安全,必须坚持社会主义先进文化前进方向,坚持以人民为中心的工作导向,坚持文化自信，增强文化自觉，加快文化改革发展，加强社会主义精神文明建设，建设社会主义文化强国。
- **社会安全。**社会安全包括防范、控制直接威胁社会公共秩序和人民群众生命财产安全的治安、刑事、暴力恐怖事件，以及规模较大的群体性事件等。
- **科技安全。**科技安全是支撑国家安全的重要力量，是指科技体系完整有效，国家重点领域核心技术安全可控，国家核心利益和安全不受外部科技优势危害，以及保障持续安全状态的能力。
- **网络安全。**互联网让世界变成地球村，网络空间成为与陆地、海洋、天空同等重要的人类活动新领域。同时，网络安全问题也相伴而生，世界范围内侵害个人隐私、侵犯知识产权、网络犯罪等时有发生，网络监听、网络攻击、网络恐怖主义活动等成为全球公害。网络安全已成为我国面临的最复杂、最现实、最严峻的非传统安全问题之一。
- **生态安全。**生态安全是指一个国家具有支撑国家生存发展的较为完整、不受威胁的生态系统，以及应对内外重大生态问题的能力。维护生态安全直接关系人民群众福祉、经济可持续发展和社会长久稳定。
- **资源安全。**从国家安全的角度看，资源的构成包括水资源、能源资源、土地资源、矿产资源等多个方面。资源安全的核心是保证各种重要资源充足、稳定、可持续供应，在此基础上，追求以合理价格获取资源，以集约节约、环境友好的方式利用资源，保证资源供给的协调和可持续。
- **核安全。**核能的开发利用给人类发展带来了新的动力。同时，核能发展也带来了核安全风险和挑战。维护核安全，要采取措施防范核攻击、核事故和核犯罪行为，坚持核不扩散立场，确保核设施和核材料的安全，防止和应对核材料的偷窃、蓄意破坏、未经授权的获取、非法贩运等违法行为，防范恐怖分子获取核材料、破坏核设施等。
- **海外利益安全。**海外利益安全主要包括海外能源资源安全、海上战略通道海外公民以及法人的安全，其维护方式多种多样，如开展海上护航、撤离海外公民、应急救援等。随着新一轮对外开放的全面推进，特别是“一带一路”建设加快实施，海外利益安全日益关乎我国整体发展利益和国家安全，维护海外利益安全成为一项重要任务。
- **生物安全。**生物安全一般是指由现代生物技术开发和应用对生态环境和人体健康造成的潜在威胁，及对其所采取的一系列有效预防和控制措施。生物安全是维护国家安全的新型领域和重要方面，是事关国家与人类生存发展的大事。
- **太空安全、深海安全、极地安全。**我国在太空、深海和极地等战略新疆域有着现实和潜在的重大国家利益，在人员安全进出、科学考察、开发利用等方面面临安全威胁和挑战。当今世界，太空、深海、极地安全对传统意义上的国家领土、领海和领空安全影响越来越大，成为国家安全的重要支柱和组成部分，维护太空、深海、极地安全，需要增强安全进出、科学考察、开发利用的能力，加强国际合作，维护我国在外层空间、国际海底区域、极地的活动、资产和其他利益的安全。

二、《国家安全法》规定的七项义务

根据《国家安全法》的有关规定，公民和组织应当履行下列维护国家安全的义务。

（1）遵守宪法、法律法规关于国家安全的有关规定。

（2）及时报告危害国家安全活动的线索。

（3）如实提供所知悉的涉及危害国家安全活动的证据。

（4）为国家安全工作提供便利条件或者其他协助。

（5）向国家安全机关、公安机关和有关军事机关提供必要的支持和协助。

（6）保守所知悉的国家秘密。

（7）法律、行政法规规定的其他义务。

此外，《国家安全法》还明确规定：任何个人和组织不得有危害国家安全的行为，不得向危害国家安全的个人或者组织提供任何资助或者协助。

话题讨论

讨论主题：警惕危害国家安全的行为

讨论内容：任何个人和组织实施危害国家安全的行为，都必须受到法律严惩。根据《国家安全法》的有关规定，国家防范、制止和依法惩治任何叛国、分裂国家、煽动叛乱、颠覆或者煽动颠覆人民民主专政政权的行为；防范、制止和依法惩治窃取、泄露国家秘密等危害国家安全的行为；防范、制止和依法惩治境外势力的渗透、破坏、颠覆、分裂活动。请根据你的了解，说一说危害国家安全的行为有哪些。生活中我们应该警惕哪些危害国家安全的行为？

【安全小贴士】

“12339”是国家安全机关受理个人和组织发现的危害我国国家安全的线索举报电话。任何个人和组织一旦发现危害国家安全的情况和线索，应及时向国家安全机关报告并如实提供所知悉的相关证据。

第二节 增强国家安全意识

国家安全不仅关乎国家的稳定和发展，还关乎每个公民的切身利益。维护国家安全既是在保护国家利益，也是在保护个体利益，而一旦国家安全受损，我们就有可能付出巨大的代价。大学生作为接受国家教育的高素质人才，更应增强国家安全意识，养成自觉维护国家安全的习惯。

【学习目标】

◎ 了解大学生国家安全意识淡薄的原因。

◎ 克服导致国家安全意识淡薄的思想障碍。

◎ 树立国家利益高于一切的观念。

◎ 通过各种途径增强国家安全意识，提升维护国家安全的能力。

一、国家安全意识淡薄的原因

国家安全意识是指公民在履行维护国家安全、荣誉和利益的义务方面所应具备的观念的总和，主要包括爱国主义精神、国家利益至上观念、法纪观念、敌情观念、保密观念、安全防范观念等。目前，一些大学生的国家安全意识比较淡薄，造成这种问题的原因是多方面的，了解这些原因有助于大学生进行具体分析，增强自身的国家安全意识。

（一）对国家安全认识不清晰

当前，有关国家安全的规定在理论上较为完善，而部分大学生对国家安全还停留在传统的、局部的认识上，加之国家安全面临的实际情况比我们想象得要复杂很多，这使得部分大学生对国家安全的定义和范围认识得不清晰、不全面，以致大学生在履行维护国家安全的义务和责任时，不能准确、恰当地把握避免国家安全受损、切实维护国家利益的相关尺度。

（二）缺乏主人翁意识

一些大学生觉得“军事、战争、国土、间谍、恐怖主义”等听起来十分遥远，认为这些事情都与自己无关，不能自觉地把维护国家安全与自身的责任联系起来，这就是典型的缺乏主人翁意识的表现。大学生应该懂得国家安全是国家生存和发展的基本前提、“家是最小国，国是千万家”这些道理。并且，大学生作为国之栋梁，接受国家教育，在国家建设、国家安全等方面是能够建功立业的。大学生应摒弃“国家安全与自己关系不大”这种缺乏深刻认知的错误观念，明白维护国家安全关乎自身、关乎民生、关乎国家稳定、关乎社会的长远发展。大学生应增强主人翁意识和国家安全意识，积极履行维护国家安全的各项义务。

（三）麻痹大意

一些大学生渐渐对影响国家安全的因素，如国内外敌对势力的破坏活动等放松了警惕，变得麻痹大意，国家安全意识也随之淡化。在国家安全复杂多变的局势下，大学生如果在日常生活或对外交往活动中不保持警惕，就很有可能被别有用心者利用，导致上当受骗，甚至走上违法犯罪的道路。因此，大学生在日常生活或对外交往活动中要加强防范，若发现别有用心者，要及时举报，绝不让其恣意妄行。

（四）受不良思想的影响

大学生涉世未深且思想活跃，如果缺少正确的引导，部分大学生可能易被一些不良思想左右，如受到享乐主义和拜金主义的影响，滋生出不良思想。甚至，个别大学生经不起金钱、美色等诱惑，出卖情报，给国家安全和利益造成重大损失，也使自己走上背叛人民、背叛国家的道路，跌入人人唾弃的深渊。

二、如何增强国家安全意识

将维护国家安全列为首要任务，视国家利益为最高、最根本的利益，增强国家安全意识，是每一个大学生都应该引起重视和做到的。

你是否具有国家安全意识，若你的国家安全意识比较淡薄，是什么原因导致的？你认为该如何增强自身的国家安全意识？

（一）树立国家利益高于一切的观念

大学生应始终把国家的安全放在第一位，强化自己的责任意识，树立国家利益高于一切的观念，并且坚定思想。科学没有国界，但科学家有自己的祖国。大学生需要树立正确的人生观和世界观，通过强化爱国主义思想，真正意识到自己是国家的主人，国家的稳定与安全关系着整个民族的利益；意识到国家安全涉及生活的方方面面，是国家、民族生存与发展的首要保障；意识到把国家安全放在高于一切的地位，既是国家利益的需要，也是个人安全的需要；意识到维护国家安全既是每个公民的权利，也是每个公民必须履行的义务。

（二）丰富国家安全知识

大学生应该积极丰富国家安全知识，除了了解国家安全涵盖的范畴和内容之外，还要了解有关国家安全的法律、法规，如《国家安全法》《宪法》《刑法》《反间谍法》《保守国家秘密法》《科学技术保密规定》等。这样既能清楚在日常生活或对外交往活动中什么是合法的、什么是违法的、什么可以做、什么不能做，并时刻保持警惕，又能提升维护国家安全的能力，识别危害国家安全的行为，防范别有用心者，并与其作斗争。除此之外，大学生还可以随时关注和了解时事新闻，关心国家大事，从而丰富国家安全知识，强化爱国主义思想，增强国家安全意识。

《刑法》中关于危害国家安全罪的规定

（三）摒弃妄自菲薄的思想

摒弃妄自菲薄的思想包含两个方面的内容。一方面，大学生要有“文化自信”“民族自信”等，充分肯定自身文化的价值。我国虽是发展中国家，但我国的未来发展不可小觑。因此，大学生要看到我国的许多“世界第一”“中国特色”，树立文化自信和民族自信；另一方面，大学生是维护国家安全的重要力量。大学生不要觉得人微言轻，不要觉得自己做不了多少贡献就认为与己无关，而应牢记“国家兴亡，匹夫有责”。大学生要摒弃妄自菲薄的不正确思想，因为如果大学生未形成正确的认识，就有可能在许多问题上产生错误的想法。

（四）积极配合国家安全机关的工作

国家安全机关是反间谍工作的主管机关，是重要的国家情报工作机构，同时承担维护政治安全、保卫海外安全等职能，严格依照与国家安全相关的法律法规行使权力、履行职责。大学生要有积极配合国家安全机关工作的意识并付诸行动。当国家安全机关需要大家配合工作时，在其工作人员表明身份和来意后，每个大学生都应按照法律法规的要求，认真履行义务，尽力提供便利条件或其他协助。例如，如实提供相关情况和证据，做到不推、不拒，切勿以暴力、威胁等阻碍国家安全机关工作人员执行公务，还要保守好已知晓的国家安全工作秘密。

（五）积极参与国家安全活动

大学生要积极参与国家安全活动，例如，根据《国家安全法》的相关规定，每年4月15日为全民国家安全教育日。设立全民国家安全教育日，是为了强调维护国家安全不仅仅是专门机关的任务，而是所有国家机关、社会组织和公民的义务和职责；是为了集中地向社会公众传播国家安全方面的知识，让社会公众接触和了解国家安全方面的法律知识，特别是懂得如何依法履行维护国家安全方面的职责和义务，增强维护国家安全的能力，甄别和防范危害国家安全的不法行为。

全民国家安全教育日，是大学生进行爱国主义实践、丰富国家安全知识、增强国家安全意识的好机会。大学生应积极参与国家安全活动，了解全民国家安全教育日的活动主题，成为活动的积极参与者和国家安全知识的传播者。

随堂活动

活动主题：观看国家安全纪录片

活动内容：观看国家安全纪录片《护航之道——总体国家安全观纵横》。该纪录片围绕政治安全、国土安全、网络安全、生态安全等方面，帮助大学生正确认识当前面临的国家安全形势，正确理解国家维护各领域安全的政策和措施，树立国家安全人人有责、人人尽责的观念，强化维护国家安全的使命感、责任感。

第三节　切实维护国家安全

当前，我国面临的环境复杂多变，主要表现为：境外敌对势力和间谍情报机构为达到分化、西化中国的目的，一方面利用各种渠道，以公开或秘密的方式传播西方的价值观念及生活方式；另一方面采取金钱收买、物质利诱等手段，或打着学术交流、参观访问、洽谈业务等幌子，刺探、套取、收买国家秘密和单位秘密。在此复杂形势下，作为维护国家安全的重要力量，大学生应擦亮双眼，身体力行，自觉维护国家安全。

【学习目标】

◎ 坚决反对民族分裂，抵制邪教迷信。

◎ 坚决保守国家机密。

◎ 坚决反恐、防暴、防间谍。

一、反对民族分裂

民族分裂是指境内外民族分裂势力以脱离平等、团结、互助的社会主义民族关系的整体为目的，破坏国家统一和团结，违反本民族根本利益，制造并加剧各民族之间的隔阂与纷争的民族分离活动和行为。民族分裂势力的存在是影响社会安定的重大隐患。一切破坏民族团结和制造民族分裂的行为，我国宪法都明确规定予以禁止。

国家统一、民族团结才能推动社会向前发展，这是人类社会发展的基本规律。纵观中外历史，任何国家的繁荣鼎盛莫不如此。相反，在历史的长河中，凡是民族纷争、国家破碎的时期，社会的进步和发展都会受到严重的阻碍。如果一个国家、一个地区处于动荡中，纷争不断，战火不停，那么带来的结果必然是厂矿停产、商场歇业、学校关门等，既扰乱人们正常的生活秩序，给人们造成心理恐惧，又严重破坏国家、地区的繁荣稳定，使整个社会呈现出混乱的局面。正因如此，我们应树立民族意识、祖国意识，自觉地同民族分裂势力坚决斗争。

我国是统一的多民族国家，多民族、多文化是我国的一大特色。各民族在长期的生产生活中，共同开发了祖国的锦绣河山和广袤疆域，共同创造了悠久的历史和灿烂的文化。在漫长的历史进程中，各族人民密切交往、相互依存、休戚与共，形成了中华民族共同体，结成了牢不可破的血肉纽带和兄弟情谊，这是任何势力都无法阻断的。

民族分裂是危害国家安全的重要因素之一。长期以来，境内外民族分裂势力以唯心主义的国家观、历史观为基础，利用文学作品、文艺演出、音像制品、网络媒体等，大肆歪曲、编造、篡改历史，散布和传播错误、反动言论，夸大文化差异，煽动民族对立情绪，企图带偏人们的思想观念，以此来争夺人心。这些错误的反动思想危害极大，致使一些人对历史、民族、文化等问题产生错误认知，严重削弱了人们的国家认同感。直到今天，民族分裂的思想毒瘤远未肃清。与民族分裂势力的斗争实践表明：意识形态领域是我们与民族分裂势力斗争的主要场地，彻底清除民族分裂势力在意识形态领域散布的错误言论和反动思想的影响，是实现社会稳定和长治久安的迫切需要，是增强中华民族凝聚力、铸牢中华民族共同体意识的根本。

大学生在对待民族分裂问题上，一是要立场坚定，正确认识历史真相，树立正确观念，提升辨别能力，在维护国家安全的问题上毫不动摇，自觉维护国家的统一和民族的团结；二是要加强对祖国统一、民族团结相关知识的宣传，让周围的人正确认清民族分裂的阴谋及其危害，认清真实历史，树立正确观念，不要被不良思想左右，要明白只有各民族平等互助、团结共享，才能实现共同富裕，促进国家的统一和发展；三是要坚决支持我国政府严厉打击民族分裂势力，并旗帜鲜明地时刻准备着同一切破坏我国繁荣稳定的分裂势力斗争。

二、保守国家秘密

《保守国家秘密法》第二条规定，国家秘密是关系国家安全和利益，依照法定程序确定，在一定时间内只限一定范围的人员知悉的事项。《宪法》第五十三条规定，中华人民共和国公民必须遵守宪法和法律，保守国家秘密。《保守国家秘密法》第三条规定，国家秘密受法律保护。一切国家机关、武装力量、政党、社会团体、企业事业单位和公民都有保守国家秘密的义务。

（一）国家秘密的范围与密级

《保守国家秘密法》第九条规定，下列涉及国家安全和利益的事项，泄露后可能损害国家在政治、经济、国防、外交等领域的安全和利益的，应当确定为国家秘密。

（1）国家事务重大决策中的秘密事项。

（2）国防建设和武装力量活动中的秘密事项。

（3）外交和外事活动中的秘密事项以及对外承担保密义务的秘密事项。

（4）国民经济和社会发展中的秘密事项。

（5）科学技术中的秘密事项。

（6）维护国家安全活动和追查刑事犯罪中的秘密事项。

（7）经国家保密行政管理部门确定的其他秘密事项。

政党的秘密事项中符合前款规定的，属于国家秘密。

拓展阅读

违反《保守国家秘密法》的法律责任

根据《保守国家秘密法》第十条的规定，国家秘密的密级分为绝密、机密、秘密三级。绝密级国家秘密是最重要的国家秘密，泄露会使国家安全和利益遭受特别严重的损害；机密是重要的国家秘密，泄露会使国家安全和利益遭受严重的损害；秘密级国家秘密是一般的国家秘密，泄露会使国家安全和利益遭受损害。

（二）大学生如何保守国家秘密

微课视频

大学生如何保守国家秘密

保守国家机密不被泄露，称为保密。国家秘密一旦泄露，将危害国家的安全和利益。不同等级的国家秘密泄露后会造成不同程度的危害。对于保守国家秘密，每个人都要引起重视，培养自己的保密意识。大学生要认真对待以下两方面的事项。

❶ 日常生活中的注意事项

大学生应积极接受保密知识教育，了解保守国家秘密的基本知识和法律法规，正确认识保密对国家安全的重要性，增强保密意识，坚守法律红线，保守所知国家秘密。

大学生在日常生活中要注意以下事项。

- 不要为了炫耀自己，把涉密信息，如军事信息、科研信息随意发布到互联网上。这是因为有时利用一张照片即可分析出军事设备、科研设备的大致性能。
- 不能为了满足好奇心和虚荣心，在军事基地、军用港口等未经允许拍照的地点拍照，用作网上谈资。
- 在微信朋友圈发照片时，要注意照片中的背景不能有涉密信息。
- 不要通过电子邮件传递涉及国家秘密的内容。
- 不要把涉及国家秘密的内容保存在与互联网连接的计算机、移动硬盘等介质中。

保密无小事，言行莫大意

某校学生张某是一个超级军事迷，长期关注军事论坛，喜欢浏览军事信息，收集军事资料，并经常发帖分享自己丰富的军事知识。

为满足自己的虚荣心，引起网友的追捧，显示自己在军事方面的专业程度，张某决定在网上爆点猛料。于是，其多次到某军用机场周边观察、打探，记录部队日常训练时间，并偷拍军用飞机和军用机场设施。张某不仅将自己偷拍的照片刻录成光盘，而且还向其他军事爱好者传播这些资料。

此后，张某被国家安全机关抓获，经鉴定，张某拍摄的军用飞机照片属于军事机密和国家秘密，等待他的将是法律的严惩。

点评：保守国家秘密和维护国家安全是每个公民义不容辞的责任。张某作为军事爱好者的爱国热情是值得肯定的，但“保密无小事，言行莫大意”，在网上传播、交流军事信息和心得时，不要忘记维护国家安全和保守国家秘密，别让无知害了自己，别让好奇心和虚荣心害了自己。

❷ 防反间谍，保守国家秘密

提到“泄密”“窃密”等，我们常常会将其与“间谍”联系起来。在危害国家安全的犯罪行为中，间谍活动是一种较为隐蔽的活动，也是最为严重的犯罪行为之一。一方面，随着通信技术的发展与移动互联网终端的普及，人们的沟通变得非常方便，但人们在享受这份便利的同时，间谍组织也在利用这一点实施勾连、渗透、策反和窃密等非法活动。另一方面，改革开放以来，我国对外交往的范围不断扩大，大学生与国外人员接触、交流的机会越来越多，从而无形中给了间谍组织可乘之机。

《反间谍法》对间谍行为的界定

“安而不忘危，存而不忘亡，治而不忘乱”，身处和平时期，现实生活里并不见刀光剑影，但在我们看不见的地方，敌我之间窃密与反窃密、间谍与反间谍这场没有硝烟的战争在悄然进行着。对于防反间谍和保守国家秘密，大学生应注意以下事项。

- 在对外交往活动中，既要做到热情友好、以礼相待，又要提高警惕，做到内外有别、注意分寸，防范各种可能的窃密活动。

- 在对外交往活动中，不要随便谈论涉及社会治安状况、科技成果、技术诀窍和经济建设中各种未公开的数据资料。凡是涉及国家秘密的内容，应当回避或按照国家的对外口径回答。
- 与境外人员接触时不携带秘密文件、数据、资料。对方公开询问或直接索取涉密内容时，要根据情况灵活拒绝。
- 未经相关部门批准，不能带境外人员参观或进入非开放区域、场所。
- 不准境外人员利用学术交流、讲课、实践活动的机会进行系统的社会调查；不要填写境外人员发放的各种调查表，或替他们撰写社会调查方面的文章；向境外投寄稿件、论文和其他资料时，不得涉及国家秘密；不得为境外人员提供或代购内部读物和资料等。

拓展阅读

有关反间谍的重要法律条款

- 发现境内外可疑组织和人员经常出现在军事、保密单位周边观察、拍照或者长时间逗留等情况，要立即向国家安全机关、公安机关报告。
- 坚决抵制敌对势力的威胁、利诱、挑唆、拉拢、策反等，不向他人提供相关资讯或线索。一旦在境外受胁迫或者受诱骗参加敌对组织，或者从事危害国家安全的活动，应当找机会及时向我国驻外机构如实说明情况，或者入境后及时向国家安全机关如实说明情况，争取立功表现。
- 一旦拾获属于国家秘密的文件、资料和其他物品，要及时送交有关单位或者国家安全机关。
- 一旦发现有人买卖属于国家秘密的文件、资料和其他物品，要及时报告保密工作部门或者国家安全机关、公安机关处理。
- 一旦发现有人盗窃、抢夺属于国家秘密的文件、资料和其他物品，有权制止，并立即报告。
- 一旦发现泄露或可能泄露国家秘密的线索，要及时向国家安全机关举报。举报间谍行为起到重要作用的将给予奖励。

“迷途知返”提供线索获奖励

某校大一学生小张在课余时间喜欢了解时事新闻，逛军事网站。某天，小张在某军事论坛浏览时，发现有人在其帖子下面留言，对其在军事方面的专业知识很是赞赏，想私下与小张进一步探讨，并留下了QQ号码。小张随后抱着试一试的态度，添加了对方的QQ号码。成为QQ好友后，对方表示已经关注小张很久了，并吹捧小张在军事方面的专业知识，小张觉得像找到知己一样，对他无话不谈。小张放下戒备后，对方自称某研究中心研究员，受雇于境外企业，希望能够获得小张的帮助，完成对中国社会文化、政治、军事等领域的一些研究，同时许以高额报酬。小张一方面为了帮助知己解决难题，另一方面出于好奇和兼职考虑，表示愿意帮忙。

多次聊天后，小张清楚地知道对方是在搜集我国各个方面的政策方针和军事资料。小张发觉对方动机可疑，便当机立断向国家安全机关举报，并如实反映自己掌握的情况。经过国家安全机关工作人员的侦查，查明和小张联系的“研究员”真实身份是境外间谍情报机关人员。由于小张的及时举报，国家安全机关第一时间消除了相关间谍窃密的情报隐患，维护了国家安全。

点评：大学生要知道网络并非一片净土，存在着危险和敌情，如遇可疑人员，盲目轻信就很容易被人利用。特别是对方给予远远超出个人付出价值的报酬时，背后隐藏的往往是可怕的陷阱。所以，在利诱面前大学生切莫放松警惕，更不要抱有侥幸心理。大学生应树立国家利益高于一切的观念，具备防范间谍和维护国家安全的意识，提升识别能力，切实维护国家安全。

【警钟长鸣】

在网络信息时代，涉世未深的大学生已成为间谍组织勾连、渗透、策反、窃密的重点对象之一。间谍情报机关人员通常伪装成军事爱好者、招聘猎头等身份，广泛活跃于各类论坛和求职、社交等网站，以"问卷调查""兼职""约稿"为噱头，以提供丰厚报酬为诱饵，企图一步步将大学生发展成情报员。间谍组织的勾连、渗透、策反、窃密活动会给国家安全造成严重危害。近年来，大学生被间谍组织利用，并为其提供情报的事件时有发生。究其主要原因，一是一些大学生社会经验不足；二是一些大学生安全防范意识不强，尤其是国家安全意识淡薄，这就给了间谍组织或其他反动势力可乘之机。在有的泄密、窃密事件中，最初给对方提供信息时，一些当事人并不知情，但仍然有极少数人在觉察对方身份后因为贪图利益而继续配合，直至被国家机关依法惩处。这不是危言耸听，毕竟，国家安全无小事，大学生一定要对相关事件引以为戒。

三、反恐防暴

根据《反恐怖主义法》第三条规定，恐怖主义是指通过暴力、破坏、恐吓等手段，制造社会恐慌、危害公共安全、侵犯人身财产，或者胁迫国家机关、国际组织，以实现其政治、意识形态等目的的主张和行为。

如今，恐怖主义已成为影响世界和平与发展的重要因素，在已经发生的各类事件中，恐怖分子袭击民众，其手段凶残，令人发指。他们的血腥暴行是对人类文明底线的严重挑战，恐怖分子是全人类的共同敌人。《反恐怖主义法》第二条规定，国家反对一切形式的恐怖主义，依法取缔恐怖活动组织，对任何组织、策划、准备实施、实施恐怖活动，宣扬恐怖主义，煽动实施恐怖活动，组织、领导、参加恐怖活动组织，为恐怖活动提供帮助的，依法追究法律责任。

（一）大学生如何反对恐怖主义

受国际形势和部分地区的不稳定因素影响，世界各地均受到了不同程度的恐怖主义的威胁，发生了不同程度的暴恐事件。因此，大学生要清楚地认识恐怖主义的严重社会危害性，增强自身的安全防范意识，保护自己、家人与亲友的安全。

- 要坚决反对煽动仇恨、煽动歧视、鼓吹暴力等一切形式的恐怖主义，对破坏国家乃至国际社会的安全与稳定的恐怖主义应强烈谴责。
- 要理性表达爱国行为，不在社交平台发布不当言论和照片，不破坏团结。
- 要积极接受反恐怖主义宣传教育，增强自身的反恐怖主义意识。
- 不宣扬恐怖主义或挑唆、煽动、胁迫、引诱实施恐怖活动；不制作、传播、非法持有宣扬恐怖主义的物品；不穿戴宣扬恐怖主义的服饰。
- 不为宣扬恐怖主义或实施恐怖主义活动提供信息、资金、物资、劳务、技术、场所等支持、协助和便利。
- 一旦发现宣扬恐怖主义的物品、资料、信息，要立即向公安机关报告。要尽量做到不围观与恐怖主义相关的人、事、物，以免影响相关部门的快速应急反应和处置恐怖袭击突发事件。

（二）大学生如何防范恐怖主义袭击事件的侵害

恐怖主义袭击事件在很多国家时有发生，造成人员伤亡和重大财产损失、公共设施损坏，严重扰乱了正常的工作与生活秩序。下面介绍大学生如何防范恐怖主义袭击事件的侵害。

- 不去恐怖活动的重灾区，即使到这些地方学习、旅游、工作，思想上也要提高警惕，活动时要格外小心，应处处防范恐怖分子的侵袭。
- 不提倡民众去主动发现恐怖分子并与其斗争，但若发现可疑情况，如发现神情慌张、言行举止异常的可疑者，要及时向有关部门报告。
- 如遇持刀袭击，要快速跑开，不停留围观；若跑不掉则要找隐蔽的地方躲藏；若跑不了也躲不了，则要利用身边一切可用之物，如衣服、书包、石块等，与周围的人共同反击。
- 如遇纵火袭击，要保持冷静，迅速撤离，平时多留意身边的安全出口标志；如果身上着火了，要尽快脱掉衣物或就地打滚，压灭火苗，在浓烟处用湿毛巾、湿衣物、湿棉被捂住口鼻俯身逃离；如果在高层建筑上且无可用逃离设施，可迅速利用身边的绳索或衣物、窗帘等自制简易救生绳，并用水浸湿，从窗台或阳台沿绳滑到下层或地面；如实在无法逃离，可用湿毛巾、湿衣物、湿棉被等塞堵门缝、门窗，并用水淋透房间，等待救援；呼救时尽量在阳台、窗口等易于被人发现和避免烟火近身的地方。
- 如遇毒气袭击，要尽快利用环境设施和衣服、帽子、口罩等随身携带的物品保护自己的眼、鼻、口，防止摄入毒气，并迅速撤离现场；撤离时，要逆着毒气流动的风向撤离；远离污染源后，要脱去被污染的衣服，及时消毒，并立即到医院检查，必要时进行排毒治疗。
- 如遇开枪袭击，应当降低身体姿势，立即找遮蔽物躲避伤害，不要尝试与子弹赛跑。判明情况后，要快速撤离到安全的地方，在逃跑时注意判别危险的方向。
- 如遇爆炸袭击，应迅速俯卧，使上体和头部远离爆炸物，护住身体重要部位，若在有水沟的地方，则应侧卧在水沟内。如遇大量人员慌乱撤离，应尽量贴墙前行，同时可用物品遮掩身体易受伤部位，切忌乱跑乱窜或大呼大叫。
- 如不幸被劫持成为人质，应首先保持镇定，保存体力，不要行为失控，以免因惹怒劫持者而受到伤害，同时注意观察劫持者的数目、体貌特征。然后借机通过发短信、写字条等方式，将所处地点及劫持者的数目、体貌特征等重要信息传递出去，之后耐心等待救援。之后在警务人员对劫持者发起攻击时，要立即趴在地上，双手保护头部，随后迅速按警务人员的指令撤退。
- 在遭遇恐怖袭击确保个人安全情况下，要尽快拨打报警电话，尽量提供简明清晰的信息，如地点、时间、发生事件、后果等。

四、抵制邪教迷信

无论何时何地，拥有健康的身心，在稳定和谐的环境里享受幸福自由的社会生活，是各国人民的共同追求。邪教则是打破人们这种美好愿望的祸患之一。邪教是冒用宗教、气功或其他名义建立的，神化邪教首要人物，利用迷信邪说的手段蛊惑、蒙骗他人，发展、控制成员，危害社会和国家安全的非法组织。

邪教是祸国殃民的毒瘤，它践踏人权，害人夺命，破坏法制；它扰乱人民安居乐业的生活，影响经济社会发展；它具有反科学、反社会、反政府、反人类的反动本质，是世界各国政府坚决取缔的非法组织。21 世纪以来，崇尚科学、反对邪教的意识已逐渐深入人心。但在科学和文明高度发达的今天，邪教仍在全世界滋生和横行。究其主要原因，一方面，邪教的传播手段在不断变化，其更隐蔽、更具迷惑性；另一方面，邪教的内容具有迷惑性，容易吸引有心理意志不坚定的人，这些人错把邪教当作精神寄托和解决问题的途径。因此如何防范和治理邪教，仍然是世界各国普遍关注、积极应对的严峻问题。

邪教的危害性极大，就个体而言，邪教麻痹人心，扭曲个人的人生观和世界观。因此，大学生必须加强对邪教的防范意识，认清邪教的危害，坚决抵制邪教，不给邪教迷信思潮一丝一毫乘虚而入的机会。

- 要树立正确的人生观和世界观，提升辨别能力，认清邪教的本质和危害。
- 要崇尚科学，用科学知识武装和充实自己的头脑。
- 要积极参加有益的社会活动，保持积极的人生态度。
- 要提高警惕，慎重加入校外不明社团，防止被非法分子利用。
- 不受邪教宣传影响，不加入任何邪教。
- 要自觉同邪教斗争，当有心理困惑时，要通过正规途径寻求心理咨询并找到解决办法。
- 若发现有人进行邪教活动，要及时向有关部门报告。

自我测评

该“自我测评”用于测试同学们的国家安全意识，共 14 道测试题。请仔细阅读以下内容，实事求是地作答。若回答“是”，则在测试题后面的括号中填“是”；若回答“不是”，则在测试题后面的括号中填“否”。

1. 你认为国家安全与人们的日常生活密切相关。（　）
2. 你认为维护国家安全是每个公民的义务和责任。（　）
3. 你认为国家利益高于一切。（　）
4. 你认为自己是国家的主人翁。（　）
5. 你抵制一切有关邪教思潮的活动。（　）
6. 你愿意配合国家安全机关收集情报信息的工作。（　）
7. 你在学习中努力丰富自己的国家安全知识。（　）
8. 你积极参与国家安全活动，接受国家安全教育。（　）
9. 你坚决反对一切敌对势力。（　）
10. 你不会受到民族分裂势力的蛊惑。（　）
11. 即使你有亲人或朋友在涉密单位工作，你也不会向其询问涉密信息。（　）
12. 你谨言慎行，不在互联网上发布、传播不当言论。（　）
13. 你会克制自己的好奇心和虚荣心，不在涉密单位周围拍摄照片。（　）
14. 你在对外交往活动中时刻保持警惕，谨防泄密。（　）

以上填“是”的选项越多说明你的国家安全意识越强，并用自己的行动切实维护国家安全。如果存在一些填“否”的选项，就需要引起重视了。大学生要树立国家利益高于一切的观念，正确认识国家安全与每个人的紧密关系，要培养自己的安全防范意识，尽到自己的义务和责任。

过关练习

一、判断题

1. 国家安全不包括文化安全。（　）

2. 组织或个人在紧急情况下，可以在互联网及其他公共信息网络传递国家秘密。（　）

3. 在国家安全机关调查和了解有关间谍行为的情况、收集证据时，有关组织和个人应当如实提供，不得拒绝。（　）

4. 国土安全关系到国家主权和领土完整，关系到国家的生死存亡和长治久安。（　）

5. 国家利益是国家制定和实施安全战略的出发点。（　）

二、单选题

1. 国家安全机关设立的受理举报电话是（　）。

A. 12338　B. 12339　C. 13339　D. 12368

2. 每年的（　）为全民国家安全教育日。

A. 4月15日　B. 5月1日　C. 8月1日　D. 10月15日

3. 根据《国家安全法》的规定，公民和组织支持、协助国家安全工作的行为（　）。

A. 是正当行为　B. 受法律保护

C. 应当受到称赞　D. 有关部门应当给予表扬

4. 反对民族分裂，维护国家统一，是我国（　）所在。

A. 核心利益　B. 根本利益　C. 最大利益　D. 最高利益

三、多选题

1. 从国家安全角度看，资源的构成包括（　）等多个方面。

A. 水资源　B. 土地资源　C. 矿产资源　D. 能源资源

2. 根据《国家安全法》的规定，下列（　）负责搜集涉及国家安全的情报信息。

A. 公安机关　B. 检察机关　C. 国家安全机关　D. 所有的军事机关

3. 间谍行为包括（　）。

A. 参加间谍组织　B. 接受间谍组织代理人的任务

C. 为敌人指示攻击目标　D. 搜集公民个人隐私

4. 国家安全是国家（　）和（　）的基本前提。

A. 主权　B. 安全　C. 生存　D. 发展

四、思考题

1. 如何增强自己的国家安全意识，并切实维护国家安全？

2. 阅读下面的材料，你认为小桃的做法对吗？为什么？

小桃是一名军嫂，常带着儿子去军营里与丈夫团聚。为了留住幸福瞬间，小桃就给儿子和丈夫拍了照片和视频。

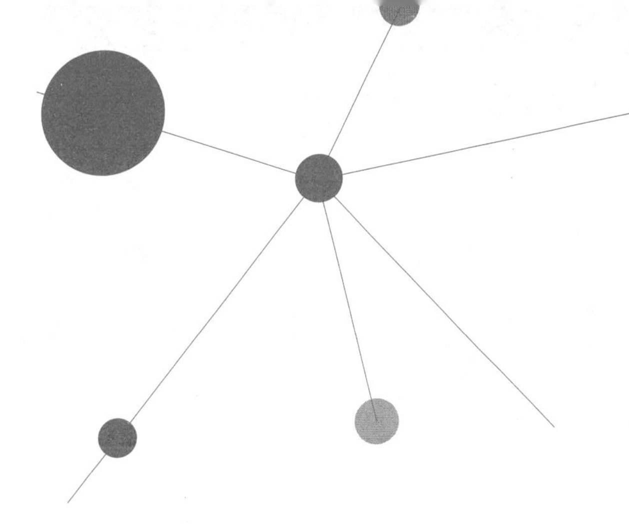

第三章

校园安全

教化之本，出于学校。

——苏洵

大学生活多姿多彩，校园环境优美，学习氛围浓厚，治安状况良好，但校园不是世外桃源，也存在各种安全问题。校园安全与师生、家长和社会都有密切的关系，它关乎学生的安危、千家万户的幸福和社会的稳定。大学生作为大学校园的主体，需要牢固树立安全防范意识。学习并不是生活的全部，大学生除了学习知识，还要学会做一个守纪律、懂安全的人，既要保护好自己，又要保护好身边的同学，要做到“校园安全，从我做起”“校园安全，从小事做起”，以实际行动推动和谐校园的建设。

视频

第一节 校园生活安全

大学校园生活是人一生中美好的时光，看似并不存在什么危险，但仍然有许多事情需要倍加注意和小心对待， 否则很容易发生危险或酿成事故。大学生应该学习一些运动安全、饮食安全、用电安全等校园生活的安全知识，树立校园生活的安全观念，形成自护、自救的意识，追求健康、安全的生活状态。

【学习目标】

◎ 掌握与军训和体育运动相关的安全知识。

◎ 掌握食宿安全知识，养成良好的食宿习惯。

◎ 增强在课外休闲活动中的安全意识。

一、军训安全

军训是大学实施素质教育的重要项目，是大学生就学期间履行兵役义务，接受国防教育的基本方式。军训的目的是使大学生在军训过程中增强国防观念和国家安全意识，培养爱国主义、集体主义精神和吃苦耐劳的精神，加强组织纪律观念，培养良好的行为习惯和坚忍不拔的意志。军训时间虽然短暂，但却能成为同学们一段难忘的经历。因此，避免在军训期间发生意外事故，以及确保军训安全也是十分必要的。

（一）军训中存在的安全问题

军训中存在的安全问题主要体现在以下 3 个方面。

- **大学生缺乏体育锻炼与天气原因而引发的安全问题。**大学生军训一般选在九月新生开学时期，由于天气炎热，一些大学生平时缺乏体育锻炼，加之军训过程中训练强度较大，所以会出现肌肉拉伤、晕倒或中暑等现象。
- **军训休息期间发生意外伤害事故。**新入校的多数大学生对军训充满期待，有新鲜感，特别是部分精力旺盛的大学生，在军训休息期间攀爬打闹、追逐嬉戏、玩摔跤游戏等，导致发生意外伤害事故。
- **野外训练存在的安全隐患。**野外训练中，学生不熟悉环境，因此存在一些安全隐患，如掉队迷路、跌倒摔伤、蛇虫咬伤、滚石伤人等。

（二）军训安全事故预防

大学生在军训中，不能因兴奋而一时麻痹大意，要有安全防范意识，确保安全地完成军训。下面主要介绍军训注意事项与军训实用小技巧，以预防军训安全事故。

❶ 军训注意事项

大学生切记要认真对待以下 3 方面的事项。

- **听从指挥。**大学生一定要听从教官和带队老师的指挥，按制定的军训规则完成训练，不让做的事情不要做。特别是在野外训练中，大学生一定要听从指令，不能擅自离队，不携带易燃易爆等危险物品，不要随意采摘野菜、野果吃，防止食物中毒。
- **量力而行。**大学生一定要根据自己的身体状况参加训练，若生病或身体有特殊情况不宜训练，应请假休息，或旁观但不参加具体训练。在训练途中，如果感觉自己身体不适，应立即向教官或带队老师请求停止训练，进行适当休息或必要的治疗，以免发生意外事故。

- **合理安排训练间歇。**在训练间歇宜开展唱军歌和红歌、讲革命故事或组织集体小游戏等有益活动，既能活跃训练场气氛又能达到充分休息、恢复体力的目的。在此期间，大学生不能任性地脱离集体或玩危险的游戏等。

❷ 军训实用小技巧

下面介绍一些军训的实用小技巧，帮助同学们更好地适应和进行军训。

- **衣着宽松。**尽量穿宽松、透气性好的衣服，鞋子要合脚，不建议穿牛仔裤。
- **加强营养。**军训期间体力消耗大，因此一定要吃饱吃好，补充好能量，尤其是必须吃早餐，以免血糖低造成头晕等。可多吃一些肉类、蛋类食物，饮食以清淡为宜，不要吃油腻、辛辣的食物，同时要及时补充淡盐水。
- **注意冲凉时间。**军训结束后身体还在出汗时别急着去冲凉，因为一热一冷极易感冒，应等汗液排完后再冲凉。
- **保证睡眠质量。**军训期间注意休息，一定要保证充足的睡眠，避免熬夜，睡前可用热水泡脚，以提高睡眠质量。尽量利用午休时间休息，以保证下午的体力能跟上军训强度。
- **携带防暑药物。**在军训期间可随身带上必要的防暑药物，如清凉油、风油精、藿香正气水等。

另外，若女生在军训时遇上生理期，则一定要注意身体，必要时应请假休息。

【警钟长鸣】

大学生在军训时千万不要隐瞒病史，特别是一些重大疾病，曾经某校一大学生隐瞒先天性心脏病病史，在军训期间中暑后因抢救无效而死亡。这起事故教训深刻，因此，军训时每个大学生都不要逞强，即使不想错过锻炼自己的机会，也要量力而为。特殊情况下，大学生可以申请全程旁观军训但不参加具体训练，以此感受军训生活。

二、食宿安全

食宿是人们生活中的重要环节。进入大学校园后，大学生需要独立面对食宿问题，由于缺少父母在身边敦促、约束，因此大学生需要自觉养成良好的生活习惯，注意食宿安全。

（一）食品安全

食品安全中的重要内容是预防食物中毒。所谓食物中毒，是指患者所进食物被细菌或细菌毒素污染，或食物含有毒素而引起的急性中毒性疾病。食物中毒的潜伏期短，一般无人与人之间的直接传染，常见的食物中毒症状为头晕头痛、呕吐、腹痛腹泻、发烧等。此外，也有一些毒素是在人体中长期累积后，才引起人体器官、神经系统方面功能的障碍，但由于是慢性食物中毒，因此经常被人们忽视。

“民以食为天，食以安为先”，在生活中，食物是每个人每天的必需品。虽然我国大学对大学生的食物供应力求安全，但食物中毒事件仍时有发生。食品安全关系到大学生的身心健康和生命安全，因此大学生必须引起重视。

❶ 食物中毒的预防

探究发生食物中毒事件的原因，除去食物供应中人员管理不当的原因外，大学生缺乏社会知识和食物安全常识是主要原因。例如，大学生个人卫生习惯不好，使食物受到污染；食物储存不当或存放时间过久，导致食物霉变；食物没有加热熟煮；到卫生条件较差的餐饮服务场所就餐等。对此，大学生要有食物安全意识，养成良好的饮食习惯，做好预防食物中毒的措施。

- 尽量在校内餐厅就餐。如果在校外就餐，要注意察看就餐场所的就餐环境，不去卫生条件差的摊位、饭馆、餐厅等场所就餐。
- 选购食品时要查看其生产日期和保质期，不能购买过期食品。
- 购买熟食时要看颜色，嗅味道，检查其是否腐烂变质。
- 不吃霉变的食物。尽量不吃隔夜的剩菜剩饭，如需食用，要将其加热煮熟。
- 在食用前要彻底清洁食品，饮用符合卫生要求的饮用水，不喝生水或不洁净的水。
- 养成良好的个人卫生习惯，饭前、便后勤洗手，不用不洁净的餐具，加强体育锻炼，提高免疫力。
- 在使用电冰箱的过程中，要保持电冰箱的内部清洁卫生，生、熟食要分开放，尽量使用保鲜袋或保鲜膜，防止生、熟食交叉污染。
- 网上订餐时，要选择好评度高的、持有“餐饮服务许可证”的餐厅；食物送到后要查看其是否受到污染或有变质现象，以及其包装是否清洁。
- 网上购买蔬菜水果时，要选择新鲜的蔬菜水果；蔬菜水果送到后要查看其是否受到污染或有变质现象。
- 不要随意吃陌生人递给自己的食物，避免食用被人为加入有毒物质的食物。

❷ 食物中毒的救护

发生食物中毒后要及时进行救治，有效的方法是及时送往医院救治。但食物中毒一般具有突然发作、来势凶猛的特点，当出现呕吐、腹泻、腹痛为主的急性胃肠炎症状时，严重者可因脱水、休克、循环衰竭而危及生命，因情况紧急，就医前可采用一些急救措施，防止产生更严重的后果。

- 患者出现呕吐、腹泻、腹痛等症状时，必须给患者补充水分或输入生理盐水。
- 患者如果只是胃部不适，就让患者多饮温开水或稀释的盐水，然后用筷子或手指等刺激患者的咽喉催吐。
- 患者呕吐时，为防止呕吐物堵塞气道而引起窒息，应让患者侧卧，便于呕吐。
- 患者呕吐时，不要让其喝水或吃食物，但在呕吐停止后要马上让患者补充水分。
- 患者如果腹痛剧烈，可将患者摆成仰睡姿势并将其双膝弯曲，缓解腹肌紧张。为患者腹部盖毯子保暖，有助于其血液循环。
- 患者出现抽搐、痉挛症状时，应马上将患者移至周围没有危险物品的地方，并取来筷子，用手帕缠好塞入患者口中，防止患者咬破舌头。
- 患者出现面色发青、冒冷汗、脉搏虚弱等症状时，要马上将患者送往医院，谨防其发生休克，因为食物中毒引起的中毒性休克会危及生命。
- 如果发觉患者有休克症状，如手足发凉、面色发青、血压下降等，立即让其平卧，尽量抬高其下肢并立即就医治疗。
- 将患者的呕吐物用塑料袋取样留好，这样在去医院检查时有助于快速诊断；不要轻易地给患者服止泻药，以免贻误病情。

一般而言，食物中毒的急救原则是及时地设法使毒物排出体外或对症治疗解毒。而在进食后短时间内即出现食物中毒常见症状的患者往往是重症中毒，这种情况要尽快就医。

食用过期月饼导致食物中毒

某校学生在中秋节前夕买了一盒月饼和一些水果、瓜子，并将这些食物带到寝室分给同学吃。吃月饼时，其他同学闻到有异味就把月饼扔了，但该生觉得月饼扔了有些可惜，而且异味不大，就吃了。第二天上午，该生上课时突然出现头晕、腹痛、腹泻、呕吐等症状。该生被送到当地医院进行抢救，经医生诊断为食物中毒，查看月饼包装盒后认定是过期月饼惹的祸，所幸该生经过及时治疗，已无性命之忧。

点评：生活中，大学生要切记在购买食品时看清其保质期，不购买过期食品，更不可吃过期食品，扔掉过期食品和腐败食品并不是浪费的行为。总之，避免食物中毒的关键是预防，重视饮食卫生，防止病从口入。另外，大学生遇到食物中毒事件后，要有维权意识，症状轻时可与食品商家、餐厅老板等协商赔偿事宜；较严重时，应及时取证报警，并向学校相关部门反映情况。

话题讨论

讨论主题：容易引起食物中毒的食物

讨论内容：大家都说病从口入，那么，日常生活中有哪些食物容易引起食物中毒？如发芽的土豆，因为发芽的土豆含有毒素，人们食用后会导致食物中毒，如需食用，应该把发芽部分完全削去，再放入冷水中浸泡一小时后煮熟。

（二）住宿安全

除上课学习外，多数大学生大部分的时间是在宿舍里度过的。因此，创建一个文明健康、舒适整洁、安全有序的宿舍环境，将对大学生的身心健康起到积极的促进作用。宿舍虽说是学校提供给学生的住宿场所，但住宿安全不能仅仅依靠学校一方，大学生应主动、自觉地增强安全意识，多参加安全教育活动，掌握基本的安全预防措施，严格遵守学校的各项规章制度，时刻注意保护自己。针对住宿安全，下面主要介绍用电安全、预防火灾、防范盗窃这3方面的内容。

❶ 用电安全

部分大学生缺乏安全用电意识，且对不安全用电行为抱有侥幸心理，这是其出现不安全用电行为、发生用电事故的主要原因。大学生的不安全用电行为，如私接电线、乱用插座、线路纠缠使用、超负荷用电等，一是易引发火灾，二是易发生由于触电造成的伤亡事故。

大学生在宿舍内安全用电，要注意以下10个方面的内容。

- 严禁在寝室走廊、卫生间、洗漱间等地私拉或乱接电线。
- 严禁破坏宿舍楼内的供电线槽和供电电缆，以及拆修配电设施等。
- 不使用电热杯、电磁炉、电热锅、电饭锅等违反宿舍安全管理规定的大功率电器（宿舍管理规定，一般超过200瓦的电器即为大功率电器）或劣质电器等。
- 不将电线缠绕在床铺上，不在灯具上拴蚊帐、晾晒衣物，以及悬挂装饰物等易燃物品。
- 不用湿手触摸电器，不用湿布擦拭电器。如果有必要对电器进行彻底清理，要在切断电源的情况下进行。
- 养成良好的用电习惯，电器使用完后应拔掉对应的电源插头。
- 使用中发现电器冒烟、冒火花、发出焦糊的异味等情况，应立即关掉电源开关，停用电器。

- 发现有人触电要设法及时关断电源，或者用干燥的木棍等物将触电者与带电的电器分开，不要直接用手救人。
- 爱护用电设施，如发现电线损坏、裸露、漏电等现象，应及时报告宿舍管理员，等待专业人员前来维修。
- 主动配合学校的安全检查，经常进行自查，阻止、举报各种违规用电行为。

❷ 预防火灾

学生宿舍防火不容小觑，一旦发生火灾，特别是在夜间，将对学生的生命财产安全构成严重威胁。保障住宿安全，预防火灾，除了做到安全用电，还要重视以下 4 个方面的内容。

- 严禁在宿舍内存放易燃易爆物品。
- 严禁在宿舍内或走廊上焚烧杂物。如果人离开而火未灭，或是火太大无法控制，则容易引起火灾。
- 不要在宿舍内点蜡烛学习、看小说或玩游戏等。如果碰倒蜡烛或人睡着了而蜡烛未熄，而蜡烛烧完并点燃了书籍、床板等可燃物品，则会引起火灾。
- 不提倡大学生抽烟。如果一些大学生有吸烟行为，在抽完烟后要掐灭烟头。如果不掐灭烟头而将其随手扔掉，那么这些烟头若是掉在易燃物品上，则容易引起火灾。

大学生在入住宿舍之时就应该清楚大学宿舍安全通道的位置，如果宿舍发生火灾，大学生应该采取相应的措施进行自救，并帮助他人逃生。

❸ 防范盗窃

宿舍发生盗窃事件的常见原因是没有关好门窗，从而让不法分子趁机入室行窃。总体上，大学宿舍的防盗安全是有保障的，但这并不代表万无一失。大学校园不是世外桃源，而是一个开放的社会，平时也有闲杂人等进入，因此，大学生要有防范盗窃的意识，并认真做好以下事项，保护好自己及同学的财产安全。

- 要养成随手关窗、锁门的习惯，不给不法分子留下任何可乘之机。特别是最后离开宿舍的人，不要因怕麻烦或时间紧迫而放松警惕。
- 将较多的现金存入银行，贵重物品不用时应锁在抽屉或柜子里。
- 保管好宿舍、箱包、抽屉等处的钥匙，不能随便借给他人或乱丢乱放，以防不法分子伺机行窃。
- 不要把学生宿舍作为聚会、聚餐、打牌、会客等交际场所，假如学生宿舍成了各种形式的“娱乐中心”，来往的人员就会十分繁杂，从而容易发生盗窃案件。
- 不要随便留宿外来人员。如果违反学生宿舍管理规定，留宿不知底细的人，则容易留下安全隐患。
- 警惕外来的陌生人，特别是要对形迹可疑的人提高警惕，仔细询问相关情况，若有异常，要及时报告宿舍管理人员。如果发现来人可能携带作案工具或赃物等时，则应立即报告宿舍管理人员和学校保卫部门。
- 积极参加宿舍等区域的安全值班工作，协助学校保卫部门做好安全防范工作。

一般来说，刚入学、放假前，或学生都去上课、学校组织大型活动而宿舍无人时，以及开窗睡觉的夏季等是大多数不法分子进入宿舍行窃的时机，这些时候，大学生更要提高警惕，保护好自己的贵重物品。当宿舍发生盗窃事件后，大学生要保护好现场，立即向学校保卫部门报告，同时告知有关老师或领导，并如实回答前来调查的工作人员提出的各种问题，积极反映线索，协助破案。如果发现银行卡、存折被盗，还应尽快办理挂失手续。

【安全小贴士】

怎样的学生宿舍容易被盗？居住人员混杂、搬动频繁；管理松懈，制度不严；无人值班或值班人员无责任心；同学缺乏警惕性，互不关心；门窗缺乏安全设施等。宿舍存在这些情形时，更容易发生盗窃事件。当自己所在的宿舍存在上述情形时，要引起重视，积极改善住宿环境和条件，并增强相关人员的安全防护意识。

宿舍防盗不能掉以轻心

某校学生宿舍连续发生盗窃案，受害的几名同学都住在低楼层，共丢失 5 部手机、2 块手表，价值人民币一万余元。经公安机关工作人员的现场勘察，确认犯罪嫌疑人是从窗外铁栏杆处伸手把靠近窗户睡觉的几名同学放在枕头边的手机和手表盗走的。幸运的是，公安机关破案后追回了大部分被窃财物。

点评：住在低楼层宿舍的同学们在开窗睡觉时，应该采取必要的防范措施，如在窗口摆放一些绿色植物或障碍物，以起到防护的作用；应将贵重物品放到抽屉里，不要将其放在靠近窗户的位置。总之，同学们千万不可因为掉以轻心而造成经济损失。

三、体育运动安全

体育是学校素质教育的重要组成部分，大学生积极参加体育活动不仅可以增强体质、锻炼意志，还可以丰富自己的校园生活，达到调节身心、提高学习效率的效果。但不少体育运动具有较强的竞争性和对抗性，存在一定程度的不安全性。因此，大学生要树立体育运动的安全意识，构建保障身心健康和人身安全的屏障。

（一）体育运动的安全事故防范

通常，体育运动安全事故发生的原因有两个：一是环境因素，如运动场地不安全、运动设施老化等；二是人为因素，如身体状况不佳、运动的行为方式不当、技术动作错误及心理障碍等。因此，为了确保体育运动安全，大学生可从运动场地和设施使用安全、运动时的安全注意事项两方面入手。

拓展阅读

不宜运动或剧烈运动的情形

❶ 运动场地和设施使用安全

大学生在进行体育运动时，要选择合适的运动场地，并确保运动设施能够正常使用。

- **选择合适的运动场地。**针对不同的运动要选择相应的场地，运动前要了解场地周围的情况，一般要远离交通道路；在开放式的运动场地中可设置护栏和分界线，避免不同的运动项目之间相互干扰；如果运动场地上有石块、玻璃碎片及其他尖锐物体，要及时清理运动场地，扫除危险的障碍物，还要对有坑或凸起部分进行处理。
- **检查和维护运动设施。**进行体育运动时，不能忽视运动设施老化、不完整、破损等不利因素带来的安全隐患。在使用运动设施前，要认真检查设施的安全情况，特别是久未使用的器材和长期放置在室外受日晒雨淋的设施，以排除运动设施存在的安全隐患。

❷ 运动时的安全注意事项

大学生在进行体育运动时要做到遵守比赛规则和运动规则，听从老师或管理员的管理，掌握科学的运动方式，这三者结合才能有效地防止运动损伤。具体来说，大学生要注意以下事项。

- 身体不适或受伤时不盲目地参加体育运动。
- 在体育课上做运动必须遵守纪律和规则，并且听从老师或管理员的指导。
- 在正式运动和比赛前要适应场地，要根据运动内容，认真做好准备活动，如适当地做一些力量性练习和伸展性练习。
- 运动前，要检查鞋带是否系紧，并摘下胸针和各种金属、玻璃等装饰物，口袋里也不要放尖锐的物品，以免划伤或碰伤自己。
- 应在老师或管理员的指导下进行高难度的运动，疲倦时不应做高难度动作。
- 运动中，不能拿着危险器材和同学嬉戏打闹。
- 天气恶劣时，不进行户外运动。在炎热天气下运动时，应注意控制运动量和补给水分。
- 运动结束后，不要立即停下来休息，要坚持做放松活动，如慢跑等，使心跳逐渐恢复平静。

安全运动，切勿逞能

某学生严重感冒，但仍然抱病参加学校举办的春季运动会中的3000米长跑项目。下场后，该生便昏倒在跑道上，口吐白沫。虽然学校立即把他送往医院进行抢救，但令人遗憾的是，该生最终因抢救无效而死亡。调查和尸检表明，该生因患感冒并发病毒性心肌炎，又因为剧烈运动，所以最终心力衰竭，抢救无效而死亡。

点评： 体育运动讲究适度适量，大学生一定要根据自己的身体情况参与体育运动，身体抱恙时不能进行剧烈、高强度的运动。体育的拼搏精神虽然值得人们认可，但若参与体育运动危及了自己的身体健康，甚至生命，则是不可取的。

（二）体育运动一般伤害的处理

发生运动创伤事故后，要保持镇静，科学地采取有效的救护措施，减少伤害，以防延误救治时间或加重病情。

微课视频

体育运动一般伤害的处理

- **处理擦伤。** 对于轻度的表皮擦伤，可用生理盐水清洗伤口后用医用酒精消毒，然后涂上药膏。十分轻微的擦伤2分钟内会自行停止出血，此时只需要贴上创可贴或涂上药膏。重度的擦伤出血量大时，要立即送往医院救治，在送医途中，要设法止血或减少出血量，但不能用脏毛巾、手绢等物擦洗伤处，以免细菌感染。
- **处理鼻出血。** 若鼻出血，可暂时用口呼吸，在鼻部放置冷毛巾。如果出血不止，可将凡士林纱布卷塞入出血的鼻腔内。如果仍不能止血，应立即将伤者送往医院，由专业医疗人员处理。
- **处理扭伤。** 扭伤多发生在四肢关节处。扭伤时，不能搓揉按摩，应先冷敷，以消炎、止血、镇痛、退热等。冷敷的方法有两种：一种是用冰袋冷敷，在冰袋或塑料袋里装入半袋碎冰或冷水，然后把袋内的空气排出，用夹子把袋口夹紧，再将冰袋冷敷于扭伤处；另一种是用毛巾蘸冷水，并将其拧干后敷在扭伤处。冷敷可以每隔3～4小时进行一次，每次进行5分钟左右。冷敷时，要注意观察局部皮肤颜色，皮肤发紫、麻木时要立即停止冷敷。若伤情较复杂或严重时，如腰椎、颈椎部位受伤，应立即将伤者送往医院，由专业医疗人员处理。
- **处理骨折。** 首先让伤者平卧，并给以安慰和鼓励，消除伤者思想上的紧张和恐惧，然后立即将伤者送往医院。在移动伤者时动作要缓慢轻柔，切忌盲目翻动伤者身体，以避免进一步的伤害。如果骨折处外露，那么应继续保持骨折处外露，注意不要尝试将外露部分放回原处，以免引发细菌感染。

第二节 实验室安全

实验室是教学和科研的重要场所。为了培养学生实验操控能力，很多大学每年都安排大量的实验课供学生学习。然而，实验室具有特殊性，实验室中可能存放有易燃易爆物品，以及腐蚀性的、有毒的化学试剂等，这些都可能成为安全隐患。实验中，实验人员稍有不慎，危险就可能降临。近年来，大学实验室事故时有发生，付出惨痛代价的同时也为我们敲响了警钟。实验室安全是学习和科研的基础，因此，大学生必须高度重视实验室安全问题，要有安全防范意识，将实验室安全牢记心中，严格遵守实验室的安全规则，避免发生实验室事故，确保自己和他人的安全。

【学习目标】

◎ 树立科学实验、安全实验的观念。

◎ 严格遵守实验室安全规则，防止发生实验室事故。

◎ 了解实验室主要事故发生的原因，并掌握具体的预防措施。

◎ 了解实验室物品、仪器的安全管理规定与常识。

一、实验室安全事故的成因

实验室安全事故发生的原因是多方面的，一般而言，大学实验室安全事故发生的主要原因如下。

- **实验人员自身问题。**实验人员（包括老师和学生）的实验室安全意识淡薄，实验人员在做实验时不遵守实验规则，如不戴防护器具、设备使用不当、操作不慎和粗心大意等，具有侥幸心理。
- **实验设备问题。**实验设备年久失修，老化损坏，安全保障系数降低，存在漏电、自燃、爆炸、机械伤人等隐患。
- **实验室环境问题。**实验室环境不符合安全要求，如：实验室房屋老旧，室内线路老化；实验室房屋有限，不能按要求将需要分开存放的实验物品分开放置；实验室空间狭小，不具备安全操作距离；实验室内未配置应急设施，或应急设施陈旧，不能发挥防护功能等。
- **实验室管理问题。**学校实验室安全管理措施未得到落实，如各级管理人员在实验室安全问题上说得多、做得少，导致实验室监管力度不够；由于大学实验室类别多，难以做到专人专管或安全检查不到位等，容易发生实验室的危险物品被盗、被人恶意使用造成社会危害的事件。

保障实验室安全需要多方面的努力，预防实验室安全事故的发生需要实验人员、实验设备和实验室环境的相互协调，同时也需要安全观念、安全规范和科学对策的落实。在实验室安全事故的发生原因中，人为因素是主要因素。安全意识淡薄是实验室安全事故发生的重要原因，由实验人员的不安全行为和失误导致的事故占了很大比重。因此，人为因素在实验室安全事故的预防中起着十分重要的作用。

二、实验室安全规则

大学生在做某些实验时面临着危险，稍有疏忽就容易发生安全事故。为了保证教学、科研进度，保护实验设备、技术资料和实验成果，保护师生的身体健康与生命安全，大学生务必将科学实验、安全实验牢记于心，严格遵守实验室安全规则，熟记保障实验安全的总体纲领，做到防患于未然。

- 实验前，了解并学会使用实验室配备的应急设施，熟悉消防通道的位置。
- 实验前，详细了解实验内容，掌握实验细节、操作方法及注意事项等内容。
- 实验前，了解实验设备的性能、配备及正确的操作方法。
- 实验前，对不熟悉的实验任务、操作、设备、材料等要多听、多看、多问，进行必要的沟通协商后再做实验。
- 实验前，确认实验材料、设备等是否存在危险性，排除安全威胁后再做实验。
- 实验时，不将与实验无关的物品带进实验室，不在实验室内存放易燃易爆物品。
- 实验时，使用必要的防护用品，如戴手套、戴安全护目镜、穿着实验服等。
- 实验时，如有任何状况或疑问，可随时提出，切勿私自变更实验程序或进行违规操作。
- 实验时，不私自拆卸或调整实验设备的零件。
- 实验时，在无人监管的情况下，不得离开实验岗位，防止发生意外。
- 实验时，远离实验室中已标识的潜在危险，除非得到充分的安全防护及安全许可。
- 实验时，严格执行实验室安全规定、指令。
- 实验时，不随意触摸和打开各种试剂，不任意混合各种试剂，防止意外发生。
- 实验时，及时清理打翻的药品、试剂及器皿等。
- 实验时，若使用危险实验材料、启动或操作危险实验设备，要确保他人在安全区域。
- 实验时，虚心接受他人对自己不安全行为的提醒与纠正。
- 实验时，不得故意制造危险事件，不得蓄意伤害他人。
- 实验结束后，应对实验室进行全面清理，包括关闭电源、水源、气源，处理残存的化学物质，以及清扫易燃的纸屑杂物等，以消除隐患。
- 实验结束后，对实验造成的危险因素或发现的实验室危险因素应予以标识，并及时告知老师和实验室管理人员。
- 实验结束后，若实验过程中发生了意外事故，应及时告知老师和实验室管理人员。
- 实验结束后，可与实验室其他成员共享自己的实验室安全知识与经验，帮助实验室其他成员增强安全风险防控能力。

实验人员在实验时离开实验室而引发事故

某大学实验室曾发生甲醛泄漏事件，上百名师生紧急疏散。事故中不少学生眼睛、喉咙难受，感觉不适。幸运的是，此次甲醛泄漏时，室内无人，而且甲醛飘散出来后被稀释，甲醛浓度大大降低，所以没有引发严重的伤害性后果。事故发生后，经消防人员与有关专家处理，现场恢复正常。有关方事后调查发现，当时一名老师正在实验室做实验，但中途出去了几分钟，就在这段时间内发生了甲醛泄漏事故。

点评：在实验过程中，实验存在变数，所以实验人员在做实验时，不得中途离开，这样也是为了应对突发情况。此次事故虽然没有引发严重的伤害性后果，却为我们敲响了警钟：实验人员务必遵守实验规范，不要以为事故没有发生，或自己的违规行为没有带来严重后果，就心存侥幸。应对安全事故的上策是预防，一旦真的发生意外，后果不堪设想。

三、预防实验室安全事故

实验室易发事故的类型主要是火灾事故、爆炸事故和毒害事故等。下面针对这些易发事故，先分析事故发生的原因，然后从大学生力所能及的方面来介绍事故预防的具体措施和方法。

（一）火灾事故预防

由火灾引起的实验室事故具有普遍性，几乎所有的实验室都有可能发生此类事故。俗话说"水火无情"，火灾事故的预防不容忽视。

❶ 火灾事故发生的原因

火灾事故发生的常见原因如下。

- 实验室内供电线路老化或超负荷运作，导致线路发热，引起火灾。
- 实验人员在实验过程中违规操作或操作不当，使火源接触实验室内的易燃物质，引起火灾。
- 实验人员在实验过程中忘记关闭电源或中途离开，使实验设备或其他用电设施通电时间过长，温度过高，引起火灾。
- 实验人员对某些可以自燃的物品缺乏认识，或者对此问题不够重视，未及时排除危险因素，物品自燃引发火灾。

❷ 火灾事故具体预防措施

预防火灾事故的具体措施如下。

- 实验室内严禁吸烟，不乱丢未熄灭的火柴梗。
- 使用完电、燃气灯后，应立即将其关闭。离开实验室时检查电源、气源、门窗等是否关好。
- 使用电器设备或易燃易爆物品时，应严格按照操作规程使用。
- 实验结束前，实验人员不得擅自离岗。
- 使用和处理易燃易爆物品时，应远离火源。
- 对于易发生自燃的物品，不能随意丢弃，以免产生新的火源，引起火灾。
- 一旦实验室发生火灾，不要惊慌失措，应保持镇静，先立即切断一切电源，然后根据具体情况正确灭火。

（二）爆炸事故预防

爆炸事故多发生在有大量易燃易爆物品和压力容器的实验室。爆炸是一瞬间的事，其危害极大，波及面广，因此爆炸事故的预防不容有失。

❶ 爆炸事故发生原因

爆炸事故发生的常见原因如下。

- 由火灾事故引起实验设备、物品等爆炸。
- 实验设备存在故障或缺陷，造成易燃易爆物品泄漏，遇火花而引起爆炸。
- 实验人员违规操作或操作不当，引燃易燃物品，进而导致爆炸。
- 易燃气体在空气中泄漏到一定浓度时遇明火发生爆炸。
- 压力容器（如高压气瓶）遇高温或强烈碰撞而引起爆炸。

❷ 爆炸事故具体预防措施

预防爆炸事故的具体措施如下。

- 在接触易爆物品前，需要先了解易爆物品的性能，如在什么条件下（如温度、压力）有发生爆炸的潜在危险。
- 了解实验设备的安全性能，如在什么条件下（如温度、压力）有发生爆炸的潜在危险。
- 防止易燃易爆气体、液体的泄漏。
- 保持室内空气流通，防止可燃气体在空气中达到发生爆炸的浓度。
- 做好实验设备特别是压力容器的定期检查工作。
- 严格按照学校制定的实验规则操作，特别是在分组实验时，要听从指挥、协调行动、恪尽职守。若在实验时发现问题，要及时报告。

（三）毒害事故预防

毒害事故多发生在具有化学药品和有毒物品的化学实验室，以及具有毒气排放的实验室等。毒害事故轻则损伤人的皮肤，重则烧毁皮肤、损伤眼睛和呼吸道，甚至损伤人的内脏和神经等。因此，毒害事故的预防不容有失。

❶ 毒害事故发生的原因

毒害事故发生的常见原因如下。

- 实验人员将食物带进实验室，误食受污染的食物或用沾染有毒物品的手吃食物导致中毒。
- 实验设备存在故障或缺陷，造成有毒物质泄漏或有毒物质无法排放，引发毒害事故。
- 实验人员违规操作或操作不当，在化学药品配制、使用中引起爆炸或液体飞溅，进而引发毒害事故。
- 实验室管理不善，造成有毒物品散落或流失，导致环境污染，引发毒害事故。
- 实验室排放管受阻或年久失修，造成有毒废水未经处理而流出，导致环境污染，引发毒害事故。

❷ 毒害事故具体预防措施

预防毒害事故的具体措施如下。

- 避免用手直接接触化学药品，尤其严禁用手直接接触剧毒物品。
- 进行危险的化学实验时，应穿戴防护用品。
- 做产生有毒气体的实验时，必须在通风橱内进行。
- 按实验规定及时除去溅落在桌面或地面的有毒物质，并做好室内通风工作。
- 使用有毒物品（如氰化物、砷化物等）前要经实验室负责人批准，负责人适量发给使用人员后要及时回收剩余有毒物品。
- 严格遵照实验步骤使用有毒物品。
- 要在器皿上贴标签注明装有有毒物质，用后及时清洗器皿。实验后，须按照实验规定处理有毒残渣，不随意丢弃。如发现危险物品被盗，要及时报告。
- 在使用有毒物质的实验中，若感觉身体不适，如出现恶心、呕吐、心悸、头晕等症状，应立即到医院接受诊断和治疗，不能延误。
- 在进行产生有毒气体的实验时，若有同学出现身体不适，应引起警觉，并立即开窗通风，必要时中断实验，撤离实验室。

其他常见的实验室事故还有机电伤人事故、灼伤事故等。造成机电伤人事故、灼伤事故的主要原因是操作不当或缺少防护，预防机电伤人事故一是要在实验前检查用电设备是否漏电，凡是漏电设备一律不使用，二是要严格遵守实验操作规范和程序；预防灼伤事故需要在进行相关实验时穿戴防护用品，并严格遵守实验操作规范和程序。

增强实验安全意识是预防事故发生的根本措施

某校的化学实验室通风条件不好，也没有安装必要的通风设施。一天，某班的学生在实验室进行化学实验时，其中一名同学小李感觉自己头晕、反胃，具有良好实验素养的他觉得实验中可能产生了有害气体，随即打开门窗通风。不久后，小李身边的同学也出现了头晕、恶心等症状。小李意识到事态的严重性，立即让所有同学终止实验，并撤离实验室。后经学校医务室结合实验情况诊断，身体不适的同学均为甲烷中毒，所幸大家采取了通风措施并及时终止实验，且迅速撤离了实验室，所以并无大碍。

点评：实验室应保持良好的通风条件，经常检查通风管道，可能产生较大气味或有毒气体的实验室应设有规范的通风橱。在进行可能产生有毒气体的实验时，不要使有毒气体散发出来。操作时，要穿戴防护用品。归根结底，保障实验室安全需要实验人员具备安全意识，发现问题要及时报告，特别是在进行有安全威胁的实验时，要提高警惕，中途若遇突发情况，要及时反应，做出正确的决策。

四、实验室物品和仪器的安全管理

微课视频

实验室物品和仪器的安全管理

实验室物品、仪器是进行实验教学、提高教学质量不可缺少的工具，是学校的固定资产，要对其加强管理，小心使用。特别是对易燃、易爆、剧毒化学试剂和高压气瓶等要严格按有关规定领用、存放和保管。如果管理不当，就有中毒、泄漏、爆炸等事故隐患。所以，大学生要注意实验室物品和仪器的安全管理规定和常识，避免事故的发生。

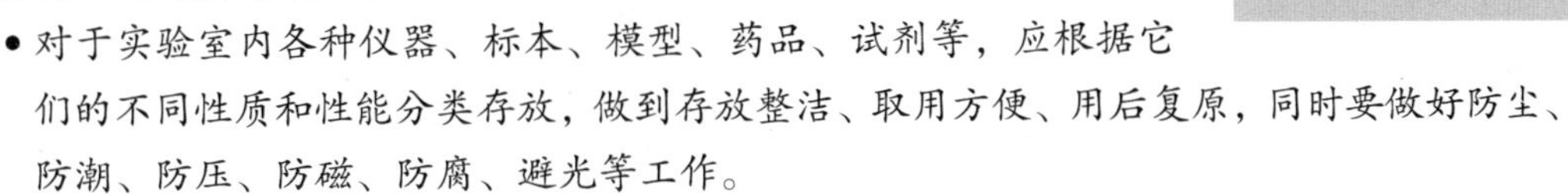

- 对于实验室内各种仪器、标本、模型、药品、试剂等，应根据它们的不同性质和性能分类存放，做到存放整洁、取用方便、用后复原，同时要做好防尘、防潮、防压、防磁、防腐、避光等工作。
- 对于贵重器材，以及易燃、易爆、剧毒物品，要设置专室、专橱、专人管理，并做好防护措施，防止发生意外。
- 教师演示与学生实验所用物品和仪器等由任课教师提前提出使用计划，填写实验申请，列出所需物品、仪器，由实验室管理人员提前准备。
- 实验结束后，实验室管理人员按任课教师所列物品、仪器进行清点回收，并填写实验记录中物品、仪器损耗情况，回收的物品、仪器和填写的试验记录由实验室管理人员留存，以备检查。
- 学生应服从实验室管理人员的管理，管理人员有权制止任何不遵守操作规则与程序的人。
- 不得任意拆卸仪器设备，如果需要检修、拆卸，则要经过实验室管理人员同意，拆卸后要及时将装置复原，以避免零件散失。
- 实验室内物品和仪器等未经上级批准，一律不得外借；若借用则需办理手续、定期归还，并检查是否完好。
- 平时应该加强仪器保管、保养及维修工作，做到保管与保养相结合，使仪器保持良好的状态，以延长仪器的使用寿命。
- 做好实验室防失防盗工作。学期结束后，要全面清查实验室物品和仪器等，及时补充和修复，保证满足教学要求。

话题讨论

讨论主题： 如何保障实验室安全

讨论内容： 请同学们从学校实验室管理、老师与学生的安全意识和实验室安全制度的完善等方面分组探讨保障实验室安全的有效措施。

第三节 维护校园稳定

大学生是大学校园的主人翁，维护校园稳定、构建和谐校园的任一举措都与大学生有密切关系。例如，创建优良学风、校风离不开大学生的优良表现；形成和谐的人际关系离不开大学生的参与和奉献等。因此，维护校园稳定、构建和谐校园需要每一位大学生发挥积极作用，为自己和他人营造有利于健康成长、顺利成才的安全环境。

【学习目标】

◎ 认识树立理想信念、构建和谐的人际关系、遵守校纪校规对维护校园稳定的意义。

◎ 学习和遵守校纪校规。

一、树立理想信念

理想信念是人们的世界观、人生观和价值观的集中体现，它反映了人们对一种生活、一种理想、一种理论或一项事业深信不疑、坚定不移、执着追求，并为之勇往直前、努力奋斗的思想和精神。理想信念可以成为每个个体的精神支柱和人生的指路明灯，对每个个体人生的发展有巨大的推动作用。没有理想信念，人生就没有坚定的方向；没有理想和信念，人生就缺乏克服挫折继续前进的勇气。

树立理想信念主要是希望大学生有正确的思想认识，这样才能以身作则，为维护校园稳定，以及构建和谐校园、和谐社会和国家的建设与发展发挥积极的作用。

当代大学生树立理想信念可从以下 5 个方面入手。

第一，要有使命感。不同时代的青年面对不同的历史课题，承担着不同的历史使命。当代大学生承担的是建设中国特色社会主义、实现中华民族伟大复兴的历史使命。

第二，要有责任感。大学生要清醒地认识到自己在促进知识更新、科技进步和生产力发展等方面肩负的责任。

第三，要有自觉性和创新精神。大学生要充分利用大学期间良好的学习条件，加倍努力，刻苦学习先进的科学文化知识，勇于创新。

> **想一想**
>
> 你是否树立了坚定的理想信念？你自己的理想信念是什么？为此，你应该付出哪些努力？该如何付诸行动？

第四，要诚实守信，严于律己。大学生应履约践诺，知行统一，遵从学术规范，恪守学术道德；大学生还应自尊自爱，自省自律，文明使用互联网，自觉抵制黄、赌、毒等不良诱惑。

第五，要懂得感恩和回报社会。大学生应发扬奉献精神，积极参加各种志愿活动，为学校、社会、群众无偿服务，勇于奉献；大学生还应热爱集体，树立合作意识，把集体利益放在个人利益之上，发扬互帮互助、团结友爱的精神。

二、构建和谐的人际关系

大学生和谐的人际关系是维护校园稳定、构建和谐校园的重要因素。

大学生在入学时面对全新的生活环境，需要认识陌生的人和物，重新构建人际关系。加之大学生所接触的基本上都是成年人，并且他们来自不同地域，性格各异，个人生活习惯不同，所以人际关系更为复杂。那么，大学生应该如何正确处理人际关系，进而构建和谐的人际关系呢？

（一）正确认识自我，学会与他人相处

正确认识自我，学会与他人相处，是构建和谐的人际关系的基础。也就是说，大学生要正确地分析自己的优缺点，不要一味地自以为是。在与他人交往的过程中，大学生要多肯定他人的自我价值，多站在他人的角度思考问题，学会与他人相处。大学生思想状况复杂，性格差别大，当与他人发生不愉快的事情时，要三思而后行，尤其要站在对方的立场上思考问题，学会自我检讨、宽容别人，绝不能让一般的口角事件发展成打架斗殴等事件。

（二）以礼待人，以理服人

《论语》曰："不学礼，无以立。"礼在我国古代是社会的典章制度和道德规范。作为典章制度，礼是社会政治制度的体现，是人与人交往中的礼节仪式；作为道德规范，礼是约束人们行为的标准和要求。礼在古代用于"定亲疏、决嫌疑、别同异、明是非"。"以礼待人，以理服人"从字面上理解就是：对待别人要有礼貌，做事情要以理来说服和打动对方。

"以礼待人，以理服人"可以作为大学生为人处世的基本原则，以及判断一个人成熟的标志。大学生做到以礼待人和以理服人，在很多时候能够收获真诚的友谊，也能够化干戈为玉帛。

（三）积极消除隔阂

每个人在日常与人交往的过程中，都有可能与他人产生隔阂。当人与人之间产生了隔阂后，就可能心生间隙，进而容易引发矛盾和冲突。为了构建和谐的人际关系，大学生应学会积极消除隔阂。

产生隔阂的原因各不相同，消除隔阂的方法也有所不同。具体来说，产生隔阂的原因主要有以下3种：双方缺乏了解、双方误会、因自己的不慎损害了对方。当大学生与他人产生隔阂时，大学生应冷静分析，并找出原因，然后对症下药。

- **因双方缺乏了解而产生的隔阂。**大学生应该坦诚相处，以心换心。大学生要相信，若是向对方暴露自己的内心世界和真实的自我，也不会对自己造成损害。
- **因双方误会产生的隔阂。**大学生应该宽容、大度地进行善意的解释，以此来消除误会。由于每个人的性格脾气、文化修养、价值观等存在一定差异，并且观察问题、认识问题和处理问题的方法也各不相同，因此，在人际交往过程中出现一些误会是在所难免的。对此，大学生应该给予充分的理解，如果自己误会了别人，就要耐心听取别人的解释，以消除误会，当真相大白之后，双方的误会与隔阂自然会烟消云散。
- **因自己的不慎损害了对方而产生的隔阂。**大学生应该向对方诚恳地道歉，请求原谅。在与人交往的过程中，如果伤害或损害了对方的人格和利益，肯定会引起对方的不满，甚至出现矛盾冲突。此时若不及时处理、正确对待，两人轻则产生隔阂，重则产生积怨。出现这种情况时，不管责任是否完全在大学生，也不论大学生是有意还是无意，大学生都应该真心实意、诚恳地向对方道歉，以求谅解。只要表现出足够的诚意和耐心，定会

化干戈为玉帛。

（四）虚心接受批评

一些大学生对批评往往有抵触心理，不能坦然面对，做不到心平气和，如果觉得批评者没有道理，还会耿耿于怀甚至借机报复，做出损人又害己的事情。类似情形需要避免。

一般来说，如果大学生受到批评，大多是因为其错误比较明显。“只要你说得对，我就照你说的办”应该是大学生对待批评的基本态度，而闻过则喜则是对大学生的更高要求。大学生在面对批评时，应保持耐心，虚心对待批评。

- **静静聆听**。大学生应尽可能地让批评者表达完意见，如果听完了还不清楚错误所在，应追问一句：“你能说得再具体一点吗？”以便找出受批评的原因，分析批评是否有道理。
- **坦然接受**。如果是自己错了，大学生应坦然地说一声：“是我错了，我接受你的意见，今后一定改正。”
- **推迟作答**。如果批评者自恃有理、态度蛮横，那大学生不妨说一声：“你让我再想想，明天再继续谈好吗？”这样可以控制双方的情绪，以免引起冲突。
- **婉言解释**。如果批评者对事情原委不够了解，批评得没有道理或纯属误会，那么大学生可以做出解释：“你误会了，事情是这样的……”让对方了解事实真相。大学生在做出解释时，语言要委婉，语气要平和，这对双方都有好处。

三、遵守校纪校规

纪律是指要求人们在集体生活、工作、学习中遵守秩序、执行命令和履行自己职责的一种行为准则，是用来约束人们行为的规章、制度和守则的总称。校纪校规就是学校的纪律规定，所谓“无规矩不成方圆”，学校的纪律规定是为了维持学校正常的教学、科研工作和生活秩序，使学校的教育管理工作规范化、秩序化，同时也为了给广大学生创造一个良好的成才环境，培养学生良好的行为习惯，促进学生德、智、体、美等方面全面发展而制定的。

遵守校纪校规是维护校园稳定、构建和谐校园最重要的一步。在校园里，大学生就应该遵守校纪校规，服从管理，学习和掌握校纪校规，树立自觉遵守校纪校规的观念。

（一）校纪校规的内容

在符合国家法律法规的基础上，每所学校一般都会结合自己的实际情况，制定并实施一系列具体的校纪校规，主要包含以下 7 个方面。

- **学籍管理规定**。学籍管理规定是与大学生学业和前途密切相关的规定。其内容主要涉及：入学与注册，课程考核与成绩记载，免修、自修、重考与重修，转专业与转学，休学、复学与退学，毕业、结业与肄业，学业证书管理等。
- **课堂纪律**。课堂纪律是学生上课时礼仪和行为举止的基本规范，是保证课堂教学顺利进行、提升教学效果的重要规则。
- **请假和活动审批制度**。学生因生病或有事等请假应按照相应的请假手续来申请。学生集体外出实习、旅游，以及举办各类活动等要进行活动审批。
- **考试规则与考场纪律**。考试规则与考场纪律是为了保证考试的良好秩序，以及全面反映学生的学习情况所制定的考试要求。
- **住宿管理规定**。住宿管理规定是大学生宿舍学习和生活的行为规范，其内容涉及保证宿舍的安静、卫生、整洁，维护宿舍安全，以及学生宿舍违纪处理、宿舍检查评比等。

- **安全教育方面的规定。**安全教育方面的规定是为了加强对学生的安全教育，引导学生培养安全意识，保障自身安全，维护校园稳定，进而维护国家安全。
- **文明行为和公共秩序方面的要求。**文明行为和公共秩序方面的要求，是对大学生日常言行举止和维护公共秩序等方面的正确引导，以培养大学生的文明诚信观念、责任意识和奉献意识等。

（二）树立自觉遵守校纪校规的观念

大学生违反校纪校规，既是在破坏校园稳定，浪费教育资源，也是在浪费自己的青春年华，辜负父母、长辈的殷切期望。大学生不要以为相较于其他严重违规事件，迟到、早退、旷课是小打小闹，因为经常做出这些行为会使大学生养成不良习惯，久而久之可能沾染不良嗜好，甚至走上违法犯罪的不归路。

校纪校规是衡量学生行为的一把标尺，自觉遵守校纪校规可以彰显中华儿女的优良传统，规范自己的一言一行，并逐步养成良好的行为习惯，提高自身的综合素质，健全个人的人格和思想。因此，大学生要树立自觉遵守校纪校规的观念，并将自觉遵守作为一种持之以恒的习惯。

❶ 强化纪律意识

强化纪律意识是指要求大学生克服自身的懒惰心理，在校园学习和生活中，严格遵守纪律规定，正确处理自由与纪律的关系。凡是纪律，都具有必须服从的约束力。任何无视或违反纪律的行为，都要根据其性质和情节受到程度不同的批评教育甚至处分，因此纪律是严肃的，它带有一定的强制性。同时，纪律又需人们自觉遵守，这就需要大学生培养自我管理和自我约束的能力，培养严于律己和自控自制的坚强意志。另外，为了强化纪律意识，大学生还要敢于同违纪行为斗争，及时揭发违纪行为，维护正常的校园秩序。

❷ 提高个人修养

大学生要想维护校园稳定和立志成才，必须提高个人修养。提高个人修养是指人们为了在理论、知识、艺术、思想、道德和品质等方面达到一定水平，而进行的自我教育、自我改善和自我提高的活动过程。

我国战国时期思想家荀况曾说："积土成山，风雨兴焉；积水成渊，蛟龙生焉；积善成德，而神明自得，圣心备焉。故不积跬步，无以至千里；不积小流，无以成江海。"优秀的个人素养和道德品质不是一夜之间能够养成的，而是日积月累逐步培养起来的，需要一个"积小善为大善"的过程。因此，大学生要脚踏实地，从日常生活的具体事情做起，在细微处下功夫，既要从点滴小事入手，培养自己良好的行为习惯，又要防微杜渐，随时克服和纠正自己不道德的思想和行为。

具体来说，体现大学生个人修养的表现包括但不限于以下行为。

- 不在校园内乱贴乱画。
- 购物、就餐时自觉排队，不随意插队。
- 不在课堂上喧哗吵闹，上课要关掉手机或将手机调为静音，以构建和谐的师生关系。
- 与同学和睦相处、互助友爱，不以善小而不为，不以恶小而为之。
- 不在宿舍内喧哗吵闹，以免干扰他人的学习和休息。
- 遵纪守法，拒绝参与打架斗殴，维护校园的良好治安秩序。
- 男女文明交往，不在公共场合做出不合规范的举动。

另外，提升个人修养需要大学生接受批评与自我批评。首先，大学生要正确对待批评。“人非圣贤，孰能无过”，自己有时不易察觉在生活和学习中的缺点或错误，或即便能察觉但不一定有深刻的认识，接受别人的批评后，大学生可以提高自我认知。其次，大学生需要自我批评，修养讲究个人自觉性，自我批评形象地说就是“内省”，自己与自己斗争。一个严于律己的人往往能依据行为规范，自己进行反省和检讨，认真检查自己的言论和行为，改正自己不符合纪律规定的行为，不断提高自己的个人修养。

为自己的错误行为买单

小张是一个较为调皮的大学生，时常做出一些违反学校纪律的举动，因此经常受到班主任的批评教育。时间久了，小张认为班主任针对自己，心中愤愤不平，便找到同校的一名老乡，请其出谋划策，“教训”班主任。这位老乡非但不劝阻小张，或从中化解矛盾，反而给他出馊主意。最后小张因打人被开除学籍，他的老乡也受到了训诫，事后他们追悔莫及。

点评：小张本就因时常违反校园纪律而遭到班主任批评，但他没有及时纠正自己的错误，反而认为班主任针对自己，最终做出打人的严重违纪行为，使自己的校园生涯终止。而小张老乡的做法也值得每位大学生深思，大学生固然可以打抱不平，遇到不公平的事件也可以挺身而出，但要先明辨是非，考虑后果。大学生首先应考虑自身，规范自身行为，从而养成自觉遵守纪律的习惯，避免将来走上违法犯罪的道路；其次要多考虑父母及关心自己成长的人们的感受，要想到自己所肩负的社会责任。

自我测评

本次“自我测评”用于测试同学们的校园安全意识的强弱，共 16 道测试题。请仔细阅读以下内容，实事求是地作答。若回答“是”，则在测试题后面的括号中填“是”；若回答“不是”，则在测试题后面的括号中填“否”。

1. 你从不去卫生条件差的摊位就餐。（　）
2. 你购买包装食品时，一定会查看生产日期和保质期。（　）
3. 你有良好的个人卫生习惯。（　）
4. 你不会在宿舍内“秉烛夜读”。（　）
5. 你不会在宿舍内使用违反宿舍安全管理规定的大功率电器。（　）
6. 你离开宿舍时，有检查门窗是否关好的习惯。（　）
7. 你拒绝将宿舍作为聚会、聚餐、打牌、会客等交际场所。（　）
8. 你在身体不适时，不会进行剧烈运动。（　）
9. 你在运动前通常会做 5~10 分钟的准备活动。（　）
10. 做实验前，你有熟悉消防通道的意识。（　）
11. 做实验时，你严格遵守实验的操作规定。（　）
12. 做实验时，你不会私自离岗。（　）
13. 做实验时，你不会与同学嬉戏打闹。（　）
14. 实验中发现同学有不当操作时，你会及时提醒与纠正。（　）
15. 你自觉遵守校纪校规。（　）

16. 你会克制自己的冲动，不做出违法乱纪的举动。（ ）

以上填“是”的选项越多说明你的校园安全意识越强，有良好的行为习惯，注重保护自己和他人的安全，积极维护校园稳定。对于一些填“否”的选项，你要仔细思考，积极地往好的方向改变。

过关练习

一、判断题

1. 校纪校规不是每个学生必须遵守的。（ ）
2. 课堂纪律是学生上课时礼仪和行为举止的基本规范。（ ）
3. 纪律是用来约束人们行为的规章、制度和守则的总称。（ ）
4. 大学生个人人际关系与校园稳定关系不大。（ ）
5. 做产生有毒气体的实验时应穿戴防护用品。（ ）
6. 使用完电、燃气灯后，应在离开实验室时将其关闭。（ ）

二、单选题

1. 未开启的真空包装的袋装食品，如果外包装发生膨胀，则表示（ ）。

A. 食品正常　　B. 食品装得太多了

C. 食品已变质，绝对不能吃　　D. 食品发酵，但可以吃

2. 下列处理扭伤的方法中，错误的是（ ）。

A. 搓揉按摩扭伤处　　B. 用毛巾蘸冷水，拧干后敷在扭伤处

C. 用冰袋冷敷扭伤处　　D. 送往医院，由专业医疗人员处理

3. 实验室安全事故的成因中，实验设备老化损坏、安全保障系数降低属于（ ）。

A. 实验人员自身问题　　B. 实验设备问题

C. 实验室环境问题　　D. 实验室管理问题

三、多选题

1. 遵守实验室规则，正确的做法有（ ）。

A. 在能够复原的情况下，可以任意拆卸实验仪器设备

B. 对实验造成的危险因素或发现的实验室危险因素，应予以标识

C. 实验时，要及时清理打翻的药品和试剂

D. 实验前，要排除安全威胁

2. 用冰箱保存食物时，正确的做法有（ ）。

A. 冰箱内的生食、熟食要分开放置

B. 准备放入冰箱的食物要清洗干净

C. 冰箱内的食物都可以存放较长时间，不必担心食物变质

D. 存放在冰箱内的熟食在食用前要再次加热

3. 下列选项中，属于有毒食品、不宜食用的有（ ）。

A. 发芽的土豆　　B. 发霉的花生

C. 未煮熟的四季豆　　D. 残留农药的素菜

4. 进行体育运动时，应当做到（ ）。

A. 身体不适或受伤时不盲目地进行体育运动

B．进行不同的运动要选择相应的场地，运动前要了解场地周围的情况

C．运动前要拿出口袋里的尖锐物品

D．运动结束后，要立即停下来休息

四、思考题

1．大学生应如何进行校园生活安全防护？

2．你认为自觉遵守校纪校规对大学生的成长有何积极作用？

3．阅读下面的材料，如果你是小周的朋友，你会怎么做？

某班两名同学在食堂为争座位发生口角，经过众人的劝说，双方暂时做出了让步。事后，其中一名同学小周找到同校的朋友，请他帮忙一起对付另一名同学，想给那名同学一点“教训”。

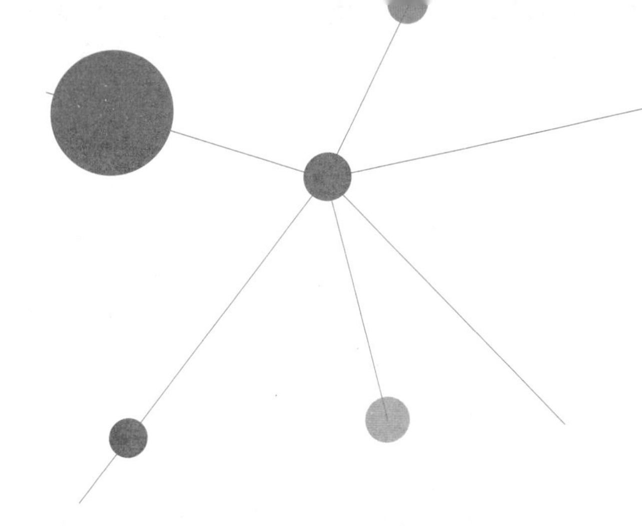

第四章 心理安全

世界上最浩瀚的是海洋，比海洋更浩瀚的是天空，比天空还要浩瀚的是人的心灵。

——雨果

心理健康是每个人人生中的必修课，心理健康也是保障每个人安全的重要方式。无论一个人多么优秀，如果心理不健康，最终都无法快乐，个人成长也会不顺利。随着我国经济的飞速发展、科技的不断进步和经济体制的深化改革，社会生活的各个领域不断迎来新的机遇和挑战，心理素质在社会竞争中显得越来越重要。大学生作为社会主义的接班人和新时代发展的重要力量，应当从自身发展和实际需求出发，提高对心理健康的重视，增强自我心理安全意识和心理危机应对能力。

视频

第一节 调适心理障碍

由于社会环境变化、学习压力增大、恋爱和人际交往变得复杂等问题，大学生可能会产生各种心理障碍。但大学生不能让心理障碍成为自己发展的绊脚石，要学会分析产生心理障碍的原因，并积极调整心理状态，促使自己身心更加健康。

【学习目标】

◎ 了解常见的心理障碍及其危害。

◎ 明确心理障碍调适的意义。

◎ 学会分析产生各类心理障碍的原因。

◎ 能够通过科学的方法合理调适各类心理障碍，保证心理安全。

一、调适学习心理障碍

迈入新的人生阶段后，一些大学生难免会因为学习目标、内容、时间、节奏等的变化或其他因素产生学习上的心理障碍。学习心理障碍与心理健康有紧密的联系。大学生产生学习心理障碍后，若不能及时克服学习过程中的困难，容易产生压力，从而影响学业，以及职业生涯发展。这种情况下，有的同学会产生厌学甚至厌世的不良情绪。

因此，大学生在学习过程中，应重视心理健康，及时发现并调适出现的学习心理障碍。常见的学习心理障碍有学习适应困难、学习动机不当和学习焦虑等。

（一）学习适应困难

在多数大学生以往的学习生涯中，老师通常管理得较严格，学校会有较多的课业和测试，个人自习时间较少，老师在学习中的指导作用突出。而大学，通常是课堂教学与一系列教学辅助活动齐头并进，新知识的理解、巩固和消化通常都需要大学生自己独立完成。学习的自主性使不少大学生在刚入学时会产生一系列不适应的问题，如学习目标不明确、缺乏学习规划、不会管理学习时间等。面对这些问题，大学生可以参考以下建议积极调适。

- **培养独立性**。树立独立意识，减少对原来的生活习惯和学习目标的依赖感，使自己更加坚强、自信。
- **学会自我调节**。通过自我反思来调整自己的情绪和注意力，通过多参与校园活动来消除不适感，让自己尽快适应大学新生活。
- **接受职业生涯辅导**。接受职业生涯辅导以找准未来定位，合理规划大学生活，深入认识自己，克服环境改变带来的诸多不适。当然，如有严重的学习问题，还可以寻求心理辅导。
- **加强人际交流**。同学之间互相交流彼此对大学校园生活的看法，如生活感悟、学习心得等，既能缓解不适应感，收获新的解决策略，还能增进同学之间的友谊。

（二）学习动机不当

学习动机不当分为学习动机不足和学习动机过强两种情况，无论哪种情况都会造成大学生在学习时陷入不同程度的心理困境。

❶ 学习动机不足

学习动机不足是指大学生因为各种各样的原因对学习缺乏积极性和主动性，如不想学、所学非所愿、不知道学什么、目标不合理、自卑等。缺乏学习动机的大学生对学习是一种应付的态度，这类学生上课不专心、注意力分散，完成作业也不够认真，不求上进，甚至耽于享乐，容易误入歧途。

要想解决学习动机不足的问题，大学生可以采取以下策略。

- **正确归因。**大学生要对自己学习动机不足的原因进行分析，调整自己的学习心态和学习策略。
- **强化学习动机。**学习动机是推动学生学习的主要力量，具有正确学习动机的大学生具备学习的主动性，能克服学习中的众多困难，做到专心致志、刻苦钻研。
- **培养学习兴趣。**俗话说，兴趣是最好的老师。大学生对学习本身的兴趣会增加其学习的积极性，大大激发其对学习的关注，甚至能使其忽视或缓解学习中的疲劳感，因此培养学习兴趣可使大学生变得更爱学习、更会学习。

❷ 学习动机过强

相较于学习动机不足，有部分人认为学习动机过强能更大限度地激发学习动力，促进学习。但事实上，这样的心态也会造成不良的影响。例如，有些同学会因为自己短时间内成绩没有提高而感到气愤、烦恼、沮丧，怀疑自己能力不足，甚至产生厌学心理。因此，如果大学生发现自己的得失心过重、要求过高，经常因为成绩而情绪不稳定时，就要通过有效措施改变自己的这种不良心态。一般情况下，学习动机过强时大学生可采取以下措施。

- 改变“学不好什么都完了”的错误心态，缓解关于学习的紧张情绪。
- 科学、理智地看待学习与成绩的关系，明白成绩并不代表一切。
- 掌握科学的学习方法以提高学习效率，同时避免钻“读死书，死读书”的牛角尖，否则会妨碍大学生挖掘与发挥自己的潜能。
- 及时进行心理咨询或通过其他途径疏导情绪，调整心态。

（三）学习焦虑

学习焦虑是因担心完不成学习目标而产生的一种忧虑、不安和紧张情绪。学习焦虑产生的原因在于担心不能克服障碍，以及不能完成任务而导致的自尊心受挫、自信心受挫等心理压力。一般来说，成就目标要求过高和自我肯定不足的大学生更容易产生焦虑心理，同时，学业、家庭和同学竞争的压力也是大学生心理焦虑的重要来源，这些都很容易增加大学生的紧张感，使他们陷入焦虑的泥淖。需要注意的是，适当的焦虑可以增强学习效果，但过度焦虑势必会起到不良作用，对大学生的身体和心理都可能产生伤害。因此，在面对焦虑时，大学生要学会自我调节，将自己的焦虑感维持在一个适当的区间内。

王文的焦虑

王文考上了自己心仪的大学，只是以他的高考成绩还无法去到理想的专业。王文虽然有些失落，但并不气馁，他决定上大学后再多多努力，寻求换专业的方法。

上大学后，王文了解到换专业需要学生一个学期之后的成绩排在年级前15%。王文刚开始并不担心，他觉得自己各方面学习条件挺好，应该能考出理想的成绩。他给自己定的目标是争取每次考试都能表现出色，最好名列前茅。但渐渐地，他发现班里的同学都非常优秀，他们不仅平时成绩很好，还有许多才艺。相比之下，他的表现不算出彩。

王文有些沮丧，他认为，人外有人，山外有山，相比之下，自己似乎十分平庸。因此，他学习更加努力，经常熬夜苦读。在紧张的心情中王文完成了第一学期的考试，成绩虽然很好，但距离年级前 15% 的名次还是稍差几分。

王文反思了自己上学期的表现，重新制订了学习计划，他做足了准备，对自己很有信心。但虽然有心理准备，他在考试前期仍然十分忐忑，担心自己发挥不好。他忍不住回想自己高考就是因为没发挥出平时的水平，才被调剂到现在的专业。于是王文越想越焦虑，整个人比往常更紧张。他知道自己有些过于紧张了，担心长此以往考试时会受影响，想控制但又控制不住自己的焦虑心态。由于受高强度学习和学习焦虑的影响，目前王文睡眠质量不好，上课注意力不集中，学习时倍感劳累、精神不济，并且在考试时出现冒虚汗、手抖、心跳加速、大脑空白等状况。对此，王文非常苦恼。

点评： 王文的焦虑状态主要是学习压力引起的。此外，以前考试不理想留下的心理阴影、与同学间的竞争、被调剂的不满和失意也是影响他心态的重要因素。如果不及时调适心态，正确归因，王文还有可能出现更严重的焦虑心理，那样不仅会影响王文的学习状态，还会对他的心理健康造成更严重的不良影响。

话题讨论

讨论主题： 掌握有效学习的方法，克服学习心理障碍

讨论内容： 大学阶段，大学生的学习目标不再单纯地集中在考试成绩上，而是向学习能力和学习方法等方面倾斜，大学生会花更多的精力在能力拓展和自学上，用有限的时间充实自己。因此，进入大学后，部分大学生会出现一定程度的学习障碍，个别大学生甚至会因为不良的学习状态产生各种情绪问题，陷入心理误区。这不仅会影响大学生的学业完成度，还会对大学生的身心健康产生负面影响。大学不过短短几载，如果大学生能掌握有效学习的方法，其大学生活将更加丰富、更有价值。那么，大学生应该如何有效学习，激发自身的潜能，克服学习心理障碍，保持良好的心理状态呢？

二、调适人际交往障碍

大学生在入学后会经历人际交往关系的重建过程。良好的人际交往关系不仅可以为大学生提供情感支持，提高大学生的心理健康水平，还可以帮助大学生深化自我认识和完善自我。但一方面，一些大学生缺乏锻炼人际交往能力的机会，导致其人际交往能力较弱；另一方面，大学生因其所处的年龄阶段而具有羞怯、敏感、冲动等心理特点，使大学生在人际交往的过程中总会面临各种不同的问题，从而产生人际交往障碍。

人际交往障碍贯穿人际交往过程，是一种阻碍和终止交往活动的斥力。大学生的人际交往障碍主要是出于害羞心理、嫉妒心理、孤僻心理等。

（一）害羞心理及调适

害羞心理是大学生人际交往过程中较为常见的一种心理障碍，常表现为语言上的支支吾吾、行动上的手足无措等。例如，见到陌生人时不敢迎视对方的目光、感到极难为情、说话前言不搭后语或是持回避态度等；与人交谈时或在众人的注视之下感到格外紧张，羞于启齿、面红耳赤等。这类大学生不擅长直接地发表自己的见解，不能有效与他人交换意见，也不善于结交朋友，并存在一定的自卑心理。

害羞心理虽然常见，但这种心理会给大学生的生活和学习带来不利影响，如阻碍大学生正常的人际交往、影响大学生的各类实践活动和面试表现、抑制大学生能力和潜能的发挥等。大学生调适害羞心理，可以参考以下对策。

- **发现自己的闪光点。**大多数大学生都是因为缺乏自信而产生害羞心理的，如果能找到自己的闪光点，无疑会增加自己进行人际交往的勇气，从而迈出人际交往的第一步，并通过人际交往过程中的成功经历慢慢克服害羞心理。
- **学习交往方法，敢于交往。**有害羞心理的大学生可以通过观察他人进行人际交往的过程，去学习对方的言行举止和有效的社交技巧，并思考自己在同样的情景中采用什么方式能取得良好的效果。
- **克服忧虑情绪。**有害羞心理的大学生往往会在人际交往过程中承受更大的精神压力，如怕自己出现闪失、怕别人对自己的否定性评价等。他们做事时首先想到可能产生的失败，从而自己否定自己。这样的态度是不积极的，会加深大学生的害羞程度。因此大学生要学会克服忧虑情绪，从积极的角度看待问题。
- **积极的自我暗示。**积极的自我暗示是大学生克服害羞心理较为有效的措施。在感到害羞的不同场合中，大学生可以通过自我安慰，利用将陌生人想象成熟人等意念式方法来增加自己的勇气，把对方当作熟人来交往。

善于人际交往不是与生俱来的能力，大学生可以在后天有意识地进行培养。有害羞心理的大学生要勇于跨出与人交往的第一步，如果一个害羞的人可以鼓起勇气讲出第一句话，那么其很大可能会在后续的交往活动中进行较为顺畅的交流。同时，大学生不要怕出错，可以采取增加自己对对方的注意力、忽视对方对自己的注意力的方法来缓解紧张，这样便可以在实践中逐步提升自己的人际交往能力。

拓展阅读

人际交往的技巧与误区

随堂活动

活动主题：沟通与回馈

活动时间：30分钟

活动目标：跨出与人交往的第一步，学习交往方法

活动过程：

（1）3～4人为一组，组内每个人轮流充当说话者（1人）、倾听者（1人）、观察者（1～2人），且每个人需分别扮演不同的角色，并细细感受每个角色的不同。

（2）说话者在3分钟内开启话题；倾听者倾听和回馈；观察者观察，不介入二者对话。

（3）每个人皆扮演过不同的角色后进入事后讨论环节，每个人都进行经验分享，说话者与倾听者分享彼此的感觉，观察者则说出观察到的情况。

（二）嫉妒心理及其调适

嫉妒心理指的是一种因他人成就、名望、品德、地位、境遇及所得利益高于自己而产生的怨恨、愤怒情绪。有嫉妒心理的人常会对自己嫉妒的对象产生不满、不服和愤恨的情绪。

有些人在嫉妒心理的驱使下虽然不会做出过激行为，但是自己可能会陷入闷闷不乐、精神萎靡的状态，个别人还会在这种心理的影响下对他人和社会造成伤害。因此，大学生要学会调适嫉妒心理。下面介绍 4 种有效的调适方法。

- **树立目标**。大学生需要树立自己的目标，脚踏实地，埋头苦干，这样就能摆脱杂念，不过多地关注别人、挑别人的刺。正如培根所说："每一个埋头沉入自己事业的人，是没有工夫去嫉妒别人的。"
- **发现自己的优势**。金无足赤，人无完人。大学生不必要求自己尽善尽美，也不需要让自己事事超前。即便自己有不足之处，也要正视自己的劣势，扬长避短，通过自我提升和开拓，发现自己的潜能，尽力开创新局面。
- **学会赞美别人**。嫉妒可能因心胸狭隘而产生，也可能由于大学生过于拔高对方在自己心中的地位而造成的心理压力所致。通过对别人真诚地赞美，大学生可以开阔自己的胸襟，培养自己乐观豁达的人生态度。
- **加深相互的理解**。有些嫉妒产生于误解，误认为对方的优势会给自己造成损害，而通过密切交往，不仅可以消除误解，还可能会由于更加深入的了解和更加密切的关系，能够将心比心，成为一个能为对方着想的人。

嫉妒是把双刃剑，处理不当害人害己

小 A 和小 B 住在同一个寝室，进入大学前，他们是同级不同班的高中校友。大学生活之初，小 A 和小 B 的成绩不相上下。但后来小 B 沉溺游戏，对学习不再上心，也不重视参与实践活动。作为校友和室友，小 A 经常劝诫小 B 不要沉溺游戏，要有上进心和远大的抱负。小 B 虽然在口头上答应了，但实则已滋生了嫉妒心理，并且依然我行我素。大一结束后，小 B 多门课程成绩不及格。不同于小 B，小 A 的重心在学习上，也热衷于参加各种实践活动，各方面都表现得出类拔萃，是老师和同学眼中的佼佼者。

一次，小 B 得知小 A 恋爱了，想着自己在恋爱方面也落后了，心中更加愤愤不平。一天，小 B 逃课在寝室玩游戏，小 A 再次劝诫，小 B 不服气，两人为此发生了争吵，后来在其他同学的劝阻下，两人停止了争吵，小 A 去别的寝室冷静，小 B 则回到了自己的寝室。回到寝室的小 B 内心仍愤愤不平，并想起了小 A 获得的掌声和鲜花、受到的称赞和表扬，以及劝诫自己的种种场景，而相比之下，自己却碌碌无为，不仅个人发展不如意，在恋爱方面也落后了。因嫉妒心理作祟，小 B 一时怒火中烧，失去理智，心生恶意，当小 A 再次回到寝室后，小 B 拿起水果刀对小 A 连刺 3 刀，后被制止。小 A 经抢救后虽无性命之忧，但需要长期休养。而小 B 则被警方控制，将面临法律的严厉制裁。小 B 的人生轨迹从此发生重大改变。

点评：校园中的嫉妒现象可分为嫉妒他人仪表上的出众，嫉妒他人学习冒尖，嫉妒他人生活优裕，嫉妒他人某一方面的专长，嫉妒他人在社交中备受欢迎，嫉妒他人恋爱的成功，嫉妒他人的进步这 7 类。而出现嫉妒心理的人通常会朝着两个截然不同的方向发展：心智成熟者会把嫉妒转化为认同，以此提升自我的价值感，并催促自己进步，例如，为成绩优异、发展顺利的朋友和同学感到自豪，并将其作为自己奋发向上的榜样；心智不成熟者则会以直接攻击的形式表现嫉妒，如藐视对方、诋毁对方，甚至出现暴力行为等，这样就可能像小 B 一样，走向毁灭自己的深渊。因此，当自己出现嫉妒心理时，应将其往积极的方向引导，换一种思考方式，这样就豁然开朗了。

（三）孤僻心理及调适

孤僻心理是指因缺乏与人的交流而产生的孤单、寂寞情绪。孤僻心理对个人的损害很大，通常有孤僻心理的人习惯于封闭自我、少言寡语、不合群，这样喜悦与忧愁可能都无法与人分享，使自己内心苦闷且得不到有效排解；有孤僻心理的人待人冷漠，常常厌烦、鄙视或戒备周围的人，自己容易钻牛角尖、情绪偏激，容易与人发生矛盾，难以与人和睦相处，致使自己受到他人排挤。

孤僻心理的形成原因较多，包括童年的创伤经历、交往挫折、性格过于内向、认为别人不能很好地理解自己等。若存在孤僻心理，大学生可以采取以下措施进行调适。

- **认识孤僻的危害性。**有孤僻心理的大学生需要认清孤僻的危害性，打开心扉，同时正确地评价自己、认识他人，不高估、看低自己和他人，多与他人交流沟通。
- **改变个性。**有孤僻心理的大学生或清高孤傲，或内向自卑，或个性敏感。其遭到拒绝后可能会觉得别人瞧不起自己，从而闷闷不乐或恼怒离去等，这就需要大学生改变自己的个性。例如，改掉胆小或孤傲的毛病，主动和别人交往，以开放的姿态享受与人和谐相处的乐趣；树立自信，进行积极的自我激励等。
- **培养健康的生活情趣。**健康的生活情趣包括养花、做手工、打网球、游泳等，这样的行为习惯不仅可以消除孤僻心理，还可以帮助孤僻者增强在人际交往中的吸引力。如果交际圈里的人发现自己是某方面的专家，会更加肯定和喜欢自己，甚至会在其他人面前推荐和表扬自己，这对广泛地提升自己的人际交往好感很有帮助。

随堂活动

活动主题：握手相识

活动时间：15 分钟

活动目标：打破初次接触的尴尬，促进初步相识

活动过程：

（1）让班里所有学生在房间里自由漫步。

（2）要求所有学生与每一个遇到的同学握手，不要求他们说什么，但要表现得自然。指导者先做示范。

（3）所有学生都互相握过手以后，继续自由漫步，再次互相握手，要求他们同时向对方说出自己的名字。

（4）继续自由漫步，这时，指导者要求已经互相认识的同学将对方介绍给其他人。例如，“让我把你介绍给 ××，这是 ××”。

（5）要求所有学生和不同的人接触、握手并说出自己的名字，再把他们认识的人介绍给对方。

三、恋爱常见问题及应对

大学生正处于激素分泌较为旺盛的阶段，也正处于对恋爱和异性的持续关注期。有些大学生对爱情充满憧憬，也有些大学生想要回避爱情或对爱情不屑一顾。但不可否认，许多大学生对恋爱一知半解，有着诸多疑问，而有些恋爱问题又极易引发安全事故。因此，大学生要警惕不当的爱，树立科学的爱情观，理性面对感情的结束，以免自己或他人受到伤害。

（一）警惕不当的爱

大学生在接触爱情时，常常有很多美好的想象，但爱情并不总是完美的。有些大学生处于

单恋的状态中，有些则沉浸在网恋的旋涡中。大学生对爱情都有各自的看法，那么自己以为的爱是真正的爱情吗？事实上，当出现以下类型的爱时，大学生就需要警惕了。

❶ 单恋

单恋主要是指一方对另一方一厢情愿的爱恋和倾慕，是一种主观的感情体验。有单恋情况的大学生不少，他们常常甘愿为对方付出和奉献，时刻关注对方，甚至自己的喜怒哀乐也被对方的一举一动牵动。大学生在面对单恋时，要清楚自己是喜欢这个人，还是喜欢这种感觉。如果喜欢对方而对方却长久没有回应甚至表示拒绝，大学生应当及时收回自己的感情，将注意力转移到和同学、朋友的交往活动中，避免陷入单恋的痛苦。

❷ 网恋

网恋是人们追求爱情的途径之一。有些大学生会通过线上兴趣活动、网络游戏等多种途径建立网络恋爱关系。但与通过现实途径确定恋爱关系相比，网恋更需要大学生提高警惕。网络可以给人更多想象的空间，且网络恋爱缺少现实里面对面的接触机会，双方会更容易伪装自己的形象。大学生一方面可能会由于期望过高而快速失恋；另一方面也容易陷入恋爱骗局，受到伤害。因此，对待网恋，大学生需要提高判断力，谨防被骗。建议大学生多在现实中展开交际、寻找爱情，这样不仅能防止过度沉迷网络，还能降低网恋被骗的风险。

❸ 多角恋

多角恋是恋爱中涉及3个人或更多人情感纠纷的复杂恋爱状态。恋爱关系不同于其他关系，陷入爱情中的人具有排他性和独占性，只愿意拥有对方。若大学生陷入多角恋状态中，可以选择放手。因为这是一种不健康的状态，如果没有人放弃，大家都会感到痛苦，在爱情中“1对1”才是健康的状态。

❹ 偶像式爱情

偶像式爱情是指倾向于将所爱的人过度美化的感情状态。陷入这种爱情状态的人会将所爱的人视为一切幸福的源泉，将自己的想象投射到爱人身上，从而非常崇拜对方。实际上，这样的人已经缺失了自我。没有人能永远符合和满足另一个人的期望，因此偶像式爱情难以长久。

（二）树立科学的爱情观

恋爱是大学生人生道路上的必修课程，也是大学生人生中的重要组成部分。大学生面对爱情时，要有正确的态度，树立科学的爱情观。

❶ 正确对待恋爱与学业的关系

大学生应正确处理好恋爱与学业之间的关系，大学生应以学业为主，因为学习是学生的主要任务，学习各种知识、培养各种能力是大学生进入大学的主要目的。大学生不能认为爱情与学业是互相排斥的，如果处理得当，爱情也可以使人上进，对大学生的学业起到促进作用。一旦确定了恋爱关系，大学生就要对恋爱关系负责，不能顾此失彼，如不能处理好两者的关系，就可能在学业、恋爱两个方面同时受到打击。

❷ 养成健康的恋爱行为

在恋爱过程中，健康的恋爱行为对双方来说是维系爱情的有效工具。这要求大学生做到以下3点。一是恋爱行为自然大方、举止端庄，避免因过度亲昵给对方带来不适，大学生尤其应该避免做出粗俗的亲昵动作，因为粗俗的亲昵动作不仅会影响大学生的形象，对旁观者来说也是负面的刺激。二是语言上要相互尊重，不要为了提升形象或树立地位故意拔高自己，伤害对方的自尊心，更不要拿自己的优点与对方的不足比较。三是要克服恋爱过程中的各种情绪冲动，一方面切忌对恋人发泄自己的负面情绪，如将对其他事情的不满和愤怒发泄到恋人身上；另一方面大学生要学会尽量克制或转移自己的性冲动，这样才能使恋爱朝着健康、文明的方向发展。

③ 警惕非理性的爱情观

大学生需要警惕恋爱中的非理性观念。常见的非理性的爱情观主要有以下 13 种。

- 没有爱情的大学生活是失败的。
- 爱情靠努力可以争取到，即付出总有回报。
- 爱不需要理由。
- 为了消除孤独感，谈一场恋爱无可厚非。
- 因为相爱而发生的性关系无可非议。
- 恋人是完美的，爱情是至高无上的。
- 爱情既是缘分也是感觉。
- 爱情重在过程不在结果。
- 爱情是“不在乎天长地久，只在乎曾经拥有”。
- 爱情是给予，即付出，在爱情中应当满足对方的一切要求。
- 爱情能够改变对方。
- 失恋是人生重大的失败。
- 即便过度干涉对方的人际交往行为，但因为相爱，对方会理解的。

在情感世界中，有些人认为爱情是非理性的，便不悉心经营爱情，殊不知如果双方都抱着这样的心态开展恋爱关系，那么爱情将难以长久保鲜，最后遗留下来的可能只有痛苦和伤害。

（三）理性面对感情的结束

对心理发展尚未稳定的大学生来说，一段感情的结束是容易引发安全事故的阶段。有的人失恋后产生心理障碍，开始自我怀疑，情绪低落，认为自己再也不会收获爱情，常会失眠、慌乱，甚至自甘堕落、自我伤害；有的人分手后，由于报复心理作祟，伺机利用各种手段打击或伤害对方，甚至引发刑事犯罪。因此，任何一段感情的结束都需要大学生认真对待。不管是拒绝别人的心意，还是结束一段恋爱关系，大学生都应该有正确的态度和方法，尽量让自己和对方都不要受到太大的伤害。

❶ 如何拒绝爱

在爱情领域中，如何拒绝爱是一门学问。如果大学生被自己不喜欢的人追求、示爱，就要选择合理的方法拒绝对方。大学生至少应做到以下 6 点。

- 不洋洋自得，不要既不接受对方的心意，又不拒绝对方的追求。
- 要选择一个恰当的拒绝时机。
- 要快刀斩乱麻，表明拒绝的态度，切忌模棱两可、含糊不清。
- 把不伤害对方作为拒绝爱的底线。
- 不要在拒绝的时候挑对方的毛病。
- 拒绝后要做到言行一致，不要给对方无谓的希望。

玩弄他人感情只会伤人害己

小莫很喜欢本系的小美，为了表达对小美的爱慕之情，小莫经常给她送零食。但对小莫的告白，小美从来不做正面回应，既不拒绝也不接受。对此，小莫认为小美是在考验自己。后来，小莫发现小美和其他男生存在暧昧关系，自己很是郁闷。于是他就约上几名舍友外出喝酒，想通过醉酒的方式来消除自己感情被玩弄带来的打击。小莫由于难以接受这样的结果，当晚便借着酒劲假意将小美约出宿舍，动手打了小美，造成小美右手骨折，头部轻伤。对此，小莫也将受到相应的处罚。小美玩弄感情和小莫不理智的做法最终造成两败俱伤的局面。

点评：爱情是人世间动人心弦的美丽篇章，爱与被爱都是一种幸福。爱情讲究专一、真诚，但是个别大学生爱情观有误，出于贪慕虚荣或其他目的不真诚地对待感情，甚至玩弄他人的感情，由此引发斗殴、报复等恶性安全事件，给自己和他人造成不可挽回的伤害。大学生在收到别人的爱意后，如果不喜欢对方，要明确地表示拒绝，切莫模棱两可，甚至玩弄别人的感情。同时，表达爱意一方如果感觉到对方不接受自己，要坦然面对，不要继续纠缠对方，否则极有可能受到伤害，或因爱生恨实施报复打击。

② 正确面对分手

不管是谁先提出的分手，一段感情的结束都会给双方带来不可避免的伤痛。下面针对失恋或分手，为大学生提供一些参考与建议。

- **合理看待分手**。不要将分手看得太重，不是每一段恋爱都能成功。失恋不算是人生的坎坷，它只是人生状态的变化。分手只是因为双方不合适，终会遇到适合的人。
- **保持冷静和理性**。分手的双方都应保持冷静和理性。首先，决定分手方要明确分手的结果是不是自己想要的。其次，被分手方不能摆出拒绝沟通的态度，也不要死缠烂打、试图挽回。最后，分手不能拖泥带水，以免加深感情纠葛给双方带来精神折磨。
- **理性归因**。分手的原因通常是多方面的，责任不总在一方。因此在决定分手后，双方要坦诚地沟通，不要过分指责对方，也不过于看低自己。应从对方的角度去思考问题，互相理解并总结自己的错误，争取未来的自己不会重蹈覆辙。
- **处理好情绪**。分手难免会给双方带来一些伤害，如果大学生沉浸在恋情失败的痛苦中，不妨通过以下途径来帮助自己走出痛苦。一是适当地宣泄情绪，如通过找人倾诉来排解自己内心的苦闷。二是转移注意力，如进行适当的体育活动和培养新的兴趣爱好。三是寻找专业的心理医生，接受心理咨询和治疗，通过专业手段进行情绪的排解。

话题讨论

讨论主题：怎么看待失恋

讨论内容：你可能已经听过、接触过失恋，也许你身边有朋友正在经历这样的事情，也许你自己也曾失恋，请你根据自己的所想、所感，谈谈你对主动失恋和被动失恋的看法。对于失恋的朋友或同学，你会给出怎样的建议？

四、管理压力与情绪

随着社会和经济的多元发展，大学生面临着更多的挑战，也承受着更大的压力。当压力无法得到释放，或学习、情感、人际交往出现问题时，有的大学生会产生不良情绪，如抑郁、冷漠、急躁、喜怒无常等。情绪失控的状态易导致人心理失衡，不利于身心健康，所以大学生应形成主动管理压力与情绪的意识，掌握管理压力与情绪的方法。

微课视频

管理压力与情绪

（一）压力管理

如何有效排解和应对压力是许多人关注的话题。对大学生而言，大学生的压力大多来源于学业、经济、人际交往、情感、健康、家庭、环境、不良习惯、就业等方面。有些短暂、愉悦的心理压力可以成为驱使大学生前进的动力，但如果压力过大或持续时间过长，就有损大学生的心理健康，严重者甚至会产生轻生等念头。

所谓压力管理，是指针对可预见的压力源进行必要的干预，以维护身心健康、提高问题处理效率、保证学习生活目标顺利实现的管理活动。为了更好地适应大学生活和未来的学习、工作，大学生应当掌握科学的压力管理方法，提高压力适应能力。

> **想一想**
>
> 结合你自身的经历和实际情绪，思考以下问题：你有哪些压力源？这些压力源对你产生了什么影响？对此你有什么反应？

❶ 端正认知，自我调整

压力并不总是坏事，它对人的影响与个人对压力的认知有很大关系。研究表明，只有在一定的压力下，人们才能充分、有效地调动体内的积极因素。这说明压力有不可否认的积极影响，因此大学生要正确认识压力，剔除思想中的非理性理念，如忽略事情的积极面、夸大其严重性等。同时大学生也可通过情绪调整策略，消除或减少负面情绪，减轻自己的心理负担，如乐观看待压力、学会适当宣泄等，这也有助于大学生接受现状，正确、理性地对待压力。

❷ 直面问题，增强对压力的把控能力

要想消除压力，大学生可以尝试直面压力事件，增强对压力的把控能力，而不是逃避、压抑、转嫁或迁怒无关的人或事。直面问题就是对问题进行真实评估，确定自己是否有解决问题的能力和资源，理性地评价和选择解决问题的方案，使解决问题的策略与现实相符，而不是自我欺骗或自暴自弃。一旦确定了问题，厘清问题的症结所在，就可以增强对压力的把控能力，减少对压力情境的负面认识，从而避免过多压力的产生。

❸ 科学减压

压力管理是指通过对心灵、精神的舒缓来缓解压力，让人得到由身到心的放松。一般来说，大学生可以通过吃美食、逛街释放压力，也可以通过运动释放压力，还可以通过丰富业余生活释放压力，例如，培养绘画、下棋、养花、听音乐、学习滑板、阅读文学作品等兴趣爱好。

随堂活动

活动主题： 分析自己的压力是否构成威胁

活动内容： 拿出纸笔，将你面临的核心问题写下来，然后思考如下问题。

（1）这个让我感到压力十足的问题是如何产生的？

（2）这个问题真的与我有关吗？它真的是一种威胁吗？

（3）这个问题可以解决吗？我应该怎么做？

这种分析思考的方法可以减少你对压力情境的负面认知，缓解因夸大其威胁性而产生的焦虑心理。通过这样一层层深入思考，相信你对自己面临的问题已经有了清楚的认识，能够看清

问题的症结所在。

（二）情绪管理

情绪与大学生的身心健康、生活、学习、人际交往和个人发展都关系密切。当大学生情绪高昂时，感觉做事得心应手；当大学生情绪十分低落时，感觉做什么事都提不起兴趣。情绪对我们有莫大的影响，甚至我们的一举一动都被情绪影响。因此，大学生要善于掌握和调节自己的情绪，做情绪的主人。

❶ 情绪的调节方法

情绪管理是指驾驭情绪的能力，同时也指个体在遇到不利于自身发展的情绪时，通过有效的调适措施缓解情绪不适的能力。每个人并不总是处于积极的情绪状态中，消极的情绪状态让人意志消沉，不仅不利于大学生的学习和生活，还会影响大学生的心理健康。因此，大学生应掌握情绪的调节方法，学会排解不良情绪，保持健康的情绪状态。

- **自我安慰法**。大学生在遇到挫折和不幸时，为了自我保护，冲淡内心的不安与痛苦，不妨试着自我安慰，为自己的不良情绪寻找疏导的缺口，并将这种不良情绪转变为积极情绪。例如，快速遗忘令自己痛苦不快的情绪，凡事不过分强求，告诉自己“塞翁失马，焉知非福”“胜败乃兵家常事”等，从而达到自我激励和自我开解的目的。
- **认知调节法**。很多时候，不良情绪的产生是因为大学生对某件事有不理性的看法或错误的认知，因此在调节情绪时，大学生可通过改变认知，通过用理性的观点看待问题来控制自己的情绪。
- **合理释放情绪法**。合理释放情绪法是指通过恰当的方法和途径，如通过呐喊、哭泣、聊天、运动等方式将压抑的情绪宣泄出来，使情绪恢复平静。

诗朗诵帮助印刚改掉坏脾气

印刚经常与他人发生口角，即便被同学劝阻，他也仍然气愤难平，不仅情绪平复慢，还容易迁怒他人。久而久之，大家都不愿意和印刚有过多的接触。后来，大家发现印刚变了，脾气不似以前那般暴躁，与人吵架后也不再气愤难平了，而且很快就能恢复平静。当大家惊讶于印刚的改变时，印刚说：“我能变得平静，全依靠郭沫若的剧本《屈原》里《雷电颂》的台词，我现在一生气，就大声朗诵诗句，读着读着，就感觉情绪好多了。”

点评：印刚暴躁的脾气对他的生活产生了影响，幸好他找到了合适的方法，及时调节了自己的情绪。除了诗朗诵，享受美食、进行身心放松训练等也能帮助大学生调节情绪。

拓展阅读

放松训练方法的具体操作

❷ 培养良好的情绪

良好的情绪主要指让人愉悦、快乐的积极情绪。在良好的情绪状态中，大学生会对学习、工作充满兴趣，乐于行动，有积极地与人交往的兴趣。通常，大学生可以通过以下方法培养良好的情绪。

- **真正感受**。不能被真正感受的积极情绪是空洞的，甚至是有害的，它是消极情绪的伪装。真正感受积极情绪需要我们敞开心扉，真诚地与身边的美好事物建立联系。
- **寻找生命的意义**。我们对自己的状态有积极或消极的思考，这就是寻找生命意义的过程，这些思考就是情绪的基础，因此我们要在日常生活中更频繁地寻找生命的意义。

- **品味美好**。从好事中品味美好之处，接近积极的事物会让我们变得更加积极。
- **学会感恩**。对日常生活中每一件平凡的事心怀感恩，就会发现幸福如此简单，从而培养积极情绪。
- **记录善意**。实验证明，有意识地记录自己对别人的善意可以带来积极情绪。
- **追随激情**。例如“福流体验”，即完全投入某种能给自己带来独一无二的享受的活动。

- **梦想未来**。构想美好的未来，并将之非常详细地具象化，这会让人的情绪更加稳定。
- **利用优势**。实验证明，了解并运用自己优势的人，其积极情绪的提升效果明显又持久。
- **与他人在一起**。实验证明，与他人在一起时，不管自己天性如何，即便自己假装外向，也能从社交中吸收到更多的积极情绪。每个乐观向上的人都需要与其他人建立亲密和可信赖的关系。
- **享受美好的自然**。与大自然相关的户外活动可以开拓思维，让人享受美好的自然。
- **打开心灵**。积极情绪与心灵的开放性密切相关，保持开放的心态，如冥想静修，改变某些倾向于制约和拆分体验的思维习惯，积极情绪便会随之而来。

第二节 应对心理危机

当大学生遭遇患病、目击暴力事件、失恋等突然的或带来重大创伤的事情时，其心灵可能会受到一定的冲击，身心健康也会受到影响。据统计，大学生不仅面临诸多压力和冲击，在未来还会应对更多的危机和挑战，大学生心理危机的发生概率呈上升趋势。因此，大学生要了解心理危机，掌握应对心理危机的方法。

【学习目标】

◎ 了解大学生心理危机的诱因与征兆。

◎ 掌握大学生心理危机的预防与干预措施。

◎ 感悟生命的意义，尊重生命，学会生活。

一、心理危机的诱因与征兆

“危机”一词一般表示情急状态或潜在危险，如经济危机 、生态危机、金融危机等。一般当个体突然遭遇严重灾难、重大生活事件或精神压力，生活状况发生明显变化时， 尤其是出现用现有的生活条件和经验难以克服的困难时，个体常陷入痛苦、不安的状态，常伴有绝望、麻木不仁、焦虑、自主神经紊乱和行为障碍，这种现象就是心理危机。

（一）大学生心理危机的诱因

大学生心理危机的产生往往是多方因素共同作用的结果。大学生正处于心理发展的转变时期，很可能会由于自己无力应对各种刺激，而无法恢复正常心理状态。一般来说，诱发大学生心理危机的因素有以下 5 种。

- **外部事件刺激**。来自外部事件的刺激有多种，这些刺激都可能诱导大学生产生心理危机。例如，学业困难，成绩下降；情感纠纷或恋爱挫折；人际矛盾；突然患病；家庭出现变故等。由于大学生的自控力和自我调整能力还有待提升，因此面对此类问题很可能出现情绪不稳，甚至产生极端心理。
- **缺乏社会支持**。人是社会性动物，社会支持是人获取帮助、应对压力的重要心理支持，大学生可以从亲人、朋友、同学、老师和其他各种组织处汲取能量或获取帮助。因此，一旦大学生缺乏社会支持，在面对压力时将变得无比脆弱，容易心理失衡，以致产生心理危机。
- **个体认知消极**。个体认知方式会影响个体看待问题的方式。如果个体消极地看待问题，则很容易被困难和挫折打倒，陷入危机状况。但如果个体对事件的认知是客观的、合乎逻辑的，则解决问题的可能性会大大提高。
- **缺乏恰当有效的应付机制**。应付机制亦称应付策略。人们在日常生活中通过各种手段应付焦虑和减少紧张，其中行之有效的那部分会被人们纳入生活模式，当作解决压力时的有效应付机制。如果个体缺乏恰当有效的应付机制，其压力或紧张就会持续存在，很容易因心理压力产生心理危机。
- **个体人格特征缺陷**。危机人格理论认为，心理危机受个体的人格特征的影响。有些大学生采取极端行为去应对问题就是因为他的人格特征表现出某些不良倾向，如妒忌、暴躁、易怒、做事冲动、争强好胜、情绪化、易受暗示等。

（二）大学生心理危机的征兆

当大学生陷入困境时，如果出现以下情况就需要引起重视：一是出现失眠、过度疲劳、易受惊吓、肠胃不适，食量或体重明显增加，体质或个人卫生状况下降等生理反应；二是出现注意力不集中、健忘、无法做决定、缺乏自信等认知问题；三是出现情绪持续低落、常常流泪、烦躁不安、易发脾气、过分敏感，表现出无望或无价值等情绪反应；四是出现社交退缩、逃避、无故生气、无故与人敌对、不易信任他人、自责，甚至自伤或自杀等行为。

有的大学生在语言方面会表现出征兆，如“我希望我已经死了”“不想活了”，或间接表示“我所有的问题都很难解决”“现在没人能帮得了我”“没有我，别人会生活得更好”“活着好累”“我的生活一点意义也没有”等。

当身边朋友出现这些征兆时，大学生需要提高警惕。例如，其个性发生明显变化，出现不符合逻辑的言行，谈论与自杀有关的事，学习成绩无原因地急剧下降，生活习惯和生活作息突然改变，饮食和睡眠习惯发生变化，突然与亲友告别，将自己珍贵的东西送人等。准确识别心理危机的表现是大学生增强心理危机意识的标志之一。大学生应当了解心理危机的征兆，采取积极、及时的干预措施，维护自己和他人的心理健康。

【警钟长鸣】

每个人都应该在日常生活中主动学习一些心理健康知识，掌握一些鉴别心理问题和调适心理状态的方法，这样可以帮助自己更好地适应社会。特别是在面对心理危机时，千万不能产生偏激的想法，并把它扼杀在摇篮里，正所谓“留得青山在，不怕没柴烧”。一旦采取了过激行为，则很可能堕入万丈深渊，给自己、家人或朋友带来伤害。心理问题其实并不可怕，每个人都可能会有问题心理。当我们产生心理困扰时，主动求助才是上策。

心理危机处理不当险酿大祸

李鑫前段时间一直在寻找实习单位，结果一直碰壁。他应聘了一个自己很满意的岗位后，觉得挺有信心，便留在学校等待消息，结果面试结果通知如同石沉大海，一周都没有消息。李鑫忍不住打电话询问，对方人力资源部表示他遗憾落选，李鑫顿觉心灰意冷。

没想到雪上加霜的事情还在后面，李鑫相恋两年的女友也提出分手。李鑫觉得自己不仅前途未卜，还情场失意，认为自己颜面尽失，做人也很失败，于是他整日沉默寡言、闷闷不乐，也不再和朋友一起出门，时常看着楼房的高处发呆。他有时觉得死了比活着好，还在微信发朋友圈说："活着比死还难，这样的日子过着挺没意思的。"最近还问同学"安眠药真的能吃死人吗"之类的问题。因为李鑫平时人际关系和性格都挺不错，同学们便都没当回事。结果突然有一天，同学们听到了李鑫跳湖的消息，幸好当时有会游泳的同学路过，并及时把他救了回来，不然后果不堪设想。

点评：李鑫的轻生行为源于失恋的痛苦和求职的失败，以及对未来的失望、迷茫。而在轻生之前，他其实也有一些行为和情绪上的征兆，只是被人忽视了。大学生应当注意心理危机产生后的征兆，以便及时开展后续的干预工作。

二、心理危机的预防与干预

微课视频

心理危机的预防与干预

大学生是心理危机的易发人群。如果大学生在面对心理危机时缺乏正确的引导或预防措施，同时又没有合理的应对方法，就很可能发生心理危机事件，甚至造成严重后果。如果大学生能够掌握预防和干预心理危机的方法，就可能化危机为机遇，在困境中成长。

（一）心理危机的预防

心理危机的预防是大学生应对心理危机的重要手段。了解并采取心理危机的预防措施，可以有效防止大学生心理危机的扩大，促进大学生心理健康发展。

❶ 提高心理保健意识

大学生作为成年人，应该关注自己的身心发展，对自我负责，进行自我教育、自我管理和自我监督，积极参与自己的身心建设，接受来自社会支持系统的教育和指导，参加心理教育的相关活动，保持自己的积极心情，预防心理危机的发生。

❷ 养成积极心态

拥有积极心态的大学生往往能乐观地看待问题，处理危机事件时往往也会得到更加积极的结果。例如，同样是面对经济困难，有的大学生可能觉得生活太不公平，自己已经输在了起点，遇到挫折或打击就觉得生活难上加难，甚至觉得日子过不过都无所谓，产生轻生念头；但积极乐观的大学生由于认知方式不一样，会满怀期待，充满对未来的憧憬并为之努力奋斗，认为困难的日子总会结束。因此，积极乐观的人更少出现心理危机，因为其有更强大的心灵。

拓展阅读

心理咨询的误区

❸ 走进心理咨询

心理咨询是指心理咨询师运用心理学的理论、方法、技术，帮助来访者就问题进行分析、研究和讨论，找出问题的根本原因。来访者经过心理咨询师的指导和启发，探讨出解决的方法，从而解决心理困扰，恢复正常心态，维护身心健康。大学生在遇到心理困惑时可以及时向心理咨询师寻求帮助。许多高校都设有心理健康咨询中心，以帮助大学生解决各种心理问题，如家暴等侵犯性行为，以及长期抑郁、进食频率过高和进食量猛增等。

心理咨询可以采取就近原则。大学生可利用其他寻求专业帮助的渠道，如有专业选择问题、学业问题、专业发展问题时可以求助老师，还可以求助社会工作人员、社区工作人员、安保服务工作人员和医院等。

❹ 培养压弹力

很多时候，心理危机的产生是由于大学生面对逆境不知该如何处理，难以承受挫折。因此大学生应当培养压弹力，提升应对危机的自主能力。

压弹本是一个物理学概念，指物体受到外力挤压时的回弹；而从心理学层面讲，压弹力主要指心理韧性和复原力，其概念在对压力应对或危机应对的研究中逐步发展。美国心理学会将压弹力定义为：在面临逆境、创伤、悲剧、威胁、艰辛及其他生活重压下能够良好适应的反弹能力。

压弹力包括承受力（耐挫折力）和反弹力（排挫折力）。通过培养压弹力，大学生可以更好地应对心理压力，增强危机适应能力。可供大学生参考的培养压弹力的方法如下。

- **提升主观幸福感。**愉悦指数的提升可以降低人们对不良情绪的体验强度。
- **培养乐观的态度。**多角度看待问题，发掘事情的积极面。
- **进行幽默训练。**幽默可以让人变得欢乐、开朗和豁达，这是一种应对问题的健康机制。
- **注意情绪的调节和管控。**心理危机的产生多源于不良情绪的积累，因此大学生要善于调节情绪，调整心态，以更好地应对压力。
- **转变认知。**对同一件事，个体使用不同的认知方式就会有不同的结果。如果能学会转变认知，那么陷入心理危机的可能性也会降低。
- **掌握化解逆境的技巧。**文学家埃默森曾说：“逆境有一种科学价值，一个好的学者是不会放过这一大好学习机会的。”逆境确实是一个很好的锻炼机会，在寻找办法化解逆境的过程中，我们克服困难的能力也会增强，那么压弹力势必会得到锻炼和提升。

❺ 其他方法

其他方法，如学会称赞别人、优化人际关系、提升沟通技巧、建立良好的危机应对模式、构建社会支持系统等，都可以帮助大学生预防心理危机、减轻心理压力。

（二）心理危机的干预

心理危机的干预是指为处于心理危机状态的人及时给予适当的心理援助，以帮助他摆脱心理困境。心理危机的干预方法大致分为两类：一类是自己出现心理危机后可采取的方法，另一类是别人出现心理危机后可采取的方法。

拓展阅读

干预心理危机的不当做法

❶ 自己出现心理危机

当大学生自己出现心理危机时，会相应地表现出一系列症状，如失眠、持续性情绪低落等。因此，一般建议大学生在面对可能诱导其出现心理危机的事件，如失恋、遭受重大打击或遇到灾害时，可以充分利用老师、同学、家人、朋友等社会支持，寻求鼓励、安慰等帮助。如果大学生的心理危机逐渐严重，则应求助于专业心理医生和精神科医生。

❷ 别人出现心理危机

下面将介绍专业心理咨询者和工作人员的常用方法。大学生接收到他人的求助信息后，可灵活采用这些方法给予对方帮助。

- **确定问题**。从对方的角度确定和理解对方出现的问题。使用积极倾听方法，如同情、理解、真诚、接纳、尊重对方等，以及使用开放式问题。在倾听过程中，既注意对方的语言信息，也注意对方的非语言信息，识别造成对方心理危机的核心问题。
- **保证求助者安全**。在心理危机干预过程中，保证对方的安全是首要目标。评估心理危机对对方身体和心理健康的危险程度、失去能动性的情况或严重性。对大学生而言，这一步重要的是确认对方是否处于安全境地。如果对方处于不安全境地，则需利用言语引导对方至安全境地。
- **转化认知**。强调与对方的沟通及交流，让对方认识到你是能够给予他关心和帮助的人。不要评价对方的经历与感受，而是通过语言、声调和躯体语言向对方表达诚意，让对方相信“这里有一个人确实很关心我”。
- **提出积极的应对方式**。大多数求助者会认为自己已经无路可走，因此你要充分利用环境资源，采用各种积极的应对方式，使用建设性的思维方式，为对方提供更多解决问题的方法和途径。
- **制订行动计划**。此方法可以帮助对方走出情绪失衡的状态。帮助对方制订现实的短期计划，包括提供资源的方式、对方自愿的行动步骤。计划应该根据对方的应付能力与对方一起制订，但要注意，该计划必须是切实可行、能帮助对方真正解决问题的。同时要让对方感受到这是他自己的计划，你没有侵犯他的权益、自尊和自主性。
- **得到对方的承诺**。结束心理危机干预前，需要对方向自己承诺其会践行行动计划。
- **启动社会支持系统**。与对方的家人、朋友、社区工作人员等建立联系，让对方获得支持。这些支持不仅包括心理上的支持，还包括一些实质的行动。

一般大学生可能无法很专业地干预心理危机，所以大学生也可在确定问题并保证求助者安全后，寻求老师、心理咨询师、精神科医生等外界帮助，接受对方的指导和干预，一起想办法解决问题。

【安全小贴士】

“12355”青少年服务台是共青团中央设立的青少年心理咨询和法律援助热线电话，由各级共青团组织建设和维护。拨打该热线电话可获得心理咨询师、法律工作者、社会工作者提供的心理咨询服务和法律咨询援助。通常，各省都开设有心理援助热线，一般可通过人民政府网站、精神卫生中心查询。

随堂活动

活动主题：心理危机思考总结

活动内容：心理危机的发生、发展和结果的关系如图 4-1 所示。总结你这堂课的收获，谈谈你有怎样的感悟。再以你自身经历过的心理危机为例，说明你是如何度过的。若再遇到类似问题，你会如何处理？

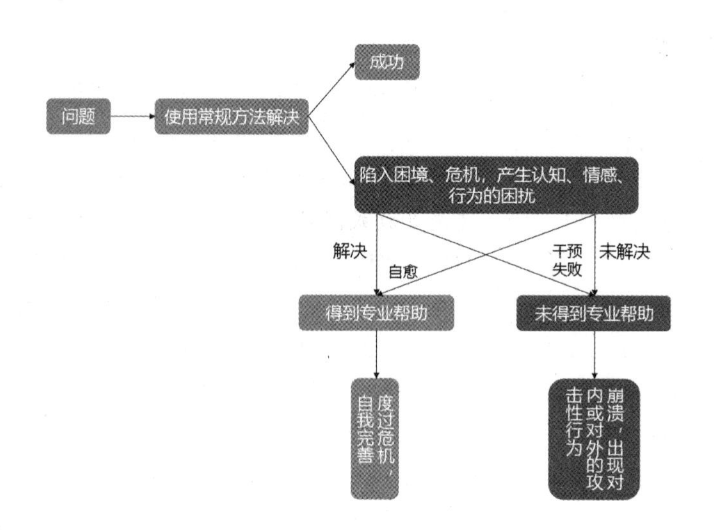

图4-1　心理危机的发生、发展和结果的关系

三、感受生命的重量

生命是人生最宝贵的财富，因为它只有一次；生命同时又脆弱不堪，因为它会受到来自生理或心理的威胁。很多人生病会看病吃药，解决生理上的痛苦，但却对心理上的痛苦感到不知所措或束手无策，甚至对自己的心理问题毫无察觉。因此大学生在关注自身健康状况的同时，要学会珍爱生命，认识自己的心理危机，并及时采取积极的自助或求助方法，呵护自己的心灵，从而保持身心健康。

（一）生命的意义

生命的意义到底在于什么？许多大学生可能都有过这样的思考。事实上，很早以前古代先哲就开始了关于生命意义的探索。

古希腊思想家、哲学家柏拉图提出了经典的哲学三问："我是谁？我从哪里来？我要到哪里去？"这 3 个问题可以引发人们对生命终极意义的思考。孔子所言"未知生，焉知死"也强调要先懂活着的道理。我们每个人的生命都来之不易，我们又有什么理由不让自己的生命更有价值呢？

（二）尊重生命

生命是有限的，因为一般而言人类最长只有约 3 万天的寿命；生命是不可互换的，彼此之间不可替代或转换；生命是不可再来的，正所谓"人死不能复生"。这些特点显示出了生命的珍重与宝贵，任何人都不能有轻视生命、放弃生命的想法。

大学生尊重生命需要做到以下 3 点。

❶ 尊重生命的存在性

任何生命都有存在的价值，人类的生命尤其特殊：一方面，人类具有其他生物没有的认识和改造世界的能力；另一方面，人类个体具有显著的唯一性、独特性和不可取代性。因此，大学生应当学会尊重生命，正视自己的存在价值，不要有轻生或伤害他人生命等不尊重生命存在性的想法和做法。

扫一扫

测试结果解释

❷ 尊重生命的创造性

生命的价值不仅在于存在，更在于实现。有些人沉迷网络、浑噩度日，浪费宝贵的生命。生命的创造性价值要求大学生以珍惜生命为基础，通过实践实现生命的价值，这也是生命更高层次的价值。创造性价值之所以能代表生命存在的真正价值，在于它可以创造出远高于生命本身的价值。

❸ 尊重生命的超越性

人的生命具有通过人自身的实践活动去超越生命本身的能力。生命正是在人不断超越自身的过程中实现价值的，这也是人不同于动物的地方。有些人会忽视生命的创造性和超越性，陷入重复、麻木度日的活动中，或以经验方式重复生命的其他活动中，这种行为不仅会使个人无法超越自己，还会影响社会的发展。

大学生正处于情绪波动较大、对生命充满好奇和不断探索生命的阶段。不管是出于保障身心健康还是实现自我发展的目的，大学生都应该接受与认识生命的意义，珍爱与敬畏生命，尊重与珍惜生命的价值，热爱每个人独特的生命，树立积极、健康、正确的生命观。这样可以让大学生的生活更加丰富，有利于大学生培养坚定的理想信念，以博大的胸怀和坚韧的毅力去适应生活、实现成功。

自我测评

一、学习动机自我测试

学习动机自我测试主要帮助大学生了解自己在学习动机、学习兴趣、学习目标上是否存在困扰，共20道题。请实事求是地在与自己情况相符的题目后画“√”，在不相符的题目后画“×”。

1. 如果别人不督促你，你就极少主动地学习。（　）
2. 你一读书就觉得疲劳与厌烦，只想睡觉。（　）
3. 当你读书时，需要很长时间才能提起精神。（　）
4. 除了老师指定的作业外，你不想再多看书。（　）
5. 如有不懂的地方，你根本不想设法弄懂它。（　）
6. 你常觉得自己不用花太多的时间学习，成绩也会超过别人。（　）
7. 你迫切希望自己在短时间内就能大幅度地提高自己的学习成绩。（　）
8. 你常为短时间内成绩没能提高而烦恼。（　）
9. 为了及时完成某项作业，你宁愿废寝忘食、通宵达旦。（　）
10. 为了把功课学好，你放弃了许多你感兴趣的活动，如体育锻炼、看电影等。（　）
11. 你觉得读书没意思，想去找份工作。（　）
12. 你常认为课本上的基础知识没有学习价值，只有看高深的理论、读经典的作品才有意义。（　）
13. 你只钻研喜欢的科目，对不喜欢的科目则放任自流。（　）
14. 你花在课外读物上的时间比花在教科书上的时间要多很多。（　）
15. 你把自己的时间平均分配在各科上。（　）
16. 你给自己定下的学习目标，多数因做不到而不得不放弃。（　）
17. 你几乎毫不费力地就实现了你的学习目标。（　）
18. 你总是为同时实现几个学习目标而忙得焦头烂额。（　）

19. 为了完成每天的学习任务，你感到力不从心。（　）

20. 为了实现一个大目标，你不会给自己制定循序渐进的小目标。（　）

二、人际关系综合诊断

这是一份针对人际关系行为困扰的诊断量表，共28个问题，请你认真完成这次测试，根据自己的情况，在符合自己的选项后画“√”，不符合的选项后画“×”。该诊断量表的评分标准为画“√”的计1分，画“×”的计0分，大学生计算好自己的分数后即可扫描右侧二维码查看对测验结果的解释。

扫一扫

测试结果解释

1. 关于自己的烦恼有口难言。（　）
2. 和陌生人见面感觉不自在。（　）
3. 过分地羡慕和妒忌别人。（　）
4. 与异性交往太少。（　）
5. 对连续不断的交谈感到困难。（　）
6. 在社交场合感到紧张。（　）
7. 时常伤害别人。（　）
8. 与异性来往感觉不自在。（　）
9. 与一大群朋友在一起时，常感到孤寂或失落。（　）
10. 极易感到尴尬。（　）
11. 与别人不能和睦相处。（　）
12. 在与异性相处时不知道如何适可而止。（　）
13. 当不熟悉的人对自己倾诉他的生平遭遇以求同情时，自己常感到不自在。（　）
14. 担心别人对自己有什么坏印象。（　）
15. 总是尽力使别人赏识自己。（　）
16. 暗自思慕异性。（　）
17. 时常避免表达自己的感受。（　）
18. 对自己的仪表（容貌）缺乏信心。（　）
19. 讨厌某人或被某人讨厌。（　）
20. 瞧不起异性。（　）
21. 不能专注地倾听。（　）
22. 自己的烦恼无人可倾诉。（　）
23. 受别人排斥或被人冷漠相待。（　）
24. 被异性瞧不起。（　）
25. 不能广泛地听取各种意见或看法。（　）
26. 自己常因受伤而暗自伤心。（　）
27. 常被别人谈论或愚弄。（　）
28. 与异性交往时不知如何更好地相处。（　）

三、心理压力测试

表4-1是一份心理压力测试表，用于测试被测者的压力水平。请认真阅读每道题，根据实际情况，在“不适用”“偶尔适用”“经常适用”“最适用”栏中画“√”。选“不适用”计1分，“偶尔适用”计2分，“经常适用”计3分，“最适用”计4分。

表 4-1 心理压力测试表

题目	不适用	偶尔适用	经常适用	最适用
1. 我发现自己为很细微的事而烦恼				
2. 我似乎神经过敏				
3. 若受到阻碍，我会感到很不耐烦				
4. 我对事情往往作出过度反应				
5. 我发现自己很容易心烦意乱				
6. 我发现自己很容易受刺激				
7. 我长期处于高度警觉的状态				
8. 我感到自己很易被触怒				
9. 我常常精神消耗严重				
10. 我觉得自己很难安静下来				
11. 受刺激后，我很难平心静气				
12. 我常常神经紧张				
13. 我常常感到很难放松				
14. 我感到忐忑不安				
15. 我很难忍受工作时受到阻碍				

过关练习

一、判断题

1. 学习心理障碍对心理健康没有影响。（ ）

2. 运动可以舒缓学习压力。（ ）

3. 没有爱情的大学生活是失败的。（ ）

4. 模棱两可是拒绝爱的有效方式。（ ）

5. 学习动机过强可能导致学习心理障碍。（ ）

6. 压力只会给人带来动力。（ ）

二、单选题

1. 学习缺乏积极性和主动性是（ ）的表现。

A. 学习动机过强　B. 学习焦虑　C. 考试焦虑　D. 学习动机不足

2. （ ）是一种因他人成就、名望、品德、地位、境遇及既得利益高于自己而产生的怨恨、愤怒情绪。

A. 害羞心理　B. 嫉妒心理　C. 自卑心理　D. 孤僻心理

3. 下列说法中，属于理性爱情观的是（ ）。

A. 爱情不是只靠努力就可以争取到的

B. 为了消除孤独感，谈一场恋爱无可厚非

C. 恋人是完美的，爱情是至高无上的

D. 爱情是给予，应当满足对方的一切要求

三、多选题

1. 产生心理危机时，可以寻求（ ）的帮助。

A. 心理咨询师　　B. 老师

C. 社区工作人员　　D. 安保服务工作人员

2. 下列选项中，需要大学生提高警惕的恋爱关系有（ ）。

A. 单恋　　B. 网恋　　C. 多角恋　　D. 偶像式爱情

3. 如何拒绝爱是一门学问，大学生应当选择合理的方法拒绝对方的爱，如（ ）。

A. 在拒绝的时候说出对方的缺点

B. 不给对方无谓的希望

C. 表明拒绝的态度，把不伤害对方作为拒绝爱的底线

D. 选择一个恰当的拒绝时机

4. 大学生可以通过（ ）等方式排解不良情绪。

A. 自我安慰　　B. 随遇而安　　C. 认知调节　　D. 合理释放情绪

四、思考题

1. 你在学习中遇到的什么阻碍让你印象最为深刻？为解决这个阻碍你曾经试过哪些方法？你认为最行之有效的方法是什么？

2. 结合本章内容，讨论如何进行压力管理。

3. 思考并尝试用 21 天过一种提升生命价值的生活。

4. 一名同学坐在高楼栏杆上自言自语道：“学习及生活让我感到非常难过、痛苦，压力好大，我活得太痛苦了！”假如你是第一位发现及到达现场的人，你会怎么做？

5. 阅读下面的材料，假如你是王倩，你会给求助帖中的女生什么建议？

王倩在逛校园贴吧时，看到了这样一个求助帖：“我是一个性格内向的女大学生，不久前我恋爱了，初次尝到了爱情的甜蜜。但是，正当我全情投入时，却突然失恋了！他终止恋爱的理由是认为我们缺少共同语言、性格不合，继续下去双方的感情只会越来越淡，还不如趁早放手。我不懂，为什么一切变得那么快？明明我们之前还那么甜蜜，现在却毫无预兆地分手。我尝试走出来，可我心里实在无法平衡。请告诉我，怎样才能摆脱这种痛苦的折磨？”

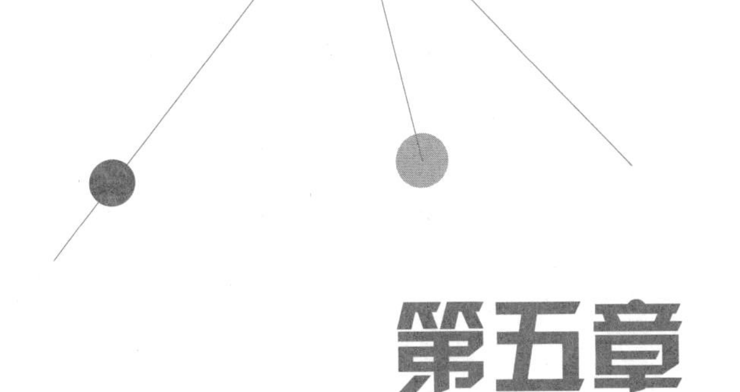

第五章

人身财产安全

一事不谨，即贻四海之忧；一念不慎，即贻百年之患。

——爱新觉罗·玄烨

现在，我们虽处在一个讲究秩序、讲究文明的社会环境之中，但世上没有世外桃源，防人之心不可无。当前，大学生人身受到侵犯、伤害，或财产受到损失的案例时有发生。因此，大学生既要洁身自好，行为举止文明，与人相处融洽，又要增强防范意识。只有这样，大学生才能尽量避免矛盾，减少冲突，维护人身财产安全，防止或减少不安全事故的发生，推进和谐社会的建设。

视频

第一节

防范人身伤害

冯梦龙在《警世通言》中说：“平生不做皱眉事，世上应无切齿人。”意思是一生不做使人感到不快、恼怒的事，就不会有对自己切齿痛恨的人。大学生防范人身伤害，首先应提高自身修养，举止文明，与人融洽相处，不惹是生非，不养成不良嗜好。当然，生活不是乌托邦，除了加强自身修养，大学生还要有防范之心，以免受到他人的无端滋扰或侵害。

【学习目标】

◎ 学会应对寻衅滋扰。

◎ 学会防范打架斗殴。

◎ 学会防止性侵害。

◎ 谨记远离黄、赌、毒。

一、应对寻衅滋扰

我们一般对寻衅滋扰的理解是“无端挑衅”“没事找事”“故意找碴儿”。简单地说，大学生应对寻衅滋扰，就是应对他人的挑衅、侵犯甚至伤害。

拓展阅读

《刑法》对寻衅滋事罪的规定

（一）大学生受到寻衅滋扰的常见情形

大学生受到寻衅滋扰的常见情形有以下 6 种。

- 校内同学之间发生的寻衅滋扰，如因争夺活动场地而引发矛盾，因歧视心理或嫉妒心理而侵扰对方等。
- 一些不良人员到校内闲逛，有意或借故扰乱大学生的生活秩序。
- 一些不良人员与少数大学生发生纠纷或矛盾，伺机入校寻衅滋事，对大学生进行打击报复。
- 一些大学生在 KTV、酒吧等娱乐场所与他人发生纠纷或矛盾，引发冲突。
- 大学生在公共场所，如车站、公交车上、公园等，与他人发生纠纷或矛盾，或者遭到他人的挑衅等。
- 在大学生的恋爱中，一方因求爱不成，或结束恋情后一方无法接受、心有不甘，对另一方死缠烂打，搅扰对方的生活。

（二）应对寻衅滋扰的一般处置方法

大学生保障自身安全，维护自身利益，与外部滋扰斗争，具体来说，需要把握以下几个要点。

微课视频

应对寻衅滋扰的一般处置方法

❶ 主动避开危险

主动避开危险是大学生应对寻衅滋事的有效方法之一。一方面，如果大学生在校外、校内遇到形迹可疑或言行举止轻佻的人，要主动避开；另一方面，大学生不要去不正规的 KTV 或酒吧等娱乐场所，这些地方鱼龙混杂，并且大家在玩乐时，情绪比较兴奋，常会因为一些小事发生纠纷，或者无端遭到他人的骚扰、侵犯等。

② 脱离险境

当大学生遭到寻衅滋扰，有潜在的安全威胁时，要克制冲动情绪，不要言语过激，让对方找到由头进而引发暴力冲突事件，也不要与对方过多纠缠，要及时脱离危险境地。及时脱险不仅可以避免自身受到伤害，而且可以为未脱险的人员寻求帮助，协助相关部门消除安全威胁。

③ 正当防卫

当不能及时脱险时，大学生一方面要克制自己的情绪，另一方面要积极干预和制止对方的滋扰行为，不能任其发展，坚持做到以理服人。在危及自身安全时，大学生可以采取正当防卫措施，保护自己的安全，维护自己的合法权益，但在进行正当防卫时，要掌握分寸，不要防卫过当。

④ 寻求援助

在受到伤害时，除了采取正当防卫措施外，还应采取必要的求助措施，如寻求师生援助、寻求公安保卫部门人员援助等，在其他人的帮助下及时地脱险或维护自己正当的权益。

⑤ 收集证据

在人身遭遇安全威胁时，如果无法脱身，需要注意收集有效的证据，包括加害人的外貌特征、加害人的遗留物品及其使用的威胁器具等，为相关部门开展后续调查工作提供线索。

> **想一想**
>
> 你曾经受到过他人的寻衅滋扰吗？如有，你是如何应对的？今后如再遇类似情况，你会怎样改善应对措施来保证自己的安全？

【安全小贴士】

大学生是大学校园的主人翁，理应积极维护校园秩序，与外部滋扰作斗争。如果大学生在校园内发现形迹可疑人员，如其着装、行为举止明显异于校内师生、员工，或其行踪诡秘等，在保证自身安全的情况下，应仔细观察，记住可疑人员的外貌特征、动作习惯等，以便向公安、学校保卫部门提供线索。

大学生遭遇滋扰突发横祸

某校数名学生相约到酒吧喝酒，至当晚凌晨一点多饮酒结束后离开，行至街角处，被一群社会人士拦住去路，对方声称要他们把其中 3 名女同学留下来陪酒，几名男生为保护女同学，与对方理论。在这个过程中，其中一名同学被对方用钝器击中头部，致该同学脑干细胞严重受损，后经医院抢救无效而死亡。犯罪嫌疑人最后则被依法追究刑事责任。

点评：大学生要洁身自好，不去治安环境复杂的场所，远离那些寻衅滋事的人。在遭受寻衅滋扰时，首要的一点是要避免冲突，不与对方纠缠，要想办法使自己及时脱险，或者在干预、制止对方的不当行为时，设法寻求援助。

二、防范打架斗殴

大学中的打架斗殴事件一般是校内同学之间发生纠纷、矛盾引发的打架斗殴，除此之外是校内学生与校外人员因纠纷、矛盾而打架斗殴。打架斗殴的双方通常剑拔弩张，这种行为是与现代文明背道而驰的，轻则使人受伤，重则致人残疾或死亡，大多构成犯罪或严重犯罪。打架斗殴一方面给受害的大学生及其家人带来无法弥补的巨大痛苦和损失，另一方面对构成刑事犯罪的作案大学生来说，既让自己前途尽毁，面临牢狱之灾，又给家人带来痛苦，使家庭财产受损等。因此，大学生一定要严防打架斗殴事件的发生。

（一）引发大学生打架斗殴的常见情形

引发大学生打架斗殴的常见情形如下。

- **意气用事引发的打架斗殴。**意气用事引发的打架斗殴中，一类是当大学生因一些琐事与人产生摩擦，如因与人肢体相撞、开玩笑过度、争夺场地、被他人打扰休息或打扰他人休息等，不能克制自己的情绪，而引发的突发性打架斗殴事件；另一类是有的大学生讲究“哥们儿义气”，帮同学、朋友出头、出气，挑起事端，而引发的打架斗殴。
- **感情纠葛引发的打架斗殴。**如双方为追求同一对象争风吃醋而大打出手，或因感情牵扯而引发的打架斗殴等。
- **酗酒闹事引发的打架斗殴。**一些大学生在聚会时，往往喜欢喝几杯酒，一旦饮酒过量，有的人在醉酒状态下缺乏自制力，会变得放肆、粗暴，失去冷静，极易与人发生纠纷或矛盾。还有一些大学生借酒壮胆，发泄自己心中的不满或不良情绪，从而引发打架斗殴。
- **报复与泄愤引发的打架斗殴。**报复是指一个人的行为对另一个人的利益产生一定量的损害后，后者想办法打击损害自己利益的人以泄愤。报复心理和报复行为常发生在心胸狭窄、个性不良者受到挫折的时候。实际上，报复只是一种受到伤害后让自己伤口愈合的错误方法。

（二）严防打架斗殴

大学生正值血气方刚的年纪，在生活中有时无法理智应对和处理一些事情。特别是在校园内，大家生活在一个集体中，且来自全国各地，每个人的脾气、性格和生活习惯不同。个性张扬的年轻人聚在一起有时难免会产生纠纷和矛盾，如果处置不当，互不相让，就会使事态升级，引发打架斗殴事件。大学生预防打架斗殴事件的发生，可以从以下 6 方面入手。

- **严格遵守校纪校规。**要想创造一个和谐温馨的校园环境，每个大学生都应严格遵守校纪校规。当所有人都自觉遵守校纪校规时，校园生活就会井然有序，从而很好地减少或避免纠纷。
- **严于律己，宽以待人。**大学生要学会与人和谐相处、融洽交往，要严于律己、宽以待人，不能去招惹是非，说话要文明、和气，不恶语伤人，防止祸从口出，对待他人要包容忍让。包容忍让不是胆小怯弱，而是一种文明礼貌、从容大度的表现，正如《论语》中提到的“小不忍，则乱大谋”。
- **遇事冷静，克制情绪。**大学生在遇到争执时，无论争执是由哪一方引起的，都要克制、冷静。正所谓“冲动是魔鬼”“一失足成千古恨”，很多时候退一步海阔天空，大家好好说清楚，便能“一笑泯恩仇”，做事决不可冲动、不计后果。
- **真诚地化解纠纷或矛盾。**大学生如果与他人发生纠纷或矛盾，要恪守本分，勇于承担错误和责任。如果不小心侵害了对方的利益或伤害了对方的感情，要真诚地说一句“对不起”，尽力弥补对方的损失。反之，若对方不小心侵害了自己的利益或伤害了自己的感情，则在接受对方的道歉后大度地说声“没关系”，不要咄咄逼人，这样就可以避免很多暴力事件的发生。

- **学会转移注意力，化解怨愤。**如果大学生认为自己遭到不公对待，长期积累或压抑不良情绪后，产生报复心理时，一定要学会转移注意力，化解怨愤。如果引发自己产生报复心理的事情侵犯了自己的权益，那么可通过正常途径，如寻求老师的援助或采用法律手段等，来维护自身的权益；如果此事只是令自己感到不愉快，但并没有具体伤害，则可以找人倾诉事情的来龙去脉，宣泄不愉快的情绪，或通过运动等方式，发泄心中的不满情绪。总之，不能把事情都憋在心里，即使一次两次没事，但长时间下来，终究有一天自己会因受不了而做出一些令自己更后悔的事。
- **明辨是非，判断正误。**大学生要学会从纷繁复杂的生活现象中明辨是非，判断正误，做一个堂堂正正的人，不要做没有原则的人，不要因为受人挑唆而无原则地讲究“兄弟义气”，要分清是非对错，防止自己挑起事端或参与打架斗殴等。

球场冲突引发打架斗殴

某校足球队在小秦的带领下与隔壁学校的同学进行足球比赛，刚开始时大家玩得很开心，但大家在比赛中都有些计较输赢。在比分落后的情况下，小秦有些焦急，认为对方后卫的防守动作大，没有章法，手上也有拉扯球员的小动作。于是，小秦上前与这位负责防守的同学理论，由于双方互不相让，彼此恶语相向。随后，两人的对抗越来越激烈，最后从言语冲突升级为肢体冲突。在冲突过程中，双方同学有的参与冲突，有的劝架，场面十分混乱。很快，学校保卫人员赶到现场控制住了打架斗殴的局面。双方冷静下来后，都后悔不已。虽然双方并无人员受伤，但参与打架斗殴的同学都受到了学校的记过处分。

点评：一些大学生血气方刚，遇事很容易冲动。这种情况下，大学生与人发生矛盾或纠纷时，一定要先克制自己的情绪，让自己冷静下来，因为只有心态平和后，才可以更好地想办法解决事情。

话题讨论

讨论主题：冒犯与被冒犯的处理

讨论内容：在与同学相处过程中，如果对方无意中冒犯了自己或自己无意中冒犯了对方，如室友打扰了自己的正常休息或学习，或自己的打闹行为影响了室友的休息或学习，当双方都有所埋怨时，你该如何处理？

三、防止性侵害

性侵害是指违背当事人意愿的性接触和被强迫的性行为，包括强迫亲吻、性骚扰、性虐待等。它不仅对受害人的身心造成伤害，还会使受害人的人格尊严受到侮辱，从而导致受害人精神崩溃，甚至自残、自杀等严重后果。因此，大学生必须对性侵犯严加防范。

（一）大学生性侵害的主要特征

大学生性侵害中，女大学生是遭受性侵害的重点对象。不法分子在目标的选择上和作案形式上呈现出一定的明显特征。大学生需要注意以下特征。

❶ 作案目标的选择性

不法分子从作案意念产生、作案得逞的概率及作案后逃避法律制裁等方面考虑，通常选择具有以下特点的人员作为侵害的目标。

- 长相漂亮、打扮时尚者。
- 单纯幼稚、缺乏社会阅历者。
- 作风轻浮、关系复杂者。
- 文静懦弱、胆小怕事者。
- 身处险境、孤立无援者。
- 贪图钱财、追求享受者。
- 精神空虚、无视法纪者。

❷ 作案形式的多样性

不法分子在实施性侵害时，作案形式多样。

- **暴力型侵害**。暴力型侵害是指不法分子采取暴力和野蛮手段、语言恐吓或使用利器等，威胁或劫持受害人，对受害人实施性侵害。这类侵害的作案动机比较复杂，有的以强奸为目的，在大学生独处、孤立无援时伺机作案；有的以盗窃、抢劫为目的，见有机可乘而实施性侵害；有的因感情受挫、心理走向极端而实施性侵害；还有的仗着人多势众，集体作案等。暴力型侵害危害极大，容易诱发其他犯罪，如害怕事情暴露或为逃避制裁而杀人灭口等。
- **胁迫型侵害**。胁迫型侵害主要是指心术不正者利用自己的权势、地位、职务之便，或利用受害人有求于己的处境，或抓住受害人的个人隐私、错误等把柄，采用威胁、恐吓、利诱等手段，对受害人实施性侵害。例如，某公司主管利用大学生求职心切的心理，利用职务之便对求职的大学生进行性骚扰。
- **诱惑型侵害**。诱惑型侵害是指不法分子利用受害人贪图钱财、追求享乐的心理，诱惑受害人而使其遭受性侵害。例如，某位大学生爱慕虚荣、贪图富贵，一次偶然机会与一位富商派头十足的商人结识，两人各怀心事、各有所求，遂一拍即合。此后，两人频频相会、逛商场、出入高档会所等。某天晚上，该商人将这名学生灌醉后带到预订的房间将其强暴。
- **社交型侵害**。社交型侵害大多发生在熟人间。有的作案分子是已经相识的同学、朋友、同乡等，他们打着游玩、约会的幌子，借机对受害人实施性侵害；有的作案分子则处心积虑地与大学生结交，相熟后伺机作案。
- **寻衅滋扰型侵害**。寻衅滋扰型侵害主要是指社会上的一些不良人员寻衅滋事，对大学生进行各种性骚扰，如用下流语言调戏、侮辱，推、撞、摸、捏大学生的大腿、胸部等处。

（二）性侵害的预防

性侵害是危害大学生人身安全和心理健康的重要问题之一。大学生预防性侵害的关键是要树立性侵害防范意识，在生活的各种场合中提高警惕。大学生只有树立防范意识，随时注意遭受性侵害的可能性，才能避开危险或对有预警的性侵害及时采取防卫措施，有效地保护自己。为此，大学生要特别注意以下情形。

- **不去治安管理混乱的娱乐场所**。大学生不宜去治安管理混乱的娱乐场所，这些地方人员混乱、是非多，大学生在这些地方容易受到一些不良人员的侵犯。
- **夜间不宜单独外出**。大学生夜间不宜单独外出，应结伴而行。如果需要单独外出，行走时应尽量选择行人较多、路灯明亮的道路，要尽量避开隐蔽、狭窄、灯光昏暗的道路和场所，在不确保周围环境安全的前提下，不可径直去往目的地。

- **不宜单独到偏僻的地方玩耍。**大学生独自外出玩耍时，不去偏僻幽静、人迹罕至的池边湖畔、树林深处、夹道小巷、无人居住的建筑物等地方，或在这些地方停留。
- **在宿舍或校外租房处就寝时避免独处。**大学生在宿舍或校外租房处就寝时尽量避免独处。特别是节假日期间，回宿舍就寝时，要留心门窗是否敞开，防止有潜伏的犯罪分子伺机作案。如遇异常情况，可请一两位同学同时进去，以确保安全。晚上睡觉前要关好门窗。夜间如有人敲门问询，要问清是谁再开门。如发现有人想撬门砸窗闯进来，要及时呼救，并准备可供搏斗的工具，做好反抗的准备。
- **自尊自重，言语得体。**大学生穿着打扮宜大方得体，不宜浓妆艳抹，着装暴露。不在与异性交往的过程中占小便宜或要钱要物。在言语举止方面，要自尊自爱，不与异性随意亲昵、暧昧，甚至做出挑逗动作，让对方误解。
- **谨防陌生人的搭讪。**大学生独自外出时，尤其是在偏僻的地方，遇陌生异性问路，不要带路，在路上不要主动招呼或在其示意下搭乘陌生人的车辆，防止落入不法分子的圈套。如果遭遇陌生异性搭讪，要不予理睬，径自走开；如果对方不怀好意地进行言语调戏、挑逗，则要及时斥责，敢于反抗。
- **谨慎结交朋友。**大学生在结交朋友时，要注意从言行中了解对方的人品、道德修养，不随意透露自己的个人信息，如姓名、住址等。如果对方时常出现过分热情、亲昵、轻佻等言行举动时，要及时果断地终止来往。
- **与朋友相处有道。**大学生在与朋友相处交往的过程中，应时刻提醒自己不要轻信他人的甜言蜜语，不单独跟朋友去陌生地方；注意约会环境，不要到偏僻人少的地方；不要过量饮酒，对朋友肮脏下流的笑话、淫秽暧昧的语言、挑逗暗示的动作应表示强烈的排斥态度，及时打消他们的不良念头。
- **遭遇滋扰时积极寻求援助。**大学生在遭遇他人不断的纠缠、滋扰时，如果不能独自处理，则要积极向老师、学校保卫人员、公安人员等寻求援助，避免受到进一步伤害。

卸下防备后被居心叵测之人侵害

某校大二女生在学校举办的联谊会上认识了一名本系的男同学。日常交往数次后，该男生提出给女生庆生，请她吃饭，当晚一行人一起喝酒，玩闹到深夜。该女生喝得酩酊大醉，男生主动献殷勤送女生回校，女生迷迷糊糊地跟着他走，实则被其领到他租住的房屋内，在女生不同意又无力反抗的情况下，该男生对她实施了性侵害。女生报案后，该男生被逮捕判刑。

点评：大学生在与异性朋友交往时，一方面要注意对方的意图，不能被甜言蜜语或物质利益诱惑、蒙骗；另一方面要洁身自好，不给对方可乘之机，与异性朋友相处时应有同伴在身旁，醉酒时或其他情形下由同伴陪伴回家。

（三）遭遇性侵害的应对措施

遭到性侵害时，大学生应灵活应对、机智反抗、迅速脱身。大学生需重点注意以下事项。

❶ 明确意愿，态度坚决

遭遇性侵害时，大学生应明确意愿，态度坚决地表示抵抗，表现出自己应有的自尊与刚强。一是能够点醒同学、朋友等相识之人，防止熟人之间性侵害行为的发生；二是防止性侵害者错误地理解自己的意愿，而一时冲动想要图谋不轨；三是可以震慑性侵害者，毕竟性侵害者做贼心虚，强烈的抵抗态度可以使其放弃性侵害的企图。

❷ **机智反抗，正当防卫**

对性侵害者的性侵害行为进行反抗自卫，是一种正当防卫行为，受国家法律的保护。大学生需要明确的一点是，遭遇性侵害时要有信心，性侵害者在实施性侵害时固然面目狰狞、穷凶极恶，但是其行为是卑劣的、见不得光的，其内心大多是紧张和恐慌的，因此大学生决不能被外强中干的性侵害者吓倒。

首先，大学生在反抗的同时，可以根据性侵害者的特征或弱点，尝试唤醒其人性中善良的一面，使形势向好的方面转变，避免性侵害行为发生。

其次，如果性侵害者已完全丧失理智，毫无人性可言。那么，面对这种情形，大学生应立即正当防卫，既可以利用身边一切可以利用的物品，如钥匙、笔、发卡、砖头等寻找时机同其搏斗，还可采取抓、扯、咬、踢、顶、撞等方法猛击其要害部位，如脸部、舌头、腹部等，争取脱身机会。

❸ **抓紧时机，迅速脱身**

遭遇性侵害时，大学生要设法机智地脱离险境。如果通过灵活应对、正当防卫没有使性侵害者最终得逞，那么要抓住时机，观察周围环境，迅速脱身，逃到安全的地方。如果客观情况下几乎没有可能以硬拼的方式成功阻止性侵害者，特别是对方手持利器时，切忌蛮干，可先稳住性侵害者，然后创造条件和机会争取外援或脱身。如果性侵害行为已经成为事实，那么在性侵害者的侵害行为得逞后，也要抓紧时机，尽快离开险境，避免使自己受到进一步的伤害。

❹ **想方设法，保留证据**

在与性侵害者周旋、斗智斗勇，争取外援、设法脱身时，要记住性侵害者的年龄、身高、口音、动作姿态等特征，或其是否具有明显可识别的记号，如文身、伤疤等，并可通过撕、抓、扯、咬等方式留住血液、体毛、指纹等证据，为日后破案创造条件，以便将性侵害者绳之以法，防止更多的人受到伤害。

【安全小贴士】

大学生可以掌握一些近身搏斗的防身术，既可强身健体，又可为应对各种危机做准备。一般来说，女性的体力弱于男性，因此女性在防身时要把握时机，在实在无法逃离的情况下快、准、狠地击打其要害部位，即使无法制服对方，也可创造寻求外援和脱身的机会，保全自己。

（四）发生性侵害后的应对措施

发生性侵害事件后，受害人要积极面对，不要消极逃避，更不要产生精神压力。

- **及时报案**。发生性侵害事件后，受害人应及时报案，尤其是要打消害怕名誉受损或被人报复的顾虑。因为如果不报案，不仅自己咽下苦果、结下心结，还会使犯罪分子逍遥法外，更有可能让更多人成为受害者。
- **配合调查**。发生性侵害事件后，受害人应积极配合调查。例如，如实向调查人员反映犯罪分子的外貌特征、动作姿态、随身物品等情况，并提供有关物证，为公安机关破案提供线索。
- **调整心态**。发生性侵害事件后，受害人要及时调整心态，必要时应进行心理咨询，不能产生心理负担或走向极端。正值青春、风华正茂的大学生如果不能走出被伤害的阴影，久而久之，可能产生厌世情绪，更有甚者自暴自弃，这样万万不行。作为有知识、有文化的人，大学生要正视人生道路上的挫折，不用感到羞耻，真正该羞耻的人是犯罪分子，遭受惩罚的也应该是犯罪分子；要汲取教训，增强防范意识；要爱惜自己的身体、生命，切莫做出自残、自杀等让亲者痛、仇者快的事情，否则遗恨绵绵。

受人胁迫屡遭侵害

某校一名女大学生报案，称其被男友强暴。事情的原委如下，该女生与本校一男生谈恋爱之后发生了性关系，而在之后的长久相处中，该女生发现对方控制欲强且有暴力倾向，便提出分手，该男生不同意，扬言如果分手，将公开两人的隐私。在该男生的要挟和恐吓下，该女生又多次被迫与其发生性关系。该女生在担惊受怕中度过一段时间后，再也无法忍受，思前想后便报了警。

点评： 大学生在遭遇性侵害事件后要打消各种顾虑，及时报案，保护自己的合法权益。本例中的女生因对方掌握隐私受到胁迫而听之任之，使自己长期遭受伤害，可谓祸患无穷。倘若及时报警，既可以通过公安机关使自己的隐私免于泄露，也可以将该男生绳之以法，以免自己再次遭殃。

四、远离黄、赌、毒

微课视频

远离黄、赌、毒

《国语》有言：“从善如登，从恶如崩。”这句话的意思是学好难如登山，学坏易如山崩，比喻学坏容易，学好很难。大学生一旦沾染黄、赌、毒，就可能如山崩，不仅难以全身而退，而且后患无穷。因此，大学生无论何时何地都要谨记：远离黄、赌、毒。

（一）黄、赌、毒的危害

“黄”主要指淫秽物品。淫秽物品是指具体描绘性行为或者露骨宣扬色情的淫秽性的书刊、影片、录像带、录音带、图片及其他淫秽物品。

“赌”即赌博，是指用斗牌、掷骰子等形式，以钱财作为赌注，以占有他人利益为目的的违法犯罪行为。俗话说“赌乃恶之源”，由此可见赌的危害巨大。

“毒”即毒品，是指鸦片、海洛因、冰毒、吗啡、大麻、可卡因，以及国家规定管制的其他能够使人成瘾的麻醉药品和精神药品。吸毒或欺骗、容留、强迫他人吸毒，以及非法从事制造、买卖、运输毒品的活动都是违法犯罪活动。尽管与黄、赌相比，吸毒在大学校园内是极个别的现象，但吸毒贩毒是全球性的社会公害之一，其祸国殃民，危害极大，大学生决不可掉以轻心。

具体来说，黄、赌、毒对大学生的危害集中体现在以下 3 个方面。

❶ 荒废学业

“业精于勤，荒于嬉”，学业由于贪玩都可以荒废，更何况黄、赌、毒这类公害对学业的负面影响。大学生一旦沾染黄、赌、毒，就极易上瘾，成为黄、赌、毒的俘虏，深陷其中而不能自拔，满脑子的情色画面、想入非非；或者想方设法逃课，通宵达旦地打牌、玩麻将，妄想着赢得更多的钱财；又或者沉浸于毒品的刺激之中，陷入浑浑噩噩的深渊。在这些情况下，被黄、赌、毒污染的大学生哪里还有心思和精力学习，必然不思进取，终日心神不定、精神萎靡不振，长此以往，终究会荒废学业，白白浪费大学的美好时光。

❷ 危害身心

黄、赌、毒不仅伤害身体，而且摧残心灵。

以“黄”来说，曾国藩曾说，“人生有三寡：寡言养气，寡视养神，寡欲养精”，并以此告诫自己。大学生身体发育已趋于成熟，血气方刚，如果长期耽于淫乐，如通宵达旦地翻阅淫秽小说，上网搜索并浏览淫秽信息、图片，观看淫秽影像，或出入非法娱乐场所等，一味地寻求欲望的满足，加上不良的生活习惯，身体势必受到损耗，影响健康，并且在得不到满足的情况下，很容易形成心理障碍或心理疾病，甚至有可能染上性病和艾滋病，后果极其严重。

以“赌”来说，人们常说“十赌九病，久赌成疾”，此言非虚。因为赌博关乎输赢，会增加人的紧张、恐惧和焦虑，同时也增强人操纵、控制他人的欲望。参与赌博的人，不分昼夜、不顾饥寒地玩，影响了休息、扰乱了饮食起居的正常规律，长此以往，大学生必定会健康受损。不仅如此，在赌场之中，人们只计输赢、钱多钱少，易产生好逸恶劳、尔虞我诈、投机、侥幸等不良的心理，而且热衷赌博的人往往也容易沾染抽烟喝酒的恶习。有的人因赌博时受到刺激，倒在赌桌上一病不起，还有的人因无法偿还欠款或赌债，在走投无路之下自杀。

以“毒”来说，有这样一句话“一日吸毒，十年戒毒，终生想毒”，也就是说，沾染上毒品就是吸了戒、戒了又吸，反反复复，直到生命结束。可见，毒品的危害性极大：其一，对身体具有毒性作用，中毒特征主要是嗜睡、疲乏、呕吐、运动失调、感觉迟钝、意志衰退、智力降低等；其二，使身体产生戒断反应，戒断反应是指停止用药或减少用药剂量后产生的症状，许多吸毒者在没有经济来源购毒、吸毒的情况下，或死于严重的身体戒断反应所引起的各种并发症，或由于痛苦难忍而自杀身亡；其三，导致精神障碍与精神变态；其四，极易使人感染肝炎、艾滋病等疾病，还会损害神经系统和免疫系统。

拓展阅读

新型毒品

❸ 诱发犯罪

黄、赌、毒不仅会对沾染者的身心造成无法磨灭的巨大损害，而且容易诱发沾染者进行多种犯罪活动，危害社会。大学生因沉迷黄、赌、毒导致身心受害，最终违法犯罪的案例不在少数。

以“黄”来说，若一个人长期受淫秽物品的侵害，其心理可能变得极端、扭曲。当欲望无法得到满足时，有的人难免滋生出邪恶的想法，进而做出违法举动。例如，某校学生在网吧观看色情影像，晚上离开网吧后情绪仍旧亢奋，路上遇到独自行走的女子，便见色起意，尾随该女子至巷末，对该女子实施了性侵害，案发后，该生被逮捕。又如，有的大学生动起了歪脑筋，通过制作、传播淫秽物品，建立黄色网站非法营利等，最终面临牢狱之灾。

以“赌”来说，涉赌之人计较输赢、钱财，在赌桌上因心情紧张、情绪亢奋极易引发口角、产生纠纷，从而爆发冲突，造成聚众斗殴、凶杀等事故。尤其是输钱的一方，心里容易不平衡，可能产生报复心理，进而做出违法举动。另外，好赌者因筹措赌资而参与偷盗、抢劫等犯罪活动而锒铛入狱的案件也层出不穷。对大学生而言，同学之间聚赌非常容易引发打架斗殴事件，同时大学生学习和生活的费用基本来自父母，为了获取赌资，有的大学生会编造谎言向父母索取钱财，有的大学生则参与盗窃、抢劫等犯罪活动。

以“毒”来说，众所周知，毒品相当昂贵，购买毒品所耗钱财不菲，对吸毒者而言是一个无底洞。但在吸毒者的意识里，毒品就是一切，吸毒者为了获取购买毒品所需的钱财，会不惜一切代价，非常容易走上极端，当其无法通过正常渠道获得所需的钱财时，最终几乎无一例外地走上偷盗、抢劫、贩毒、凶杀等违法犯罪的道路。

对捕鱼机的好奇心使大学生付出巨大代价

某大一新生在一个周末到舅舅家做客，午饭后到游戏厅玩，看到有人在玩捕鱼机，虽听人说起过玩捕鱼机的危害——“容易上瘾，且逢赌必输”，但耐不住好奇心，便首次充了10元玩捕鱼机，从此埋下了祸根。

该生此后一到周末就去舅舅家附近的游戏厅玩捕鱼机。长此以往他便上了瘾，打听到学校附近有安装了捕鱼机的场所后，便经常旷课去玩捕鱼机，家里给的生活费他除了用于吃饭，大部分用于玩捕鱼机，还向父母撒谎骗钱，以及向周围的同学借钱。3个月后，该生就借债上万元，然而所需赌资越来越多，而且经常拆东墙补西墙。父母疑心该生要钱的次数和数额，便一再追问钱的去处，该生每次都撒谎搪塞过去，却仍旧无法收手。长此以往，该生输掉了志气、输掉了理想、输掉了脸面，面对来自各方的压力，他选择了跳河轻生，幸好被路人救了起来。

点评：如今赌博的形式花样百出，有的具有娱乐性，尤其是对喜欢追求新鲜的大学生来说，一旦沾染很容易上瘾。如果大学生自制力差，轻易地去尝试，就极可能陷入赌博的旋涡，遭其毒害。

（二）大学生沾染黄、赌、毒的原因

大学生沾染黄、赌、毒的原因各种各样，总体上，可以归纳为以下常见因素。

- **法律意识淡薄。**法律意识淡薄是大学生沾染黄、赌、毒的一个重要原因。例如，一些大学生错认为制作、传播淫秽物品，或参与赌博是个人行为，没有触碰法律底线；一些大学生则错认为制毒贩毒才是违法行为，吸毒不是违法行为等。
- **好奇心驱使。**好奇心是人类的天性，大学生刚开始独立生活，对许多事物都有极大的兴趣。一些大学生对黄、赌、毒的严重危害认识不足，加之缺乏自制力，若无正确引导，一旦沾染黄、赌、毒，很容易深陷其中。而一些大学生即使知道黄、赌、毒的严重危害性，但具有侥幸心理，认为自己尝试后可以脱身而以身犯险。
- **生活无聊，追求刺激。**一些大学生除了学习，生活中缺乏兴趣爱好，不喜欢运动，也不与人交往，时常觉得生活无聊、精神空虚，除了学习无事可做。偶然接触黄、赌、毒后，就仿佛找到治病良方，为追求刺激、排遣寂寞而一步步走向罪恶的深渊。现实中，因生活无聊、精神空虚而身陷黄、赌、毒的人不在少数。
- **被不良人员引诱。**一些大学生与不良人员接触、交往，在不良人员的诱惑、唆使、哄骗下，自制力差、意志力薄弱的人就很容易中招。
- **遭遇挫折，自甘堕落。**一个人遭遇挫折、态度消极时，意志力就会变得薄弱。如果自甘堕落，那么面对黄、赌、毒将毫无招架之力；甚至有的人会主动通过黄、赌、毒来麻痹自己，以求得暂时的解脱，但最终只会陷入更大的烦恼之中。

（三）坚决杜绝黄、赌、毒

我们应该明白沾染罪恶，则必定被罪恶腐蚀的道理。尝试黄、赌、毒容易，但戒掉难。要想远离黄、赌、毒，应坚决杜绝黄、赌、毒。

- **认识黄、赌、毒的严重危害性，增强法律意识。**大学生要正确认识黄、赌、毒的严重危害性。黄、赌、毒不仅损害个人身心健康，造成家庭财产损失，还具有严重的社会危害性。大学生要增强相关的法律意识，坚决做到不看、不传播、不制作和不贩卖淫秽物品，不参与赌博，不吸毒、不贩毒，做一个心理健康、遵纪守法的人，建立远离黄、赌、毒的关键防线。
- **提高自制力，杜绝侥幸心理。**大学生要提高自制力，不要为追求时髦、猎奇、寻求刺激而沾染黄、赌、毒；大学生还必须杜绝侥幸心理，抵制不良诱惑，否则从以身试险到以身试法，终将酿成恶果，付出惨痛代价。
- **培养积极的兴趣爱好，参加健康有益的文娱活动。**大学生在大学阶段应培养积极的兴趣爱好，如下棋、打球、武术、舞蹈、摄影等。同时大学生应积极参加有益健康的文娱活动，把时间和精力花在这些事上，避免孤僻的生活方式，这样既能锻炼自己的个人能力，又能让自己的生活充实、精神饱满，还能使身心健康，远离不良嗜好。
- **谨慎结交朋友，从善如流。**大学生要洁身自爱，不与不良人员交往，以免使自己因与不良人员交往而处于危险处境。同时，大学生要读好书、交好友，明辨是非，分清黑白，乐于接受他人善意的劝诫和劝阻，远离黄、赌、毒。
- **正视挫折，乐观地面对生活。**“宝剑锋从磨砺出，梅花香自苦寒来”，大学生应正视人生道路上的挫折，把它当作人生路上的一个小关卡，跌倒了再爬起来，乐观地面对生活。尤其不能自甘堕落，更不能用黄、赌、毒来麻痹、作践自己。

拓展阅读

法律法规对涉黄人员和行为的惩处规定

拓展阅读

法律法规对涉赌人员和行为的惩处规定

拓展阅读

法律法规对涉毒人员和行为的惩处规定

案例阅读

大学生误入歧途，“以卖养吸”深受毒害

小刘家境普通，上大学后父母给的生活费不多，因此小刘总觉得钱不够花。进入大学后，环境的变化让小刘与社会上的人接触得越来越多，看着别人光鲜亮丽、名牌傍身，小刘的虚荣心不断膨胀，其社会交往关系也越来越复杂。

一次在酒吧玩耍，有个男生加了小刘的微信，两人因聊天有共同话题而成为朋友，后来也经常在一起玩耍。有一次，小刘在这个男生的怂恿下第一次尝试了毒品，有了第一次就有第二次……小刘彻底沾上了毒品。但吸毒需要大量毒资，小刘没有正常收入，每月的生活费也不能满足其吸食毒品的需要，于是在该男生的介绍下，小刘贩卖起了毒品，不惜走上了“以卖养吸”的违法犯罪道路。不久后，小刘在一次毒品交易中被逮捕。

点评：大学生面临复杂的社会环境时，要提高自制力，自觉抵制各种不良诱惑，对不良环境与不良人员坚决说“不”。特别是要增强人身安全意识，对黄、赌、毒保持高度警惕，因为一旦沾染其中的任意一项，就可能上瘾，进而走上违法犯罪的道路，自食恶果。

第二节 保障财产安全

大学是通往社会的过渡阶段，在大学生活中，大学生虽然已经能够接触很多社会事件，但往往缺少社会经验，加之防范意识不强，偷盗、诈骗、抢劫等威胁财产安全的犯罪行为时常发生在大学生身上。为避免财产安全受到侵犯，大学生一要依靠国家行政机关、司法机关、学校保卫部门等的保护，二要凭借自己对财产安全的防范意识和基本常识进行自我保护。

【学习目标】

◎ 增强财产安全防范意识。

◎ 掌握防盗、防诈骗与防抢劫的基本知识。

一、防盗

以大学生的财物为侵害目标，采取秘密的手段进行窃取并实施占有行为的盗窃，是大学中常见的一种犯罪行为，其涉及的被盗物品主要是现金、银行卡、自行车，以及笔记本电脑、手机、数码相机等数码产品，盗窃案件的多发地点主要包括学生宿舍、教室、图书馆、餐厅、公交车和商场等。盗窃案件对大学生的危害不言而喻，所以大学生要提高警惕，保持良好的防盗习惯。

（一）大学盗窃案件的表现形式和主要特征

下面简要介绍大学盗窃案件的表现形式和主要特征，使大学生对大学盗窃案件有基本的了解，帮助其增强防范意识。

❶ 大学盗窃案件的表现形式

根据作案主体进行分类，大学盗窃案件可分为内盗、外盗和内外勾结盗窃三种类型。

- **内盗。**内盗指学校学生及学校内部管理服务人员实施盗窃的行为。这类案件具有隐蔽性和伪装性，作案分子往往凭借自己熟悉盗窃目标的有关情况，寻找作案时机，因而易于得手。
- **外盗。**外盗即校外社会人员在学校实施盗窃的行为。作案分子通常携带作案工具，如螺丝刀、钳子、塑料插片等，冒充学校人员或以找人为名进入校园，盗取学校资产或师生财物。
- **内外勾结盗窃。**内外勾结盗窃即学校内部人员与校外社会人员相互勾结后，在学校内实施盗窃的行为。这类案件中的内部人员社会交往关系一般比较复杂，与外部人员存在一定的利害关系，往往与其结成团伙，形成盗、运、销一条龙。

❷ 大学盗窃案件的主要特征

一般盗窃案件都有以下共同点：实施盗窃前有预谋、有准备；盗窃现场通常遗留指纹、脚印、物证等；盗窃手段和方法常带有习惯性；有被盗窃的赃款、赃物可查。由于大学盗窃案件的特殊性，其一般具有以下特征。

- **作案人员的特定性。**一般而言，在大学盗窃案件中，作案分子主要是学校周边的无业人员及来校务工人员，这些人熟悉目标学校的环境、学校师生与工作人员的作息时间、学生出入校园的时间，以及学生离校后频繁出入的场所。在学生宿舍区发生的盗窃案件中，作案人员主要是校内学生，因为他们熟悉宿舍环境，在宿舍盗窃很容易得手。
- **作案时间的规律性。**大学生有自己独特的学习、活动和生活规律，这些规律直接影响和制约着作案人员盗窃行为的具体实施。一般而言，作案分子主要选择以下时间实施盗窃：师生、员工上课、上班期间；校内举办各种大型活动期间；新生入学期间；期末复习考试期间。盗窃成功后，作案分子往往产生侥幸心理，加之报案的滞后和破案的延迟，作案分子极易屡屡作案而形成持续性的大学盗窃案件。
- **作案方式的多样性。**作案分子往往针对不同环境和地点，选择对自己较为有利的作案手段，以获得更大的利益。作案手段主要包括顺手牵羊、浑水摸鱼、乘虚而入、翻窗入室、撬门扭锁、盗取密码等。
- **作案动机的复杂性。**大学盗窃案件特别是内盗中的作案分子主要是学生，他们盗窃的原因主要包括追求时髦、盲目攀比、经济透支、无生活来源、报复泄愤、人生观和价值观发生扭曲、法律意识淡薄等。

一时大意，丢失珍贵手表

某校学生小孟起床晚了，为了尽快赶到教室，慌忙洗漱，在洗漱时顺手将手表解了下来。胡乱完成洗漱后，小孟拿起书本就向教室跑去。

下课后小孟立马返回寝室想要重新梳洗一番，刚到寝室门口发现寝室的门是开着的，他想可能是哪位同学比自己先回到寝室，就没多想。仔细梳洗了一番后，当他习惯性地看手表上的时间时，才回想起来自己上课前洗漱时，把手表放在了寝室的桌子上，而现在桌子上空空如也。小孟意识到，自己离开寝室时没有关门，手表可能被盗了，他马上联系了校保卫处。丢失的手表是小孟父亲送给他的生日礼物，对自己的疏忽大意，小孟非常懊恼。

点评：寝室是学生存放重要财物的场所，也是非法分子重点关注的场所，而上课期间寝室无人，他们也就有了可乘之机。所以，大学生要增强防范意识，外出时，要记得关门并养成随手关门的习惯，另外，不要将重要财物随意放在显眼的地方。

（二）大学生防盗注意事项

面对时有发生的危及大学生财产安全的事件，不管是大学生还是校园安保部门都必须提高警惕。大学盗窃案件大部分是因为没有做好防范工作而造成的，因此，大学生必须增强防盗意识，学习和掌握防盗常识和技巧，防止因自己的疏忽大意给盗窃分子可乘之机，避免自己财产损失。

除了宿舍防盗，大学生还要注意以下防盗事项。

- **图书馆、自习室防盗事项。**去图书馆和自习室时，不携带大量现金和贵重物品，否则要做到现金、贵重物品不离身；进入图书馆、自习室后，不用背包、衣服等物品占座，衣服、钱包和背包等不能随意放在桌椅上；尽量不在图书馆、自习室睡觉，否则要让身旁的同学看护自己的物品；需暂时离开时，应带走自己的物品或交给同伴代管。

- **食堂、餐厅防盗事项**。去食堂就餐时，背着背包的同学要注意身后的情况，以防有人浑水摸鱼；手机、钱包等贴身放好，养成经常有意识地碰触、摸探衣服、裤子口袋中物品的习惯；排队时，注意挤靠、贴近自己或他人的人。去校外餐厅就餐时，应选择环境较好的餐厅，不去人员复杂、秩序混乱的餐厅；看管好自己的物品，尽量不与陌生人攀谈，若有陌生人上前搭讪，要多留一个心眼，看护好自己的私人物品。
- **运动场所防盗事项**。去运动场所锻炼时，不携带大量现金和贵重物品；物品集中放置于离运动地点较近的位置，最好交由同伴看管；离开前仔细清点物品。
- **网吧防盗事项**。应选择管理规范的网吧上网，且不携带大量现金和贵重物品；上网过程中不用手机时，要将手机贴身放好，不要乱放在桌子上；衣服、背包等物放在身前，切记不能挂在椅背上；注意自己座位周围情况的变化，有人来回在身旁踱步或挤靠自己时，要提高警惕；如果有人向自己询问事情，先把手机、钱包等物放好，再作答。
- **公交车防盗事项**。公交车上不做低头族，专心致志地玩手机的人容易成为盗窃分子的目标，给其可乘之机；公交车上不露财，钱包、手机等物贴身放好，在车厢内移动时保护好随身携带的物品；站立时注意避开有意紧贴你的人；养成有意识地碰触、摸探衣服、裤子口袋中物品的习惯。
- **商场防盗事项**。逛商场时不要露财，钱包、手机等物贴身放好，背背包的同学留意身后的情况；进超市购物时，不要将衣服、背包等放在手推车或购物篮里，以防不注意时被盗走；试换衣裤时，要把随身物品放在身前，或交由同伴看管；在人多的、热闹的地方，要特别注意保护好自己的随身物品，不要只顾着看热闹而疏忽大意。

大学生防盗的根本还是要增强防盗意识，养成良好的习惯。例如，离开住宿场所前随手关闭门窗。某校一学生到相邻的宿舍聊天，临走时没锁门，仅仅几分钟后回来就发现上千元的手表和数百元现金被盗，这让她后悔万分、痛苦不已。当携带有贵重物品时，大学生应注意观察自己所在场所周围的环境，留意可疑人员，做到贵重物品不离身。另外，大学生不要与社会不良人员交往，谨防因沾染偷盗的坏习惯而走上违法犯罪的道路。

在座无虚席的图书馆中笔记本电脑不翼而飞

大一学生小于每周六下午都有去校图书馆看书的习惯，这一次他带了笔记本电脑。他到了图书馆后，馆内已经坐满了学生，大家都在安静地看书。小于找了一个角落坐了下来，一边看书一边上网查阅资料。中途小于感觉有些疲劳，就起身去上厕所，想舒展一下筋骨，他把笔记本电脑放在了座位上，没有多想便往厕所方向走去。上厕所回来后，小于便慌了，他发现自己座位上的笔记本电脑已不翼而飞。由于其他同学都在专心看书且不认识小于，他向旁边的同学询问自己的笔记本电脑为何不见时，大家都不知道原因，小于立即向学校保卫处报告了情况。

点评： 大学生去图书馆、食堂、自习室等公共场所时要保持警惕，看管好随身物品，不要把贵重物品随意放在桌椅上。如果中途短暂离开，要么随身带走物品，要么请周围信任的同学帮忙看管。

> 想一想
>
> 回忆一下，自己或者熟悉的同学是否遭遇过盗窃事件？财物被盗是否有疏忽大意的原因？对此，你有何感想和建议？

（三）被盗后的应对措施

发生盗窃案件后，大学生不要惊慌失措，自乱阵脚，一方面要及时报案并保护现场，另一方面要及时报失，配合调查。

- **及时报案，保护现场**。盗窃案件发生后，及时拨打“110”报案。如果是校内被盗案件也可向学校保卫部门报告，并迅速组织在场人员保护好被盗现场，不要随意翻动自己被盗现场，否则若现场有关的痕迹、物证被破坏了，就不利于调查取证。在这个过程中，如果自己发现了可疑人员，可借助周围人群的力量设法将其拖住，等待有关部门的调查援助，同时防范盗贼狗急跳墙，做出伤人举动。在当场无法抓获盗贼的情况下，应记住盗贼的特征，以便向公安、学校保卫部门提供破案线索。
- **及时报失，配合调查**。发生盗窃案件后，要做好事后补救工作，如果发现存折、银行卡被盗，那么应尽快挂失。知情人员应当积极配合公安保卫部门的调查取证工作。有的人对身边发生的盗窃案件采取事不关己、高高挂起、不愿多讲的态度；有的人在调查人员询问时不敢详细说明有关情况，怕别人打击报复，怕影响同学的关系等，这些都是不可取的。

二、防诈骗

诈骗是指用虚构事实或隐瞒真相的方法，以非法占有公私财物为目的的犯罪行为。由于大学生较缺乏社会经验和辨别能力，容易麻痹大意，成为不法分子实施诈骗的重点对象。诈骗案件不仅使学生陷入经济困境，影响其正常的学习和生活，还可能使受害严重者陷入自杀或轻生的心理危机。因此，大学生应加强对诈骗的防范意识，学习和掌握防范诈骗的常识，防患于未然。

（一）常见诈骗手段

当前，大学生上当受骗的事件时有发生，针对大学生的诈骗手法五花八门。下面介绍一些不法分子行骗的惯用伎俩，帮助大学生识别诈骗行为，保护财产安全。

- **骗取信任，寻机行骗**。诈骗分子冒充学校内部工作人员、同乡等，假借交友、恋爱等与大学生拉近关系，获取大学生的信任后借机行骗。
- **利用同情心行骗**。有的诈骗分子假扮学生或学生家长等称自己发生意外，佯装可怜，利用大学生的同情心行骗。
- **编造突发事件行骗**。针对受害人的特殊心理编造突发事件实施诈骗，这是诈骗分子十分常用的行骗伎俩。例如，有的诈骗分子利用非法手段获取大学生的联系方式、通信地址及家庭基本情况，然后谎称自己是公安民警或通信公司人员，因查案或维修线路需要大学生将手机关机数小时；而诈骗分子则在大学生手机关机期间，给其家长打电话，谎称该学生突遭意外事故，以要求紧急汇款处理事情或进行救治等理由实施诈骗。
- **设置诱饵行骗**。诈骗分子利用部分大学生贪图便宜的心理实施诈骗。例如，发送中奖信息要求其缴纳“手续费”“工本费”等，或以免费消费为诱饵，实则等大学生消费后收取大量费用。
- **钓鱼网站行骗**。诈骗分子通过仿冒真实网站的网页地址以及页面内容，骗取个人财务数据，如信用卡号、财务账号和密码等私人资料。例如，诈骗分子通过“秒杀网”“一元秒杀”等信息，诱骗大学生点击钓鱼网站链接，从而获取其用户名、登录密码、支付密码、短信验证码等信息。
- **推销产品行骗**。诈骗分子利用部分大学生经验少又追求物美价廉的特点，上门推销产品，以次充好，欺骗大学生；或利用部分大学生急于赚钱补贴生活费的心理，以公司名义让大学生为其推销产品，事后却不兑现诺言和酬金，从而使大学生上当受骗。
- **盗用通信账号行骗**。诈骗分子通过非法手段，盗用大学生QQ、支付宝或微信账号等，然后冒充大学生本人以借钱之名实施诈骗。

- **虚拟贷款信息行骗。**诈骗分子群发提供低息甚至无息贷款的信息，当受害人联系诈骗分子时，诈骗分子要求其向指定账户汇入“手续费”“好处费”等，以诈骗钱财；或索要受害人的银行账户，再层层设套，窃取受害人的银行账户密码，通过网上银行将其存款迅速转走。
- **求职诈骗。**诈骗分子利用部分大学生急于勤工俭学、就业和出国等心理，应其所急，设置圈套施展诡计进行诈骗。
- **套取卡号行骗。**诈骗分子冒充银行工作人员、购物平台客服人员等，借故套取大学生的银行卡信息，然后转走、取走其存款。

（二）防范诈骗的措施

不管诈骗手段如何隐蔽、如何翻新，归根结底，诈骗分子就是利用人们趋利避害、贪图便宜或急于求成等心理实施诈骗。认识到这一点后，大学生就可以更好地做好防范诈骗的措施，增强防范意识。

大学生防范诈骗要注意以下事项。

- **保护个人信息。**不要随意告知陌生人自己的银行卡号、姓名及个人情况；在一般情况下，不要把自己的通信工具给陌生人使用；不要轻易在网络上留下自己详细的联系方式和个人基本情况，以防被人窃取；遗失身份证、银行卡后要及时挂失补办。
- **不贪图眼前小利。**不要因贪图眼前小利而进入消费陷阱，要有消费的自制力和明辨是非的能力；对手机上收到的中奖短信，不予理睬；使用正规网站购物、购车票、购飞机票；不点击陌生的或含有引诱、夸张信息的网络链接，谨防进入钓鱼网站；对意外飞来的“横财”“好运”，特别是陌生人提供的利益，一定要坚信天上不会掉馅饼。
- **谨慎交友，不感情用事。**“害人之心不可有，防人之心不可无”，不要听信陌生人的花言巧语，特别是网上交友时要有戒备之心，注意保护好个人信息；为取得大学生的信任，诈骗分子会提供一些伪造的证件（身份证、学生证等），此时大学生应仔细辨别其真伪；遇到事情不感情用事，在提倡助人为乐、奉献爱心的同时，也要提高警惕性，有的诈骗分子常常会雇用一些老人、小孩，编出种种凄惨故事，通过博取善良者的同情进行诈骗。
- **拒绝上门推销。**不要轻易购买上门推销的物品，如签字笔、笔记本、相册、钢笔等文具，化妆品、洗发水、运动鞋、笔记本电脑等物品，因为极有可能买到伪劣产品。
- **涉及钱款交易时核实信息。**QQ、微信、支付宝上一旦涉及钱款交易，一定要及时与本人联系和核实。如果发现自己被盗号，要及时冻结账号并更改密码；如果被人告知家庭突遭变故、索要钱财，不要轻信，应多方核实。
- **不提倡校园贷款，谨慎借款。**大学生在申请借款或分期购物时，要衡量自己是否具备还款能力。对于关乎自身信息、财产安全的事，要多方求证，不要轻易相信他人的一面之词，更不要轻易透露个人信息，甚至将身份证借与他人使用。若发现危险，应及时报警。
- **通过正规渠道求职就业。**大学生求职就业一般要到政府和学校组织的人才交流市场。如果是经亲友、同学介绍的就业机构，除上网核实外，本人可到所在单位问明情况；进行校外兼职前，要查看对方资质，在应聘过程中若遇到索要身份证、交押金保证金的情况，应立即拒绝并离开。因为按照国家规定，用人单位不应收取任何费用。
- **如遇危机，积极寻求援助。**在遇到自己判定不了的情况时，应及时向辅导员、班主任或学校保卫部门寻求帮助，也可拨打“110”咨询求助。

遇骗时幸得同学相助避免财产损失

某校女生小静出校途中，突然被一女青年挡住去路。女青年说小静得罪人了，现在有麻烦，但是她可以帮小静解决问题。小静不知所措，该女青年又说：“如果你不相信，就把手机给我，我打个电话向你证实。”稀里糊涂地，小静就把自己的手机递了出去。该女青年在佯装打电话的同时很快就跑开了。小静这才意识到自己上当了，慌忙呼喊，在周围同学和行人的围追堵截下，这名女青年被拦截了下来，随后小静报了警。

点评：大学生如果突然遇到陌生人上前询问事情，应多留一个心眼，提高警惕，辨别对方的言行举止是否异常，切忌把自己的东西交给别人。当场发现上当受骗后，应立即向周围人群寻求帮助，如果力量对比悬殊，可在保证人身安全的情况下悄悄跟随在犯罪分子身后，并立即报警。

（三）遭遇诈骗后的应对

遭遇诈骗后，大学生不能有所顾虑，应及时报案，既不要担心因财产损失而受到父母责备，也不要因自尊心强而怕受到他人奚落。报案时，大学生要如实向公安机关说明受骗的时间、地点和过程，以及损失的财物，并提供诈骗分子实施诈骗时使用的姓名、年龄、犯罪工具（如工作证、介绍信、其他遗留物），以及其外貌特征、口音、与诈骗分子的谈话内容、其暴露的社会关系等，协助公安机关侦查破案。

银行卡上莫名其妙多出的 5000 元让大学生上当受骗

一天，某校学生小吴收到一条银行卡入账 5000 元的短信，经查自己卡里也确实多了 5000 元。他很疑惑，因为最近没有人需要给自己转账，为此他给所有可能的人打电话求证。不久后，小吴接到一个陌生电话，听声音对方约莫是一位 40 多岁的中年妇女，她称自己因为不熟悉操作，把给儿子的 5000 元学费错转到小吴的账户上了，这些钱是自己辛苦筹集的，希望小吴把钱还给她。于是，热心肠的小吴没有多想，就按照对方的指示把 5000 元转回对方指定的账户。本以为自己做了一件好事，但令小吴始料不及的是，自己居然因此背上了一笔债务。

大约一个月后，小吴接到一个陌生男子的电话。该男子称小吴在他的公司借了钱，约定还款期限是一个月，月利率 2%，现在到期了，要求小吴还本息一共 6100 元。小吴觉得对方莫名其妙，因为自己从来没有申请过贷款，但对方将小吴的个人信息讲得一清二楚。这下小吴彻底懵了，意识到这可能是一个骗局，于是他立刻报了警。

警方调查了小吴的银行卡资金明细，发现那天小吴银行卡上突然多出的 5000 元是从一个网贷公司账户转入的。进一步调查该公司的资料后，警方发现：事发前，的确有人利用小吴的个人资料申请了贷款。至此，案件已十分明了：骗子通过非法手段获取了小吴的个人信息，并以此在贷款公司贷款。随后骗子再编造转账错误的理由，让小吴将那笔钱转到其提供的账户上。

点评：对于网贷，相信现在很多大学生心里已经有所防备。然而万万没想到的是，好心助人却让小吴背上了债务。由此可见，天上掉馅饼的事大多都暗藏危机、包藏祸害。遭遇意外之财时，大学生一定要保持高度警惕，同时保护好个人信息安全。一旦发现此类事情，要通过正规的途径处理，寻求相关帮助。

三、防抢劫

抢劫是以非法占有为目的，以暴力胁迫或其他方法将公私财物据为己有的一种犯罪行为。抢劫案件危害性极大，往往容易转化为凶杀、伤害、强奸等恶性案件，严重侵犯受害人的财产和人身权利。

（一）防范抢劫的措施

在针对大学生的抢劫案件中，案发时间多在午休时或天黑以后；案发地点多在偏僻、黑暗、人少的地带，如公园树林、偏僻人少的林荫小道、废弃的建筑物附近等；抢劫对象一是携带贵重财物、独自行走的，二是晚出晚归时无伴或少伴的，三是晚上独自或少伴滞留于偏僻、人少地带的；作案手段主要有团伙犯罪、驾车作案、跟踪作案等。根据这些特点，大学生可以有针对性地做好以下防范抢劫的应对措施。

- 独自外出时，尽量不携带贵重财物，并做到财不外露。
- 避免晚出晚归。有的大学生喜欢晚上出去玩耍，深夜或凌晨才归校，独自行走在人烟稀少的地方，容易成为犯罪分子的抢劫目标。
- 确需在晚上、深夜或凌晨外出时，应选择比较繁华和灯光明亮的路段行走，尽量结伴而行，必要时准备一些防卫工具。
- 不要在偏僻、黑暗、人少的地方，特别是在晚上不要在偏僻、黑暗、人少的地方逗留、玩耍、约会。
- 独自或少伴行走在偏僻、黑暗、人少的地带，要注意观察周围的环境，若发现形迹可疑的人，如不良人员在街头巷尾无所事事，注视、观察着周围的行人，要立即向有灯光、人多的地方走去，避免发生意外。在行走时，不要把手机拿在手上，要将包背在胸前，留意周围声响。
- 警惕车站帮人运送行李、介绍住宿、带路寻人的人，不要跟随其去往郊外或某个角落，防止无意之中陷入险境。
- 不要被陌生人的热情迷惑，谨防被引诱至既定场所后，被其同伙趁机抢劫。
- 不食用、饮用陌生人的食物、饮料，防止被下药而遭遇抢劫。
- 不要在晚上单独在银行取钱，平时取钱时要保持警惕，随时通过后视镜观察身后情况。
- 不要出入歌厅、酒吧等娱乐场所，这些场所也是犯罪分子常出没的地方。在这些地方出现的人容易成为犯罪分子跟踪的目标。
- 外出发现有人跟踪时，要向有灯光、人多的地方走，可以大胆地多盯对方几眼或大叫熟人的名字，让犯罪分子有所顾虑，并及时向公安保卫部门求助。

（二）应对抢劫的方法

抢劫严重威胁了大学生生命安全，造成了大学生生命和精神上的损害。大学生遭遇抢劫时，要根据情况尽量做到“五个不”。

- **不恐慌**。遭遇抢劫时，多数人都会感到紧张、害怕，但事关身家性命，因此要克服恐慌情绪，保持冷静。大学生要树立“正义必然战胜邪恶”的信念，从精神和心理上震慑对方，继而以灵活的应对方式战胜对方。
- **不蛮干**。犯罪分子实施抢劫时，一般都做了相应的准备，要么人多势众，要么以凶器相逼。

在遭遇持械抢劫时，若发现双方力量对比悬殊，尽量不要蛮干、莽撞抵抗，冲动行事容易受到人身伤害。

- **不胆怯**。若与对方相比力量相差不大，同时也具备反抗条件的时候，应及时发动进攻，先发制人；当有人经过或在与对方对峙时，应抓住时机大声呼救，使对方因心虚而放弃作案，争取被救机会；当自己已经处于对方的控制之下无法反抗时，可以先交出部分财物，与其周旋，为自己反抗或逃跑创造有利时机；利用有利地形和身边的砖头、木棒等足以自卫的武器与对方形成僵持局面，使其短时间内无法近身，以便争取援助时间并对犯罪分子造成心理上的压力。
- **不犹豫**。若争取到有利时机，要毫不犹豫地向有灯光、人多的地方奔跑，边跑边大声呼救，这既可以震慑犯罪分子，也可以引来援助者。由于犯罪分子作案心虚，所以其一般不会穷追不舍，从而可以有效避免自己被抢劫。
- **不放过**。尽量准确地记下犯罪分子的身高、年龄、发型、体态、衣着、口音等特征，以及身上是否有特殊标志，如痣斑、文身、残疾等，还要特别留意犯罪分子作案后逃窜的方向。这些线索对公安机关侦破案件、抓捕犯罪分子十分重要。脱离危险后，不要有所顾虑，应及时报案，这样既可以追回所失财物，也可以避免助长犯罪分子的嚣张气焰。

在林荫小道约会遭遇危险

小唐和小苏是情侣，星期天两人外出玩耍。傍晚天较黑时，他们向学校附近的林荫小道走去，这里平时人也很少，是他们秘密约会的地方。当两人走到小道中间位置，说得正兴高采烈时，身后突然蹿出两个年轻人抢走了小苏手上拿着的手机。小唐出于本能，急忙叫喊并追上去，抓住其中一人不放，另一个人突然从腰间掏出一把匕首气急败坏地朝小唐刺了几刀，然后逃跑，小唐当即倒下。幸亏小苏立即将其送往附近医院，小唐才得以救治。

点评：抢劫案例中的受害人是无辜的，但悲剧的发生并不全是纯粹的偶然事件。试想一个身单力薄的人走在灯火辉煌的闹市或走在四周黢黑的荒野山林，他在哪种情况下更容易遭遇抢劫，成为犯罪分子的作案对象呢？答案显然是后者。所以，大学生一定要谨记：应对抢劫妥当的方法是预防，避免身处危险的环境，不给犯罪分子可乘之机。另外，当与抢劫分子力量对比悬殊时，不能莽撞、蛮干，要确保自重安全。

自我测评

本次“自我测评”用于测试同学们的人身财产安全防护意识的强弱，共20道测试题。请仔细阅读以下内容，实事求是地作答。若回答“是”，则在测试题后面的括号中填“是”；若回答“不是”，则在测试题后面的括号中填“否”。

1. 你不听、不看、不传播淫秽物品。（ ）
2. 你不去治安管理混乱的娱乐场所。（ ）
3. 你无恋爱意愿时，会明确拒绝追求者。（ ）
4. 你真诚对待恋情，从不玩弄他人感情。（ ）
5. 你严格遵守校纪校规，不参与打架斗殴。（ ）
6. 你从不主动结交校外不良人员。（ ）

7. 你不独自到校外偏僻的地方玩耍。（　）
8. 你从不参与赌博。（　）
9. 你远离一切沾染毒品的可能。（　）
10. 你热衷于参加校内健康有益的文娱活动。（　）
11. 你养成了离开宿舍时随手关闭宿舍门窗的习惯。（　）
12. 你不携带贵重物品去图书馆、食堂等校内公共场所。（　）
13. 你不会在坐公交车时专心致志地看手机。（　）
14. 你在公共场所有碰触、摸探衣服、裤子口袋中物品的习惯。（　）
15. 你对手机中的一切中奖信息置之不理。（　）
16. 你回避一切在学生宿舍推销产品的行为。（　）
17. 你将大部分存款存放在银行卡中，并把贵重物品藏在隐蔽的地方。（　）
18. 若非特殊情况，你不会晚出晚归。（　）
19. 你不在偏僻、黑暗、人少的地方逗留。（　）
20. 你外出时，在车站、医院、码头等人员复杂的场所会保持警惕，注重保护自己的人身财产安全。（　）

以上填“是”的选项越多说明你的人身财产安全防护意识越强。不管在校内还是校外，保护人身财产安全不能大意或心存侥幸。保护人身财产安全有效的方法始终是改变自己的不良习惯，远离危险环境和处境。

过关练习

一、判断题

1. 在微信上涉及钱款交易时应核实信息。（　）
2. 遭遇性侵害时可以实施正当防卫。（　）
3. 贩毒是违法行为，吸毒不是违法行为。（　）
4. 长期观看淫秽物品对身心健康没有影响。（　）

二、单选题

1.（　）是以非法占有为目的，以暴力胁迫将公私财物据为己有的一种犯罪行为。

A. 盗窃　B. 诈骗　C. 抢劫　D. 敲诈

2. 不法分子采取暴力和野蛮手段、语言恐吓或使用利器等，威胁或劫持受害人，对受害人实施的性侵害是一种（　）。

A. 暴力型侵害　B. 胁迫型侵害　C. 诱惑型侵害　D. 社交型侵害

3.（　）是全球性的社会公害。

A. 淫秽物品　B. 盗窃　C. 赌博　D. 毒品

4. 吸毒会使身体产生（　），容易使吸毒者由于痛苦难忍而自杀身亡。

A. 戒除反应　B. 戒断反应　C. 毒性反应　D. 中毒反应

5. 根据作案主体进行分类，在大学盗窃案件中，（　）的作案人员是学校内部人员。

A. 内盗　B. 外盗　C. 校盗　D. 内外勾结盗窃

三、多选题

1. 发生盗窃案件后，应当（　）。

A. 及时报案　B. 保护现场　C. 配合调查　D. 防止报复

2. 下列做法正确的有（　）。

A. 通过赌博缓解学习压力

B. 上网时绝不浏览色情淫秽信息

C. 中途离开图书馆，请同伴代为保管私人物品

D. 在运动场所把衣服、财物放在远离视线的地方

3. 下列情形中，更容易使当事人成为犯罪分子的作案对象的有（　）。

A. 夜晚滞留在偏僻、人少的地方散心

B. 傍晚选择人多、灯光明亮的路线返回学校

C. 下晚自习后，到偏僻、人少的小道约会

D. 在人来人往的车站把手机随意地拿在手上

4. 大学生预防打架斗殴事件的发生，应当（　）。

A. 严格遵守校纪校规

B. 严于律己，宽以待人

C. 遇事冷静，克制情绪

D. 真诚化解纠纷或矛盾

四、思考题

1. 大学生如何避免上当受骗?

2. 大二学生小周喜欢周末晚上到网吧上网，每次都是凌晨 1、2 点才离开网吧。对此，你有何建议?

3. 阅读下面的材料，你有何启示和感想?

某派出所接到一起盗窃案件报案电话，报案人是一名在校大学生，称自己停在学校的电动车被偷。派出所接到报案电话后，立即就该案件进行走访调查。很快，办案民警通过查看学校周边的监控装置，经严密分析后，将嫌疑人锁定为一名大学生。经审查，这位大学生不是初犯，已参与多起电动车盗窃案件。经这名大学生供述，他偷盗的电动车都拿去卖掉了，以此来养活自己的女朋友。

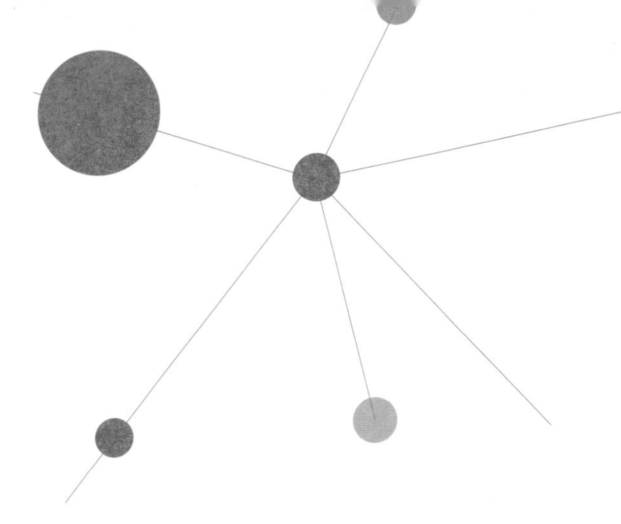

第六章 交通安全

道路因文明行驶而通畅，生活因出入平安而幸福。

——交通安全标语

随着社会经济的快速发展，交通越来越发达。便捷的交通虽然给我们的生活带来了极大的便利，但机动车辆的迅速增加不仅给交通管理带来更多压力，也让我们在享受交通便利的同时面临着交通安全隐患的威胁。因此，交通安全是我们每个人都应该重视的安全问题。首先，大学生要增强交通安全意识，懂得保护自己，懂得交通安全重于泰山的道理。其次，大学生要掌握必要的交通安全知识，养成自觉遵守交通规则的良好习惯。即使发生交通事故，也要遇事不慌张，冷静处理。

视频

第一节 预防交通事故

交通事故不仅会给人们的身体带来伤害，还可能会给人们留下心理创伤。交通安全的重中之重就是预防交通事故的发生，而预防交通事故既需要人们增强交通安全意识，又需要人们掌握必要的交通安全知识。

【学习目标】

◎ 增强交通安全意识，养成自觉遵守交通规则的良好习惯。

◎ 掌握交通安全常识。

◎ 认识基本的交通标志。

一、增强交通安全意识

增强交通安全意识是预防交通事故、保障交通安全的有效手段。不管在校内还是校外，发生交通事故主要的原因是当事人思想麻痹、安全意识淡薄。作为大学生，我们应具备交通安全意识，遵守交通规则。如果大学生交通安全意识淡薄，则很容易为其带来生命之忧。

（一）认识交通事故的危害性

交通事故是指车辆（包括机动车和非机动车）在道路上行驶的途中因过错或者意外造成的人身伤亡或者财产损失的事件。

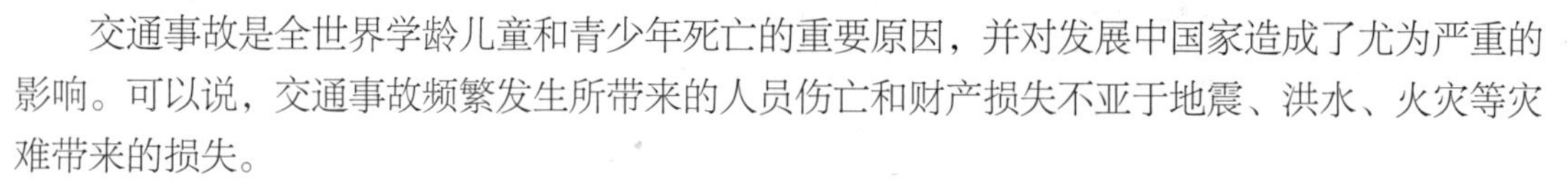

交通事故是全世界学龄儿童和青少年死亡的重要原因，并对发展中国家造成了尤为严重的影响。可以说，交通事故频繁发生所带来的人员伤亡和财产损失不亚于地震、洪水、火灾等灾难带来的损失。

❶ 对肇事者的危害

驾驶人因违反道路交通安全法律法规而造成交通事故，将面临三大责任：行政责任、民事责任、刑事责任。

- **行政责任。**驾驶人违反道路交通安全规定，将面临警告、罚款、拘留等行政处罚。
- **民事责任。**驾驶人造成交通事故，其违法行为与事故的发生构成因果关系的，对于损害后果要承担相应的民事赔偿责任。
- **刑事责任。**违反交通运输管理法规，因而发生重大事故，致人重伤、死亡或者使公私财产遭受重大损失的，处三年以下有期徒刑或者拘役；交通运输肇事后逃逸或者有其他特别恶劣情节的，处三年以上七年以下有期徒刑；因逃逸致人死亡的，处七年以上有期徒刑。

❷ 对受害者的危害

交通事故有可能使人受伤、致残，甚至死亡，无论哪一种危害结果对受害人的家庭来说都是一种沉重的打击。

- **对致伤人员家庭的危害。**交通事故使人受伤后，可能会打乱伤者正常的生活秩序，使其在医治过程中，丧失学习、工作的机会，或延误升学、就业、升职等，可能还会分散伤者家人的精力和时间。最终的赔偿也只是对伤者直接损失的补偿，无法弥补其他方面的间接危害，如心理上的障碍：以后害怕骑车、驾车，或过马路时过于谨小慎微。

- **对致残人员家庭的危害。**交通事故致人残疾后，身体上的伤害使其丧失生活、工作能力，个人的职业生涯、美好前景受阻；精神上的伤害使其承受巨大的精神压力，变得郁郁寡欢，甚至患上严重的抑郁症。同时，交通事故也给致残人员的家人带来打击与痛苦，使其家庭医疗费用支出增加、家庭日常开支增加，甚至失去劳动力、失去经济收入来源等。
- **对死亡人员家庭的危害。**交通事故致人死亡后，受害人的家庭变得残缺不全，失去劳动力或经济收入来源等。而且，交通事故会带给死亡人员的亲人无法估量的痛苦、难以愈合的创伤、难以走出的阴影，这有可能影响或改变他们的未来。

❸ 对社会的危害

交通事故无论是造成人员伤亡还是财产损失，都会对社会资源造成浪费。如果没有发生交通事故，就不会造成人员伤亡和财产损失，这些在事故中伤亡的人员和受到损坏的财产就可以继续为社会发挥效益。同时，交警赶赴现场处理事故、医院组织医务力量抢救伤者、消防参与救援等会增加社会成本，事故现场导致交通受阻或中断也会对国民的生产和生活产生影响。

【警钟长鸣】

交通事故是威胁大学生生命安全的隐形杀手，其危害是巨大的。大学生一旦遭遇交通事故，结果往往令人痛心，造成的损害通常难以挽回。因此大学生一定要重视交通安全，不能存有侥幸心理。增强交通安全意识并逐步养成自觉遵守交通规则的良好习惯，对大学生来说刻不容缓。

（二）重视交通安全

大学生认识到交通事故的危害性后，就要重视交通安全。在网络发达、信息爆炸的时代，大学生通过网络能够接触海量的网络信息，也会看到交通事故的新闻报道。一些大学生虽然对交通事故的发生表示惋惜，但他们可能会因这些事情没有发生在自己身上，或不是发生在自己身边，而不重视。实际上，对于那些因违反交通规则而发生的交通事故，大学生应该引以为戒，提高警觉，更加重视交通安全。另外，大学生还要积极接受交通安全教育，例如，参加交通安全的讲座、培训课程或校内外的交通安全宣传活动，做“文明交通，安全出行”的参与者和提倡者等。

（三）掌握交通安全知识

大学生不仅要重视交通安全，还要掌握必要的交通安全知识。只有掌握了交通安全知识，大学生才知道如何遵守交通规则，才知道重视交通安全需要注意哪些交通出行事项，从而才能够有效避免交通事故的发生，切实保护好自身安全。

想一想

你的交通安全意识强吗？你是否有过不遵守交通规则的情况？违反交通规则时你有什么想法？你觉得应该纠正这样的行为吗？

（四）自觉遵守交通规则

自觉遵守交通规则是交通安全意识行为上的主要体现。很多交通事故的发生都是由于交通参与者不遵守交通规则。如今，私家车数辆迅速增加，高校与社会之间的联系越来越密切，私家车经常进出校园，大学生也常在校园内骑自行车、电动车，校园内人流量和车流量增加，在上下课的时候校园容易出现人车混杂、人车争道的现象。这些无疑给大学校园的交通管理带来更大压力，因此，大学生在校内外都要遵守交通规则，注意出行安全，避免发生交通事故。

校园内注意力不集中险酿祸

广东某高校学生李某眼睛近视，可他却喜欢在走路时戴着耳机边听音乐边看书，有时候车到了面前他才发觉。同学提醒他要注意，他却毫不在意。某天下午，他跟往常一样一边听着音乐，一边看着书向宿舍走去，经过一个十字路口时，一辆汽车从他左侧开过来，汽车鸣笛，他却丝毫没有避让的意思，结果汽车司机来不及刹车，将他撞倒，幸好车速不是太快，否则李某将有性命之忧。

点评：一些大学生刚刚离开父母和家庭，缺乏生活经验，交通安全意识比较淡薄，有的大学生还存着在校园内骑车和行走不会有危险的错误认识，这样很容易发生交通事故。注意力不集中是造成校园内发生交通事故的主要原因，其主要表现为一心多用，如在走路的同时听音乐、看书，或者左顾右盼、心不在焉等。

话题讨论

讨论主题：交通事故的危害

讨论内容：谈起交通事故，同学们无不感到遗憾、难过，谈起事故造成的人员伤亡，无不扼腕叹息，这些血的教训为同学们敲响了警钟！在感叹、唏嘘之余，请同学们说一说交通事故的危害及其带给我们的警示。

二、交通安全常识

大学生除增强交通安全意识外，还要掌握交通安全常识，包括一些交通出行注意事项和基本交通规则。

（一）步行安全常识

同学们在道路上步行时，应具备以下安全常识。

- 步行时要走人行道，在没有人行道的地方要靠右侧行走，避免靠近路中央，不要在车行道上行走或停留。
- 步行时要集中注意力，不要嬉戏打闹，不要东张西望，切记不能在车流量大的地方一边走路一边看书、看报、听音乐、玩手机等；也不要为了方便省事而翻越路边的护栏或其他隔离设施，更不能实施扒车、拦车、追车、抛物击车等妨碍道路交通安全的行为。
- 横过马路时，要走地下通道、过街天桥或人行横道。
- 横过马路时，在不设地下通道、过街天桥或人行横道的区域，要“一慢二看三通过”。一是要慢下来，注意倾听有无车辆驶近的声音；二是观察近处是否有车辆驶来，若有车辆驶来，要注意辨别来车的速度和方向，如果车速很快，即使相隔较长距离，也宁可让来车先过；三是要快速直行横过，不能斜穿道路或者猛跑，也不能在道路上随意慢行，更不能停下来做系鞋带、捡东西之类的事情。
- 横过马路时，若走设有交通信号灯的人行横道，则绿灯亮时方可通行，红灯亮时禁止通行。若在没有交通信号灯的人行横道，则要注意行驶中的车辆，不要在车辆临近时抢行，要确认安全后再通过，且不能打闹、猛跑。
- 横过马路时，当马路对面有熟人、朋友呼唤，或者自己要乘坐的交通工具已经进站时，千万不能贸然猛跑，以免发生意外。

- 在道路上不得使用滑板、旱冰鞋、暴走鞋与飞轮鞋等滑行工具。
- 在雨雪天和雾霾天，要放慢行走速度，以便更好地观察周围的交通情况，可以穿着色彩鲜艳的衣服，以便司机尽早发现。路面有雪或结冰时，步幅要放小，防止滑倒后摔伤。
- 夜间走路时要格外小心，一要观察路面情况，防止跌倒至路旁的阴沟里或施工处的土坑里等；二要观察周围有无车辆往来。
- 结伴出行时，不能在道路上追逐打闹，应注意观察周围的交通情况；集体出行时，应有秩序地列队行走，防止发生意外。

警惕校内交通安全事故

2021 年 9 月 5 日早上 8 点 45 分，某校一名女学生被正在倒车的快递货车碾轧，造成重伤。令人遗憾的是，该女生经抢救无效于当晚 8 时左右宣布死亡。据有关新闻报道，该女生年仅 22 岁，到学校报到仅三天，而事发地是一个集中寄取快递的地点，且临近学生宿舍楼，是一个可以行车的通道。该事件引发了社会的广泛关注，大众对交通事故造成人员死亡的结果痛心疾首，也对校园交通安全问题展开了广泛讨论。

点评：这起不幸事件令人痛心，被撞女生的青春永远定格在了 22 岁，其家庭受到了难以挽回的损失！从这起交通事故可以看出，学校的交通安全管理可能存在问题，驾驶人员疏忽大意，因此发生了这起交通安全事故。因此，大学生为了保证自身安全，要增强交通安全意识，时时刻刻提防交通事故这位隐形杀手。针对类似情景，大学生要避开车辆，绕道而行，不要在车身后方行走。总之，为了安全起见，大学生要小心、谨慎，避开一切可能的安全隐患。

（二）骑车安全常识

骑车主要指骑自行车。自行车是大学生学习和生活中的重要代步工具，大学生应当掌握一定的骑车安全常识，以保证自身和他人的安全。

- 要随时查看刹车、车铃、车胎、链条是否完好。
- 要在非机动车道上靠右行驶，不逆行，不闯红灯，要听从交警指挥，服从管理。
- 要在转弯处提前减速，看清四周情况，伸手示意后再转弯。
- 要在交叉路口减速慢行，注意来往的行人和车辆。
- 超越前车时，不要靠得太近，也不能妨碍被超车辆的行驶。
- 横过机动车道时，须下车推行。有人行横道时，应当从人行横道通过；没有人行横道或其他过街设施时，要在确认安全后径自通过。
- 刹车失效时，要下车推行，不要突然停车；下车前须伸手上下摆动示意，不得妨碍后面车辆的行驶。
- 不得在禁行道路、人行道或机动车道内骑车。
- 不得在骑车时戴耳机听音乐，要集中精力、专心骑车。
- 不得在骑车时手中持物、双手离开车把，或多人并骑、互相攀扶、互相追逐打闹。
- 不得在骑车时牵引车辆或被其他车辆牵引。
- 不得酒后骑车，不得骑车载人，不得擅自加装动力装置。
- 雨雪天骑车时，要更加集中精力，减慢骑行速度，不要猛捏刹车，不要急转弯，应与前面的行人、车辆保持较远距离；要穿雨衣、雨披，不能一只手持伞、另一只手扶着车把骑行。

骑“飞车”的安全隐患

某校学生张某因上网到次日凌晨四点多才休息，所以一觉醒来已快到上课时间，他起床后顾不得洗漱便匆匆下楼，骑上自行车飞快地朝教室奔去。当他骑到一个下坡向右转弯的路段时，本来车速已很快了，但他还觉得慢，便猛地加速，这时，迎面来了一辆小汽车，因车速太快张某避让不及，连人带车掉进了路旁的水沟里，致使自己右胳膊骨折，自行车严重损坏。

点评：骑“飞车”是校内交通事故发生的重要原因之一。一般高校校园面积较大，宿舍与教室、图书馆等之间的距离较远，所以许多大学生用自行车作为代步工具，在课间或下课后穿梭于宿舍与教室、图书馆之间。但是有的大学生时常炫技，车速飞快，殊不知，速度过快，如遇紧急状况，容易躲避或处理不及，这就为交通安全埋下了重大隐患。

（三）驾车安全常识

电动车、摩托车、小汽车由于驾驶简单，为人们的出行带来了许多便利。因此，有的大学生购买了电动车或摩托车，将其作为自己的代步工具；有的大学生在校期间已经考取了汽车的驾驶执照，并且能够上路驾驶汽车。一个大学生驾驶员应该掌握以下基本的驾车安全常识。

- 严格遵守交通规则和有关规定，驾驶车辆时必须证照齐全，不驾驶与证件不符的车辆。
- 要随时检查车辆的各种仪表、转向机构、制动器、灯光等是否灵敏有效。
- 要在启动车辆前确认周围无障碍物或行人。
- 驾驶车辆通过泥泞路面时，应保持低速行驶，不得急刹车。
- 车辆陷入坑内后，如用车牵引，应有专人指挥，互相配合。
- 严禁酒后开车，严禁超速开车，严禁带病开车，严禁在道路口或交叉路口上停车。
- 严格区分车道的职能，分车道行驶，保证车流畅通。一般情况下走主行车道，只有超车时才使用超车道。
- 不疲劳开车，不急躁开车，不赌气开车，不开有机械故障的车。
- 不要在主线车道上倒车、掉头、横穿。
- 不要妨碍执行任务的消防、急救、公安、抢险等车辆的通行。
- 驾驶车辆拐弯前，应打开转向灯，减速鸣笛，观察周围情况。
- 超车时，应估计好距离和双方车速。情况正常时，应鸣笛并打开左转向灯，从超车道超越前车，不要从右侧超车。

无证驾驶的巨大危害

某校学生未取得机动车驾驶证，在未戴安全头盔的情况下驾驶摩托车，载着另外两名学生沿国道行驶，行驶至交叉路口时，遇对向重型特殊结构货车转弯行驶，驾车学生采取措施不及，致摩托车与该货车前保险杠右侧等部位发生碰撞，造成驾车学生当场死亡，另外两名乘车学生经送医院抢救无效后当天死亡。

点评：无证驾驶是非常严重的交通违法行为，更是重大交通安全隐患之一。无证驾驶者大多没有经过正规的培训和考试，缺乏必要的交通安全知识、基本驾驶技能和安全驾驶心理，一旦遇到突发情况容易惊慌失措、手忙脚乱，最终引发交通事故甚至车毁人亡。

（四）乘坐各种交通工具的安全常识

大学生离校、返校、外出旅游、进行社会实践、寻找工作时，都要乘坐长途或短途的交通工具。全国各地高校大学生因乘坐交通工具发生交通事故的情况时有发生，教训十分惨重。大学生必须掌握乘坐各种交通工具的安全常识，以保障生命财产安全。

❶ 乘坐汽车的安全常识

大学生应掌握以下乘坐小轿车、公交车、长途客车等的安全常识。

- 不乘坐非法车辆，不乘坐超载车辆。
- 严禁携带易燃、易爆、有毒等危险品乘车。
- 不要在车行道上招停出租车、网约车。
- 车停稳后，先下后上，不要争抢。
- 乘车时，严禁妨碍驾驶员正常驾驶操作。
- 乘车时，不得将身体任何部位伸出窗外，以免被过往车辆刮伤，也不要向车外投掷杂物，以免伤及他人。
- 乘车时要坐稳扶好，没有座位时，应握紧扶手，稳定站立，以免车辆急刹车时摔倒受伤。
- 乘坐货运机动车时，不得站立或坐在车厢栏板上。

乘车时不要疏忽大意

小张是某大学大一新生，她习惯在乘车时玩手机。一次外出乘坐公交车时，她像往常一样，一上车就低头全神贯注地看手机浏览新闻。乘车途中，公交车突然急刹车，小张因没有站稳扶好，便摔倒在车上。后经诊断，小张右胫腓骨骨折、右踝软组织损伤。

点评：许多同学在乘车时，一上车便全神贯注地玩手机等电子产品，无暇顾及携带的物品，这样容易给不法分子可乘之机，导致财物损失，或者遇到突发状况，反应不及，酿成悲剧。因此，大学生在乘车时不能疏忽大意，一定要小心谨慎。

❷ 乘坐地铁的安全常识

地铁作为一种快捷的交通工具，给人们带来了很多便利。许多城市为了适应城市道路交通发展的需要，建立了地铁系统，以缓解地面交通拥堵的压力。地铁四通八达，运行速度快，运行平稳，已成为许多大学生生活中频繁乘坐的交通工具。因此，大学生有必要掌握乘坐地铁的基本安全常识。

- 严禁携带易燃、易爆、有毒等危险品进地铁站。
- 进出地铁站，乘坐自动扶梯时，不要拥挤，不要上下行走，要站稳扶牢；切勿将手提包或随身携带的重物放在扶手带上；如果穿着宽松的衣裙，则应当保证衣裙的边角、飘带远离梯级和扶梯侧挡板；踏上梯级和离开梯级时应注意安全。
- 地铁到站后，按箭头指示方向先下后上，注意地铁与站台之间的空隙，不要拥挤；切勿在屏蔽门灯和车门灯闪烁、关闭屏蔽门和车门的警铃鸣响时上下车；若有物品掉落至轨道，切勿自行捡取，可向地铁站工作人员寻求帮助。
- 地铁行驶中，要紧握扶手，不要凭空站立；提示到站时，不要倚靠车门，若要下地铁，则应提前行至靠近车门的位置，切勿在车门关闭时强行下车。

- 发生紧急情况时，要保持镇静，听从地铁站工作人员的指挥，同时要留意广播，迅速行动，快速离开地铁站。

❸ 乘坐火车的安全常识

如大学生因离校、返校或外出旅行等需要乘坐火车，应掌握乘坐火车的安全常识。

- 严禁携带易燃、易爆、有毒等危险品上车。
- 要在站台一侧的安全线内候车，来车后须等车停稳再上车，先下后上；严禁通过攀爬车窗上下车；严禁在站台上打闹和跨越铁轨线路。
- 要在候车时及乘车途中时刻保持警醒，看管好自己的物品。
- 不要在车厢里来回穿行，也不要在车厢连接处逗留，以免在上下车拥挤或紧急刹车时被夹伤、挤伤。
- 不要在列车行进中把身体部位伸出车窗外，以免被沿线的信号设备等刮伤。
- 不要随意与陌生人搭话攀谈，要提防不怀好意的人，更不要食用陌生人的食物。
- 睡上、中铺要挂好安全带，防止掉下摔伤。
- 不能乱动车厢内的紧急制动阀和各种仪表，以免导致事故发生。
- 火车有时会紧急刹车，当有所察觉时，应充分利用有限时间，使自己身体处于较为安全的姿势，或抓住牢固的物体以防碰撞。
- 如果在路途中突发疾病或丢失财物，要及时向乘务员或乘警反映，以免贻误处理时机。
- 如果处于危险环境，可用逃生锤打破窗户爬出去，或采取各种方式打破玻璃逃离车厢。

❹ 乘船的安全常识

如大学生因离校、返校或外出旅行等需要乘船，应掌握乘船安全常识。

- 不乘坐无证船只，不乘坐超载船只。
- 如遇浓雾、大风、大浪等恶劣天气，应尽量避免乘船。
- 严禁携带违禁品或易燃、易爆、有毒等危险物品上船。
- 严禁随意开关、挪动、搬用船上的广播系统、应急装置、消防救生等设备。
- 严格遵守船上的规章制度，绝不参观乘客止步区；严禁携带火种到处走动，须到指定的吸烟点吸烟；不在船头、甲板等地追逐打闹，以防落水。
- 妥善保管自己的物品，提高警惕，以防物品丢失、被盗。当发现作案分子或可疑人员时，及时向乘警或乘务员报告、检举。
- 上下船时不得拥挤、争抢，要排队按次序上下船，以免造成挤伤、落水等事故。
- 发生紧急情况时，要保持镇静，听从船上工作人员的指挥，迅速行动。

❺ 乘坐飞机的安全常识

如大学生因离校、返校或外出旅行等需要乘坐飞机，则应掌握乘坐飞机的安全常识。

- 登机前携带本人有效证件及机票办理登机手续，接受安全检查，以确保所携带的物品符合规定，消除事故隐患。
- 登机后了解安全须知，了解飞机上和安全有关的设备及其注意事项。
- 登机后，从关舱门后到打开舱门前都禁止使用手机，以免影响导航系统，威胁飞行安全。
- 登机后，如果坐在出口座位，千万不要拉动紧急窗口；紧急撤离时如果窗外没有危险，则要迅速打开紧急窗口，协助其他乘客撤离。
- 登机后，在飞机起飞和着陆前根据提示系好安全带。

- 飞机在飞行过程中常受气流影响产生颠簸，有些人可能会出现晕机现象，在登机前可服用防晕药，同时注意在飞机上减少活动。
- 飞机起飞和下降时要打开遮光板：一是为了观察窗外有无异常，若有异常可及时通知乘务员；二是发生紧急迫降后如果没能及时离机，也可以得到救援人员的及时救助。
- 飞机上禁止吸烟，否则容易引发火灾等重大事故。在飞机上吸烟的人违反了民航法，将受到罚款和拘留处理。
- 注意收听客舱广播：一是为了了解此次航班的航程和时间，以及途经的省市和山脉河流等；二是为了接收安全提示，包括正常的安全检查，以及特殊情况和突发事件的应对。

随堂活动

活动主题：交通安全常识知多少

活动内容：收集交通安全常识，制作安全宣传卡，并将其贴在教室里警示自我，也可以将其发放到别的班级进行宣传，以帮助大家养成良好的交通安全习惯，增强交通安全意识。

三、识别交通标志

交通标志又称道路标志、道路交通标志，是用文字、符号或图形向机动车、非机动车及行人传递引导、限制、警告或指示信息的道路设施。设置交通标志是实施交通管理、保证道路交通安全与顺畅的重要措施。大学生只有学会识别交通标志，才能更好地遵守交通规则，避免违规或发生意外，保证出行安全。交通标志主要有指示标志、警告标志、禁令标志和指路标志等。

（一）指示标志

指示标志通常为圆形或矩形的蓝底白色图案，用于指示车辆和行人按规定方向、地点行驶。图 6-1、图 6-2 所示为部分常见的指示标志及其说明。

图6-1 部分常见的指示标志（1）

图6-2 部分常见的指示标志（2）

（二）警告标志

警告标志通常为等边三角形的黄底黑边图案，用于警告驾驶人员注意前方路段存在的危险和必须采取的措施。图 6-3 所示为部分常见的警告标志及其说明。

图6-3 部分常见的警告标志

（三）禁令标志

禁令标志通常为圆形、等边三角形或正八边形的白底红边或红斜杠黑色图案，是根据街道、公路和交通情况对车辆加以禁止或适当限制的标志。图 6-4 所示为部分常见的禁令标志及其说明。

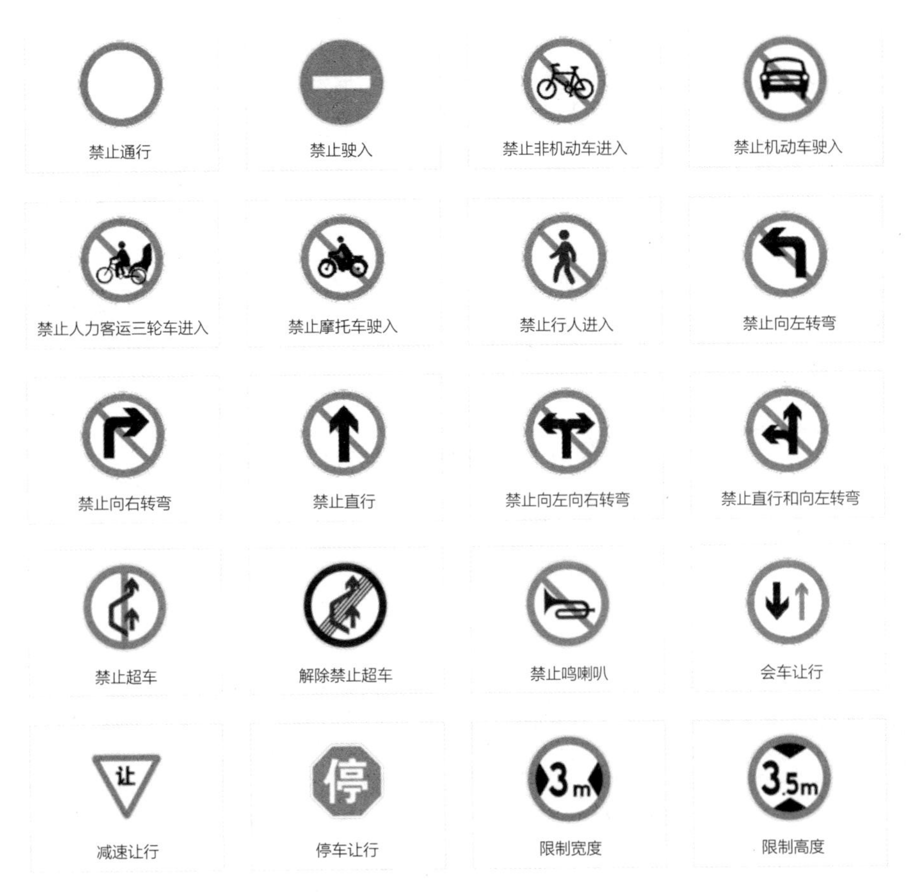

图6-4　部分常见的禁令标志

（四）指路标志

指路标志通常为矩形的蓝底白字和蓝底白色图案，用于指示市镇村的境界，目的地的方向、距离，以及高速公路的出入口、服务区和著名地点所在等，并沿途进行各种导向。图 6-5、图 6-6 所示为部分常见的指路标志及其说明。

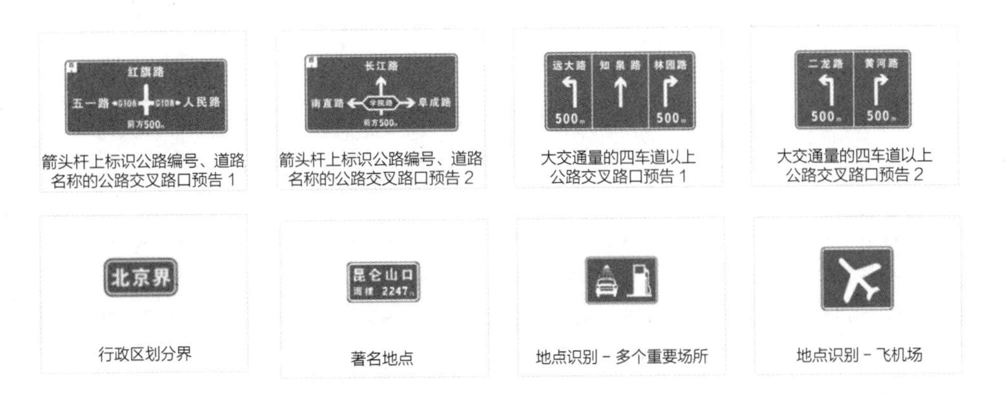

图6-5　部分常见的指路标志（1）

休息区 1

休息区 2

交通监控设备

人行天桥

人行地下通道

应急避难设施（场所）

残疾人专用设施

隧道出口距离预告

地点识别 - 急救站

此路不通

绕行 1

绕行 2

图6-6 部分常见的指路标志（2）

【警钟长鸣】

生活中，绝大多数交通事故的发生是因为当事人不认真遵守交通规则。其中，不能正确识别交通标志导致事故发生的案例也时有发生。作为受到良好教育的大学生，应当做到能识别常见的交通标志，这样才能更好地遵守交通规则。如果知道交通标志的含义还明知故犯，或存有侥幸心理、铤而走险，不仅会埋下安全隐患，同时如发生交通事故还要承担相应责任，到时候后悔也于事无补了。

第二节 处理交通事故

交通安全以预防交通事故为主，但若自己或同伴已发生交通事故，也不要慌张，尽量保持冷静，控制好情绪，避免发生激烈争执，同时在行动上应该根据现场情况灵活处理。下面介绍处理交通事故的 5 个要点。

【学习目标】

◎ 了解处理交通事故的相关事宜。

◎ 具备良好的心理素质，做到冷静应对交通事故。

一、及时报案

发生交通事故时，如果发生死亡事故、伤人事故，或者发生财产损失事故且有下列情形之一，当事人应当保护现场并立即报警。

- 驾驶人无有效机动车驾驶证或者驾驶的机动车与驾驶证载明的准驾车型不符。

- 驾驶人有饮酒、服用国家管制的精神药品或者麻醉药品嫌疑。
- 驾驶人有从事校车业务或者旅客运输，严重超过额定乘员载客，或者严重超过规定时速行驶嫌疑。
- 机动车无号牌或者使用伪造、变造的号牌。
- 当事人不能自行移动车辆。
- 一方当事人离开现场。
- 有证据证明事故由一方故意造成。

发生交通事故后及时报案，不仅有利于事故的公正处理，而且可以避免与肇事者私了时造成的不必要伤害。同时，大学生由于社会阅历尚浅，除了及时拨打“122”交通事故报警电话报案，还应与学校及时取得联系，由学校出面协助处理相关事宜。若当事人伤情或财产损失较严重，还要告知其父母或其他亲属。

需要注意的是，发生交通事故后当事人未报警，事后又报警请求公安机关交通管理部门处理的，公安机关交通管理部门会予以报案记录，并在3日内作出是否接受案件的决定。如果经核查交通事故事实存在的，公安机关交通管理部门应当受理；但经核查无法证明道路交通事故事实存在，或者不属于公安机关交通管理部门管辖的，不予受理。

二、保护现场

事故现场的勘查结论是相关部门划分事故责任的依据之一。

对于未造成人员伤亡的财产损失事故，当事人在现场拍照或者标划事故车辆位置后，可先撤离现场再协商处理，以提高轻微事故现场撤离效率，防范由此导致的二次事故；对于未造成人员伤亡的财产损失事故，当事人可以通过“交管12123”手机App等快捷方式自行协商处理，节省事故处理和理赔时间；对于当事人报警的未造成人员伤亡的财产损失事故，交通警察、警务辅助人员可以通过电话、微信、短信等方式为当事人自行协商处理提供指导；对事实成因清楚、当事人无异议的伤人事故，按照平等自愿原则，经当事人各方申请可以快速处理，缩短事故处理的周期。

若属于其他情形，当事人应当从以下几个方面保护交通事故现场。

- 不移动现场的任何车辆、物品，并要劝阻围观群众进入现场。对于易消失的路面痕迹、散落物，可用塑料布等可能得到的东西加以遮盖。
- 抢救伤者移动车辆时，应做好标记。
- 将伤者送到医院后，可以告知医务人员对伤者衣物上的各种痕迹，如轮胎花纹印痕、撕脱口等进行保护。
- 发生事故后，要持续开启危险报警闪光灯，并在来车方向50米以外的地方放置警告标志，以免其他车辆再次撞上。
- 对于油箱破裂、燃油溢出的现象，除及时告知警方及消防人员外，还要做好防范措施。需要注意，当燃油起火时，不能用水灭火，而要用沙子覆盖的方式来灭火，否则极易造成火势扩散。

大学生切记发生交通事故后要保护好事故现场，以便依法维护自己的合法权益。

三、控制肇事者

为防止肇事者设法逃脱责任，要做好控制肇事者的准备。如果肇事者想逃脱，一定要加以制止，自己不能制止的可以发动周围的人帮忙。如果实在无法制止，应记住肇事车辆的车牌号码、车型、颜色等主要特征，以及肇事者的个人特征。

四、及时救治伤员

发生交通事故，造成人员受伤的，当事人应当立即抢救受伤人员，及时拨打“120”请求救助，并迅速告知执勤的交通警察或者公安机关交通管理部门。因抢救受伤人员变动现场的，应当标明位置。这时要特别注意对现场伤情的处置，防止造成其他损伤。大学生可掌握一些简单的伤员救治常识，以便在救护车到达前为伤员争取宝贵的救治时间。

- 优先救助重伤员。
- 对于昏迷伤员，迅速解开其衣领，将其头部后仰，以保证其呼吸道畅通，防止其窒息。
- 对于呼吸、心跳骤停的伤员，应立即清理其上呼吸道，并对其进行人工呼吸。
- 协助运送脊柱、脊髓受伤的伤员时，务必谨慎、得当，避免其脊柱弯曲或扭转。

五、交通事故赔偿

车、物损失或人员轻伤的轻微事交通事故发生后，如果责任明确且双方当事人自愿，当事人可采取现场拍照等方式取证，并在撤离现场时将车辆移至不妨碍交通的地点后，协商处理赔偿事宜。当事人自行协商达成协议后未履行的，可以向人民调解委员会申请调解或者向人民法院提起民事诉讼。

交通事故发生后，如果当事人不能自行协商处理的，要依据法律规定进行处理。报警后，要协助交通警察收集各种现场证据，填好交通事故认定书，根据事故责任划分相应的赔偿比例，由公安交通管理部门召集双方当事人进行调解。如果当事人对交通事故赔偿有争议，可请求公安交通管理部门协商调解，如协调未果，可向人民法院提起民事诉讼。

话题讨论

讨论主题：如何应对交通事故

讨论内容：交通事故处理涉及报案、现场保护、救治伤员等事项，那么你认为发生交通事故时，应该先报警，还是先联系医院救治？救治伤员与保护现场该如何协调？请同学们分小组针对具体情况展开讨论。

自我测评

本次“自我测评”用于测试同学们的交通安全意识的强弱，共20道测试题。请仔细阅读以下内容，实事求是地作答。若回答“是”，则在测试题后面的括号中填“是”；若回答“不是”，则在测试题后面的括号中填“否”。

1. 你仗着技术好，经常在校园内骑“飞车”。（　）
2. 你认为车辆会礼让行人，所以外出时边走边戴着耳机听音乐。（　）
3. 你为了节省时间，在过马路时会翻越路边的护栏。（　）
4. 你和同学外出时，经常忽视周围来往的车辆，互相追逐嬉戏。（　）
5. 你认为校内不会发生交通事故，所以不管走路还是骑车都横冲直撞。（　）
6. 你认为在校内可以无证驾驶摩托车。（　）

7. 你乘车时习惯将手放在窗外。（　）

8. 你没有走人行横道的习惯，哪里近就走哪里。（　）

9. 你为了赶时间会闯红灯。（　）

10. 你乘坐同学的电动车或摩托车时，同学开“飞车”，你不会制止。（　）

11. 你驾车时，为了感受风驰电掣的感觉，喜欢超速行驶。（　）

12. 你在地铁站乘坐自动扶梯时会奔跑。（　）

13. 你乘坐飞机时，会偷偷地玩手机。（　）

14. 你不知道大多数交通标志，也不想去了解。（　）

15. 你即使知道交通标志的含义，仍然心存侥幸，执意违规。（　）

16. 你在地铁关门警铃响后仍执意上下车。（　）

17. 你不会听从同伴的劝阻，为了方便，即使违反交通规定也毫不在意。（　）

18. 你认为车辆会礼让行人，所以经过十字交叉路口时不会观察周围的车辆行驶状况。（　）

19. 你没有检查车辆性能的习惯。（　）

20. 你明知车辆出现故障，但只要暂时不影响行驶，就不会进行维修。（　）

以上填“否”的选项越多说明你的交通安全意识越强。如果全部填“否”，则说明你严格遵守交通规则，并养成了这样的好习惯，也懂得保护自己的安全。如果存在一些填“是”的选项，你就需要引起重视了，要及时改掉坏毛病，不要以为自己忽视交通安全的行为目前没有带给自己任何伤害，就毫不在意、心存侥幸，须知交通安全应防患于未然，一旦遭遇意外，造成的损害将难以挽回，且世上也没有后悔药。

过关练习

一、判断题

1. 红灯表示禁止通行，绿灯表示允许通行。（　）

2. 遇到交通警察现场指挥时，应当按其指挥通行。（　）

3. 在城区坐摩托车时，驾驶人应戴安全头盔，乘客可以不戴安全头盔。（　）

4. 现场没有交通警察时，可以靠坐在道路上的隔离设施上休息。（　）

5. 行人应当在人行道内行走，没有人行道则靠路边行走。（　）

6. 机动车在高速路上行驶时，乘客不准向外投掷杂物，但是可以站立。（　）

7. 骑自行车转弯时要加速行驶，尽快通过转弯路口。（　）

8. 禁令标志通常为圆形的蓝底白色图案。（　）

二、单选题

1. 骑车需转弯时应当（　）。

A. 无须示意　　B. 点头示意　　C. 伸手示意　　D. 语言提醒

2. 行人通过路口或者横过道路时，应当（　）。

A. 确保安全后慢悠悠地走过去　　B. 走人行横道或过街设施

C. 从相对路口径直走向对面　　D. 走到路中间遇到车辆又退回来

3. 行人遇到道路隔离设施时，应当（　）。

A. 等没有车辆通过时跨越　　B. 只有夜晚才能够跨越

C. 从设有人行横道的路段通过　　D. 直接跨越后过道

4. 交通事故报警电话是（　）。

A. 120　　B. 122　　C. 110　　D. 119

三、多选题

1. 在没有交通信号灯的路口横过马路时，应当（　）。

A. 听从交通警察指挥　　B. 确认安全后通行

C. 横冲直撞　　D. 加速跑过道路

2. 乘车时应该杜绝（　）。

A. 将头、手等部位伸出窗外　　B. 向窗外投掷杂物

C. 妨碍驾驶者正常驾驶　　D. 携带危险品上车

3. 不能使用（　）作为往返学校和家的代步工具。

A. 自行车　　B. 旱冰鞋　　C. 滑板　　D. 飞轮鞋

4. 发生交通事故后，下列情形中，可以自行协商处理的是（　）。

A. 未造成人员伤亡的财产损失事故

B. 责任划分明确，人员轻伤的轻微事故

C. 驾驶人有饮酒嫌疑的财产损失事故

D. 机动车无号牌的号牌财产损失事故

5. 在车辆没有停稳之前（　）。

A. 可以开车门　　B. 可以上下人

C. 不准开车门　　D. 不准上下人

四、思考题

1. 增强交通安全意识，养成自觉遵守交通规则有何意义？

2. 周某的女儿突发疾病，周某在饮酒后驾驶摩托车送女儿上医院的行为违反交通安全规定吗？为什么？

3. 阅读下面的材料，你有何启示或感想？

某校学生在毕业前夕搭乘一辆摩托车外出游玩，中途遭遇意外，摔倒在马路边，该学生头部受重伤，最终瘫痪。因为该摩托车系“野的”，无牌无证，医疗费得不到保险赔付。该学生本人和家庭陷入深深的悲哀之中……

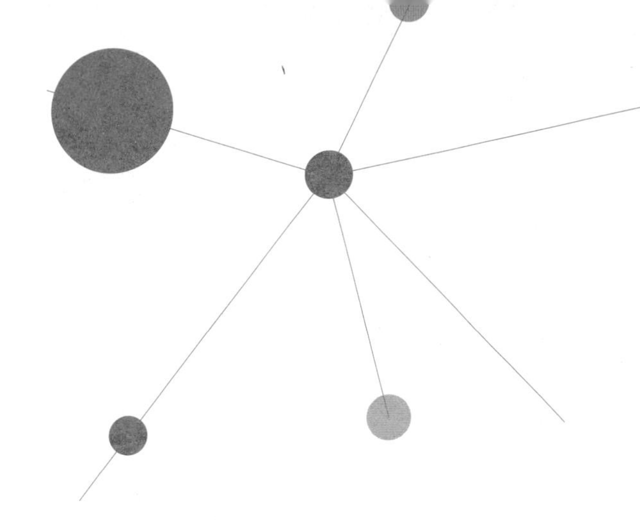

第七章

网络安全

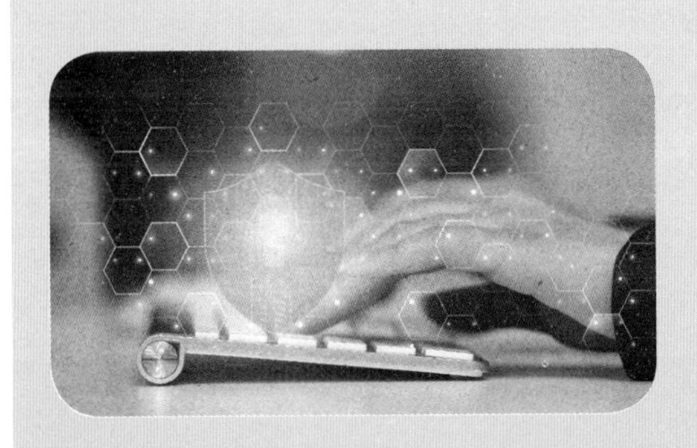

要善于网上学习，不浏览不良信息；要诚实友好交流，不侮辱欺诈他人；要增强自护意识，不随意约会网友；要维护网络安全，不破坏网络秩序；要有益身心健康，不沉溺虚拟时空。

——《全国青少年网络文明公约》

随着互联网的迅猛发展，我国网民规模已超过10亿人，互联网普及率达到70%以上，可以说网络在人们的生活中几乎无处不在。网络作为人们学习、工作、娱乐、交流、展示自我的重要平台，在为人们提供丰富信息资源的同时，也容易被一些不法分子钻漏洞，即利用网络进行违法犯罪活动，使人们的人身财产安全受到威胁。当前，大学生网民占我国网民总数的20%以上，网络已成为大学生学习和生活的重要工具。为维护网络安全、构建和谐文明的网络时代，大学生应发挥积极的作用。

视频

第一节 信息安全

网络安全中的信息安全是指保护信息系统的硬件、软件、数据不因偶然和恶意的原因而遭到破坏、更改和泄露，使信息系统连续、可靠、正常地运行，网络服务不中断。其中，信息系统是指由计算机硬件、网络、通信设备、计算机软件和信息资源等组成的以处理信息流为目的的人机一体化系统。

【学习目标】

◎ 了解信息安全的基本要求与其面临的威胁。

◎ 能够列举信息泄露的危害。

◎ 掌握保护信息安全的应对措施。

一、信息安全的基本要求

信息安全的最终目的是保证信息的安全性，避免信息系统中的信息资源遭到各种类型的威胁、干扰和破坏。实现信息安全需要满足以下5个方面的条件。

- **机密性**。机密性也叫保密性，是指信息在传输或存储时不被他人窃取。用户可通过密码技术对传输的信息进行加密处理。
- **完整性**。完整性主要包括两个方面：一是保证信息在传输、使用和存储等过程中不被篡改、不会丢失和不会缺损；二是保证信息处理方法正确，不因不正当操作导致内容丢失。
- **可用性**。可用性是指可被授权实体访问并按需求使用的特性，即当用户需要时能够存取所需的信息。网络环境下拒绝服务、破坏网络和破坏有关系统的正常运行等都属于对可用性的攻击。
- **可控性**。可控性是指对信息的传播及内容的控制能力，如能够阻止未授权的访问。
- **不可否认性**。不可否认性也叫不可抵赖性，是指用户不能否认自己的行为与参与活动的内容。在传统方式下，用户可以通过在交易合同、契约或贸易单据等书面文件上手写签名或使用印章来进行鉴别。在网络环境中，用户一般通过数字证书机制的时间签名和时间戳来进行验证。

二、信息安全面临的威胁

网络已渗透到人们工作和生活的各个领域，成为人们工作和生活中不可缺少的一部分，诸多信息安全问题也随之而来。目前，信息安全面临的威胁主要体现在以下5个方面。

- **黑客的恶意攻击**。黑客是一群专门攻击网络和计算机的用户，他们伴随着计算机和网络的发展而成长，一般都精通各种编程语言和各类操作系统，具备熟练的计算机操作技术。就目前网络技术的发展趋势来看，黑客越来越多地采用病毒进行破坏，他们采用的攻击方式多种多样，对没有网络安全防护设备（防火墙）的网站和系统具有强大的破坏力，给信息安全防护带来了严峻的挑战。
- **网络自身和管理存在欠缺**。互联网的共享性和开放性使网络信息安全存在不足，在安全防范、服务质量、带宽和方便性等方面存在滞后性及不适应性。许多企业、机构及用户的网站或系统都疏于网络信息安全方面的管理，没有制定严格的管理制度。而实际上，网络系统的严格管理是企业、机构和用户免受网络攻击的重要措施。

- **因软件设计的漏洞而产生的问题**。随着软件系统规模的不断扩大，以及越来越多的新软件产品被开发出来，系统中的安全漏洞也不可避免地存在，无论是操作系统，还是各种应用软件，都存在过安全隐患。不法分子往往会利用这些漏洞，将病毒、木马等恶意程序传递到网络和用户的计算机中，使网络和用户造成损失。
- **恶意网站设置的陷阱**。互联网中有些非法网站会故意制作一些盗取他人信息的软件，并且将其隐藏在下载的信息中，只要用户登录或下载网站资源，其计算机就会被控制或感染病毒，严重时会使计算机中的所有信息被盗取。这类网站往往会以人们感兴趣的内容进行乔装，让用户主动进入网站查询信息或下载资料，从而成功将病毒、木马等恶意程序传输到用户的计算机中，以完成各种别有用心的操作。
- **用户信息保护意识淡薄引起的安全问题**。例如，用户在网络上随意公布各种重要信息而导致信息泄露，因为错误操作导致信息丢失、损坏，没有备份重要信息，以及在网上滥用各种非法资源等，这些都可能对信息安全造成威胁。

支付宝平台的漏洞导致信息泄露

俞某在某店购买牙膏，并使用支付宝支付。支付完成后，俞某发现支付宝在“支付完成”页面默认选中了“授权淘宝获取你线下交易信息并展示”选项，其在线下门店的交易信息将被提供给支付宝、淘宝、天猫。俞某认为其商品交易活动、行踪等均属个人信息，受法律保护，上述 3 家公司共同侵犯了其对个人信息被收集、利用的知情权，故诉至法院，要求 3 家被告公司向其道歉、删除其个人信息数据，并赔偿经济损失、精神损害抚慰金各 1 元。

“默认勾选协议”这类现象在目前的互联网中非常普遍，如在支付宝“年度账单”活动中，支付宝在查看账单页面默认选中了《芝麻服务协议》选项。这一选项相对隐蔽，用户不易察觉，从而造成在不知情的情况下允许支付宝收集用户信息。此举引来巨大争议，最后支付宝调整了页面，取消了默认选中该选项，并向公众致歉。

点评：保护信息安全需要监管部门、监管和维护平台、用户等多方面的共同努力。就用户而言，用户在使用手机、个人计算机等信息设备时，应增强防护意识，如从正规渠道下载软件或应用；安装新软件、新应用时充分了解授权要求，保护个人权益。就企业而言，企业应加强信息安全保护，重视数据存储和传输的安全，部署安全措施。因为企业如果严重影响了用户体验，降低了用户对网站的信任感，那么也不利于留住用户。就监管层面而言，相关部门应继续强化信息保护和监管工作，营造健康的网络环境。

随堂活动

活动主题：检查并设置手机 App 权限

活动说明：不知道同学们是否留意过，当我们安装和使用手机 App 时，会弹出窗口询问是否允许其获取权限，如获取设备信息、手机通讯录或用户位置等。若用户不同意，则 App 的部分功能受到限制；若用户同意，则在使用手机的过程中会暴露通讯录、地理位置及手机使用习惯等。下面一起来检查自己手机中 App 的权限并根据使用情况关闭部分权限，因手机品牌和型号不同，操作可能存在略微差异。

（1）在手机“桌面”界面中点击“设置”按钮，进入“设置”界面，选择“应用设置”选项；进入“应用设置”界面，选择“授权管理”选项；进入“授权管理”界面，选择“应用权限管理”选项；进入“权限管理”界面，在其中可查看相应权限关联的应用个数，如图 7-1 所示。

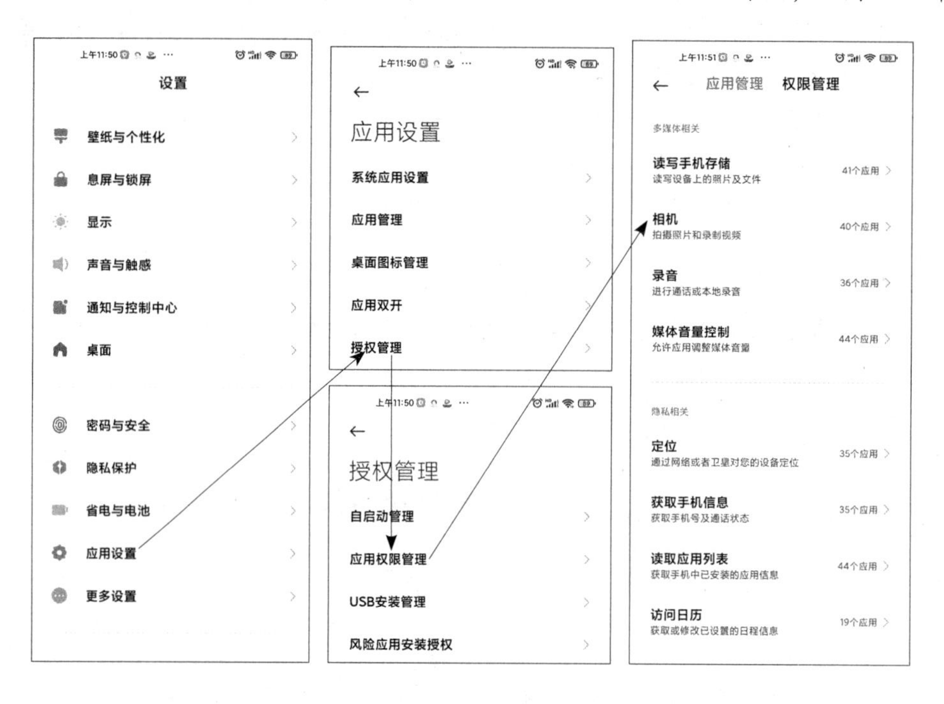

图7-1　进入手机的“权限管理”界面

（2）在“权限管理”界面选择所需权限选项，在打开的界面中可查看与该权限相关的应用列表，根据实际应用情况，选择所需应用选项，在打开的界面中选择“拒绝”单选项即可为该应用关闭相关权限，如图 7-2 所示。

图7-2　为所需应用关闭相关权限

三、信息泄露的危害

> 想一想
>
> 泄露哪些个人信息后会存在安全隐患？在日常生活中，哪些行为会泄露个人信息？

近年来，信息泄露事件时有发生，如某组织倒卖业主信息、某员工泄露公司用户信息，此类事件说明我国信息安全仍存在着许多隐患。从个人角度看，个人信息泄露可能造成以下危害，对个人负面影响极大。

- **垃圾短信源源不断。**人们受垃圾信息的困扰已久，个人正常工作和生活受到严重影响。用户应对垃圾信息进行拦截设置，或者置之不理，不要因好奇而随意点击链接，谨防上当受骗。
- **骚扰电话接二连三。**比起垃圾短信，骚扰电话对个人工作和生活的影响更甚，骚扰电话有推销保险的，有推销装修的，甚至还有诈骗电话。用户对垃圾信息可以进行拦截设置，也可以置之不理，即使接听电话，也不可轻信他人所说。
- **冒名办卡透支欠款。**不法分子利用当事人泄露的个人信息伪造身份证，在网上骗取银行的信用，在银行办理各种各样的信用卡，恶意透支消费。
- **账户钱款不翼而飞。**不法分子利用当事人泄露的个人信息伪造身份证，挂失当事人的银行账户，然后重新补办银行卡，取走里面的钱款，或在购物网站进行交易，购买机票、黄金、名牌箱包等易变现商品转手套现。
- **案件事故从天而降。**不法分子利用当事人泄露的个人信息伪造身份，如果进行违法犯罪活动或发生事故，相关部门可能会依据身份信息找到当事人，严重危害其正常工作和生活。
- **不法分子趁机诈骗。**不法分子利用窃取的个人信息，冒充当事人的亲戚朋友或同学，对当事人实施诈骗。
- **个人名誉无端受毁。**不法分子利用当事人泄露的个人信息，做出损毁当事人个人名誉的事情，如假借当事人的名义在网络上散布谣言，发表不当言论。

案例阅读

被中奖信息迷惑心智，大学生稀里糊涂上当受骗

某校一名女大学生小刘接到一条手机短信，短信称：“您的手机号码已被 ×× 电视台《我和 ××××》栏目组随机抽奖选为场外幸运号……”小刘当时没有理会，第二天，小刘的手机再次收到相同的短信。小刘鬼使神差地打开了短信中提供的兑奖网站，并填写了相关资料。第三天，小刘接到陌生电话，一名自称负责兑奖工作的女子告知小刘，她已经获得特等奖，奖品包括现金 5000 元，品牌计算机、手机各一部，以及 ×× 地 5 日游豪华礼包。该女子还说领奖需要缴纳 1000 元的手续费，并提供了转账账户。面对丰厚的奖品，小刘心动了，想着自己也付得起这 1000 元，就把钱转到了指定账户。一小时后，对方又让小刘缴纳 2000 元的税费，小刘照办了。数小时后，对方又提出让小刘缴纳 3000 元的保险金，小刘便不愿意了，让对方退回之前缴纳的 3000 元，对方却声称 3000 元已入账，想拿回 3000 元还需再缴纳 3000 元，之后一起退还 6000 元，否则便不会退还，小刘只得照办。之后，对方又利用各种名目，前后总共骗取小刘 22000 元。这时小刘才醒悟过来，立即报警。报警后，公安机关在竭力追查之后成功破案。

点评：大学生千万不要在网站上随意填写个人信息，一定要警惕天上掉馅饼的事，“馅饼”越大诱惑越大，以免不经意间落入圈套。

信息泄露对个人造成的影响是有限的，对公司和国家造成的影响更加广泛，且危害巨大。例如，不法分子通过各种途径收集某公司的重要信息，将其兜售给竞争对手，从而使该公司损失惨重。又如，某黑客攻击某国家存放国民身份信息的信息库，并将导出的数千万国民信息泄露到公网上，其中甚至包括该国家元首的详细身份信息，这将对该国家的国家安全造成严重威胁。

话题讨论

讨论主题：信息泄露后的自我保护

讨论内容：当我们的个人信息泄露，并被外人不当利用时，如频繁地有陌生电话打来，QQ 账号提示有异常登录等，我们可以采取哪些措施和途径进行自我保护？

四、保护信息安全的措施

面对信息资源存在可能被泄露、破坏的风险，大学生应主动采取应对措施，积极保护个人信息和公共信息的安全。

（一）账户安全

在信息化社会中几乎每个人都有多种账户，如学习工具账户、网络通信账户、购物账户、存款账户、支付账户等。设置安全性较强的密码是账户安全的有效保障，有效的密码不容易被人识别或被黑客攻破，相当于一个可靠的保险。

❶ 认识密码

密码是一种用于混淆的技术，可以将正常的、可识别的信息转变为无法识别的信息。但严格来讲，网络中账户的登录密码，应该仅被称作“口令”，因为它不仅是传统意义上的加密代码，而且是可以称为秘密的号码。根据密码内容的不同，密码可简单分为弱密码和强密码两类。

- **弱密码。**弱密码是指短密码、常见密码和默认密码等，以及能被穷举法（穷举法的基本思想是根据部分条件确定答案的大致范围，并在此范围内对所有可能的情况逐一验证，直到全部情况验证完毕，这种方法是黑客暴力破解登录密码的有效方法之一）通过排列组合破解的密码，这些密码因为过于简单和常见，很容易被快速破译。常见的弱密码如图 7-3 所示。

内容简短的密码：	admin、abc123、password、aaaa、000000 ……
由于生活习惯常用的密码：	888888、666666、1314……
由于键盘键位顺序常用的密码：	asdf、qwerty……

图7-3 常见的弱密码

- **强密码。**强密码长度足够长，由大小写字母、数字和特殊符号随机排列组成，不容易被穷举等破解算法破译。图 7-4 所示为常见的强密码。

t3wahSetyeT4——不是字典的单词，既有数字也有字母

4pRte!ai@3——不是字典的单词，除大小写字母、数字外还有标点符号

MoOoOfIn245679——长，既有数字也有字母

Convert_100£ to Euros!——足够长，并且有扩展符号增加强度

Tpftcits4Utg!——一串随机的各种元素的混合

图7-4　常见的强密码

❷ 密码设置技巧

密码设置的原则一是要安全，二是要容易记忆，因为安全性再高的密码，如果自己不记得，就是自找麻烦。密码设置也不是一劳永逸的，大学生应定期更改密码，并且做好书面记录，以免因遗忘密码造成无法登录，带来不便。

具体而言，大学生可首先选取一个基础密码，然后根据不同的应用场合，再按照自己设置的简单规则叠加组合一些其他元素。大学生可参考以下两种密码设置技巧。

- **基础密码＋网站名称的前两个辅音字母＋网站名称的前两个元音字母。**如基础密码是“Mobile”，那么要登录新浪网站的密码就是MobileXLIA，登录腾讯网站的密码就是MobileTXEU。
- **自己喜欢的单词＋喜欢的数字排列＋网站名称的前三个字母或者后三个字母。**如淘宝登录密码可以是Elephant5582TAO或Box6396BAO。

❸ 密码设置注意事项

大学生在设置登录密码时，注意不要按以下方法设置，否则容易被黑客破解。

- 不要将密码设置为带有生日、电话号码、QQ或邮箱等与个人信息有明显联系的字符，也不要采用字典中的单词，这些都属于弱密码。
- 不要在多个场合使用同一个密码，为不同应用场合设置不同密码，在设置有关财务的网银及网购账户密码时尤其需要注意以上事项。这样可避免一个账户密码被盗后，其他账户密码也被轻易破解。
- 不要长期使用固定密码，要定期或者不定期修改密码，使账户安全更有保障。
- 不要将密码设置得过短：密码越长，破解的时间也越长。如果不想让黑客在24小时内就破解你的密码，则密码长度应超过14个字符。
- 不要将密码和登录账户名称设置得完全一致。
- 不要将密码设置为连续数字或字母，也不要设置为按简单规律排列的字母或数字。

密码设置得过于简单导致论坛账户被盗

某大学两名同学小陈与小邹均在某论坛注册了账户，是该论坛的活跃用户。某天小邹询问小陈是否在论坛上发布了不同于往常的不当言论。小陈当即否定，并立即登录自己的论坛账户，但是多次输入确定无疑的密码都无法登录成功。小陈与论坛管理员沟通后，经核实，小陈账户密码被修改，账户被盗。万幸的是论坛上的不当信息被及时删除，没有造成任何影响。该论坛用户账户被盗并非个例，而账户被盗大多是因为用户为自己的账户设置了弱密码。

点评：大学生在学习和生活中应避免使用出生日期、身份证号码和与账户名一样，以及类似于“12345678”“666666”的弱密码。这些弱密码容易被破解，被别有用心者利用，对自己造成严重的负面影响。

【警钟长鸣】

2020年，某地曾发生一起某校上百名中学毕业生的个人志愿一夜之间全部被恶意篡改的案件，经公安机关审查，起因是该校一毕业生因成绩糟糕、升学无望，心理严重失衡，便根据班主任在微信群里发布的毕业生名单，登录中考志愿填报系统，通过猜密码的方式，对照名单逐一尝试登录。因多名学生使用的密码都是“12345678”等弱密码，账户被轻易登录，志愿遭到了恶意篡改。案发后，公安机关联合教育主管部门，延长了志愿填报时间，及时消除了风险。此案件提醒了我们：切记养成为账户设置强密码的习惯，保障账户安全。“不怕一万，就怕万一”，如果设置弱密码导致账户被盗，给自己造成无法挽回的重大损失，到那时才知追悔莫及。

随堂活动

活动主题：设置不易被破解的密码

活动内容：生活中，通常每个人都有多个账户，有的同学可能会觉得为每个账户设置便于记忆且各不相同的强密码是很麻烦的事情，所以会将一个自己熟记的强密码用于多个账户，这样做是有风险的。事实上，在掌握了设置密码的思路和技巧后，设置不同的强密码就不再是难事。且对普通用户来说，强密码的可靠性很高，足以保证账户安全。请根据前文介绍的强密码、密码设置技巧与注意事项等内容，为自己编写几个复杂且方便记忆的强密码，以后可将这些强密码应用到自己的账户中。

（二）网络支付安全

网络支付对很多大学生来说并不陌生。网络支付是伴随着电子商务，特别是网络购物的发展而发展起来的一种新兴支付工具。通过网上银行转账，或者通过网络支付服务商（如支付宝、微信支付）进行在线支付，这些通过互联网进行的支付方式都是网络支付。通俗地讲，网络支付就是用户通过互联网渠道进行的在线资金支付行为。网络支付除了可以网络购物，还可以缴纳水、电、气、通信费，买卖基金、保险等金融产品，进行投资理财，以及在线下实体店进行日常消费等。目前，网络支付已经非常普遍，人们可以通过手机随时随地地享受到各种网络支付服务。可以说，网络支付改变了人们的生活方式，使人们的支付流程更加便捷。

微课视频

网络支付安全

据中国支付清算协会数据统计，我国拥有网络支付账户且遇到过安全问题的用户比例不足万分之五。但随着网络支付的快速发展，以及网络支付用户群体的不断扩大，针对网络支付的犯罪活动日益增多，网络支付安全面临着严峻的挑战。用户一旦遇到网络支付安全问题，其资金损失的风险极高。因此，用户要增强安全支付意识，实施必要的安全防范措施。

❶ 网络支付风险

由于网络支付是在网络的开放环境中开展的，同时涉及资金转移，因此，容易成为不法分子觊觎的对象。一般而言，人们之所以面临网络支付风险，一是由于用户安全支付意识淡薄，疏忽大意，支付账户、密码、手机验证码等信息被他人非法获得。例如，支付密码设置得过于简单（如“000000”、出生日期，以及身份证的前、后几位数字），不法分子非法获得用户的银行卡号和身份证号码后，轻易地破解或猜中密码，盗用用户的支付账户，在网上恶意消费或转账。又如，不法分子通过建立虚假网站、虚假支付页面，设置诱饵（如虚假的低价商品信息）后，用户贪图便宜、麻痹大意，未经审核就在其中输入卡号、密码等，导致银行账户信息被不法分子获取。

二是由于不法分子恶意攻击，个人信息被窃取。例如，不法分子把木马程序（或其他网络技术手段）捆绑在小游戏、实用软件上，发布到网上供人下载，某些用户下载并安装了带有木马的软件后，在登录网上银行时，木马程序同时获取了键盘记录，盗取了用户的网上银行账号和密码。

❷ 网络支付安全注意事项

我国网络支付总体较为安全，用户如果能够养成良好的使用习惯，进行科学合理的操作，就不会给不法分子可乘之机，有效保障个人财产安全。

- **妥善保管个人重要信息。**在涉及身份证号码、银行卡号等个人敏感信息时要慎重，如非必要，在任何情况下都不要轻易提供这些信息给他人，包括自称工作人员或客服的人员。不轻易在页面简陋或不知名的网站上预留身份证号码、银行卡号等信息。发现银行卡被盗刷后，应立即与银行联系，冻结银行账户，并及时报警。
- **选择可靠的网络支付业务服务。**要选择商业银行与获得人民银行许可的支付机构开通网络支付业务，因为这些机构的资质和信用较好，安全防范的措施相对完备。对于那些没有相关资质或来路不明的机构提供的网络支付业务，则要多方验证，谨慎选择。
- **设置不易被破解的密码。**应尽量将账户密码（包括支付账户密码和支付密码）设置得复杂一些，不要使用生日、身份证号等容易被破解的密码。微信支付、手机银行支付等方式中的支付密码通常为6位数字，应尽量避免将这类密码设置为“123456”“111111”等有规律的弱密码，以免手机掉落后支付密码容易被破解或猜中。
- **单独设置网络支付账户的密码。**网络支付账户的密码应尽量独一无二，不要和其他网络账户的密码相同。有的人为了省事，社交网站和网络支付账户都使用相同的密码，社交网站账户被盗后，支付账户也被盗。用户一旦发现支付账户被盗，要及时与支付机构联系，冻结账户，防止损失扩大。

【安全小贴士】

用户的账号和密码被盗分两种情况：网站加密性不高时，账号和密码直接被不法分子破解；对于安全系数高的网站，如网上银行、支付宝等网站，不法分子则会设法引导用户至钓鱼网站，从而获取用户的账号和密码。在网上银行、支付宝等金融类网站和手机客户端中，信息经过了层层加密，破解信息的难度较大，而微博、QQ、邮箱、游戏等账号和密码则相对容易被盗。

- **充分使用银行或支付机构提供的各类安全产品。**银行或者支付机构提供的各类安全产品针对性强，有安全保障。用户在使用网络支付时，应充分使用这些安全产品，如申请数字证书、开通手机动态口令、短信提醒等服务，以提高账户及交易的安全性。同时，用户应妥善保管动态口令卡、U盾等安全工具，不要轻易将其交给他人，使用完毕后也应及时收回，若遗失，则应尽快办理挂失及补办手续。

- **培养良好的安全支付习惯**。在登录手机银行或者支付机构网站时，不要直接使用浏览器，而应用银行或第三方支付公司提供的专用应用程序；尽量不在酒店、旅馆等场所使用公用计算机进行网络支付，确需使用时，应在使用前查杀病毒和木马，并开启防火墙保护功能，完成支付后清除信息痕迹；不要随意连接免费 Wi-Fi 进行网络支付；进行网络支付时，若不停地被提示输入密码，应立即停止支付，避免被套资料的潜在风险；交易完成后不论系统提示成功与否，都要查询账户余额和交易明细，防止误付、错付，如发现异常交易或账务差错，应立即与银行或者支付机构联系，避免损失。

蹭用免费 Wi-Fi 导致银行卡信息泄露

小吴有蹭网的习惯，只要有免费 Wi-Fi，他就不会放过蹭网的机会。某天，小吴到外地出差，睡前他登录手机银行查看了账户。凌晨一点多，手机短信声接连不断地响起，被短信声吵醒的小吴看到银行发来了数条取款信息，信息显示其银行卡共被取走 3 万余元，既有现金取款，也有银行转账。而此时，银行卡就在自己身上，小吴很诧异。事实上，蹭网的习惯害了他——在用免费 Wi-Fi 时小吴被人盗取了网银信息。这是因为不法分子会设置没有密码的免费 Wi-Fi 吸引用户使用。一旦用户使用手机连上了钓鱼 Wi-Fi，用户在手机上的操作记录就会被复制，并被相关软件破解。因为银行卡是在老家办理的，天一亮，小吴就赶回老家报了警。

点评：个人信息泄露就像把家门的钥匙丢给了小偷，他可以趁你不在的时候，随时进你家偷窃。对普通用户而言，个人信息泄露大多是安全防范意识淡薄、疏忽大意、操作不谨慎导致的。作为普通用户，大学生应增强信息安全防护意识，采取一定的防护措施，从而有效地保护信息安全，避免因银行卡等信息泄露而使个人财产受损。

（三）安全使用信息设备与网络

安全使用信息设备与网络是保护信息安全的两个重点。

❶ 安全使用信息设备

大学生在使用计算机和手机等常用信息设备时，应注意以下事项。

- 应安装适合的安全防护软件，阻挡来自外界的威胁。
- 及时安装操作系统与应用软件的补丁程序，修复操作系统与应用软件的漏洞。
- 从官方网站或其他正规渠道下载应用软件。
- 不随便使用来源不明的 U 盘、移动硬盘等存储介质，确需使用时应先对其进行病毒和木马查杀。

❷ 安全使用网络

大学生在使用计算机和手机接入网络时，应注意以下事项。

- 慎用蹭网软件，避免连接恶意 Wi-Fi。
- 平时应关闭手机的 Wi-Fi 自动连接功能，不要随意连接免费 Wi-Fi。
- 不要轻易点击网页或手机短信中的未知链接、异常链接。
- 对于收到的陌生文件，不要出于好奇心理随意接收和打开。

（四）掌握信息安全的常用防范技术

有的人认为，信息安全问题是由信息设备生产商、应用软件服务提供商、支付机构和相关监管部门等解决的事情，与自己无关，这是对信息安全的误解。其实，确保信息安全需要用户参与。一直以来，信息安全问题一直受到国内外的高度关注，并且随着计算机技术的发展，相应的解决方法不断涌现。大学生应了解一些相关技术，掌握一些保障信息安全的操作技能。

❶ 身份认证

身份认证是一种用于鉴别和确认用户身份的技术。信息系统可以通过对用户的身份进行认证，判断用户是否具有对某种资源的访问和使用权限，以保证自身的正常运行，防止受到非法用户的攻击。身份认证是信息安全的第一道关口，其认证方法主要包括以下 3 种。

- **根据所知道的信息认证。**这种认证方法一般以静态密码（登录密码、短信密码）和动态口令等方式进行验证，但密码和口令容易泄露，安全性不高。
- **根据所拥有的信息认证。**这种认证方法通过用户自身拥有的信息，如网络身份证、网络护照、密钥盘、智能卡等进行身份认证，认证的安全性较高，但认证系统较为复杂。
- **根据所具有的特征认证。**这种认证方法通过用户的生物特征，如声音、虹膜、指纹和人脸等进行身份认证，其安全性最高，但实现技术更加复杂。

为了保证身份认证的有效性，信息系统常采用2 ~ 3种认证方法相结合的方式进行身份认证。

❷ 防火墙

防火墙是一种将内部网和外部网分开，以避免外部网的潜在危险随意进入内部网的一种隔离技术，其功能主要在于及时发现并处理计算机网络运行时可能存在的安全风险、数据传输问题等，如隔离危险信息、保护重要信息等，同时还可对计算机网络安全中的各项操作进行记录与检测，以确保计算机网络运行的安全性，并保障用户信息的完整性。图 7-5 所示为在 Windows 10 操作系统中设置防火墙的界面。

图7-5　设置防火墙

具体来说，防火墙的功能主要有以下 4 种。

- **建立网络安全屏障。**防火墙可以禁止不安全的网络文件系统协议进出受保护的网络，这样外部的攻击者就不可能利用这些脆弱的协议发起攻击。
- **强化安全策略。**通过防火墙，可以强化网络安全策略，即通过以防火墙为中心的安全配置方案，将所有安全软件（如口令、加密、身份认证、审计等）配置在防火墙上，增强安全防范能力。
- **监控审计。**如果所有的访问都经过防火墙，那么防火墙可以记录下这些访问情况并作出日志记录，也能提供网络使用情况的统计数据。一旦发现可疑行为，防火墙能马上报警，并提供网络是否受到监测和攻击的详细信息，方便管理员及时进行有效处理。

- **防止信息外泄。**使用防火墙可以隐蔽那些透露内部细节的服务，如 Finger 服务可以显示主机所有用户的注册名、真名、最后登录的时间等，隐蔽这个服务，攻击者就无法知道系统被使用的频繁程度、系统中是否有用户正在连线上网、系统在受到攻击时是否会引起注意等。任何透露内部细节的服务在攻击者手中都会成为有价值的信息，因此通过防火墙隐蔽这些服务，有助于防止信息外泄。

❸ 数据加密

数据加密是保护信息安全较可靠的办法之一，它通过加密算法和加密密钥将明文转变为密文，用户想要使用数据时，必须通过解密算法和解密密钥将密文恢复为明文。在计算机中，我们可以对磁盘分区进行整体加密，也可以只针对重要的数据文件或文件夹进行加密。

- **加密磁盘分区。**Windows 操作系统自带 BitLocker 加密功能，该功能用于对计算机中各个磁盘分区进行加密。例如，在 Windows 10 操作系统中对某个磁盘分区进行加密，只需在“这台电脑”窗口中单击对应磁盘分区选项，在弹出的快捷菜单中选择“启用 BitLocker”命令，如图 7-6 所示。打开“BitLocker 驱动器加密”对话框，在其中设置密码，如图 7-7 所示，然后单击“下一步”按钮，根据提示操作。加密磁盘分区后，用户只有输入正确的密码才能打开该磁盘分区。

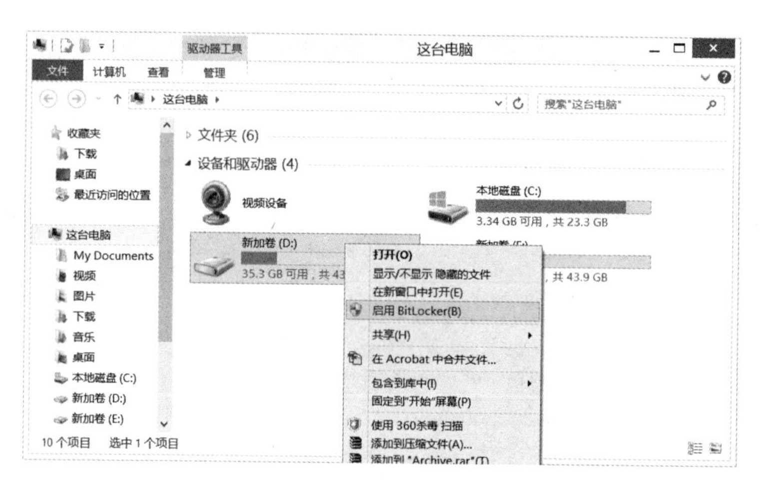

图7-6　启用BitLocker

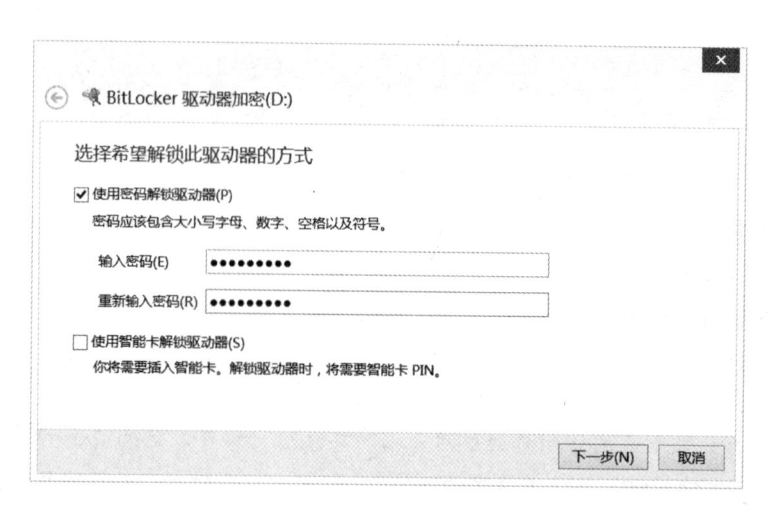

图7-7　设置密码

- **加密文件或文件夹。**若只需要加密部分文件或文件夹，则可使用 WinRAR、文件加密大师等具备加密功能的软件。文件或文件夹被加密后，用户也必须输入正确的密码才能访问并使用。

❹ 数据备份

数据备份是指将重要数据从应用主机的硬盘中复制到其他存储介质的过程，目的是防止发生系统操作失误或遭受恶意攻击致使数据丢失的情况。目前，数据备份的常见形式有以下 3 种。

- **备份到移动存储设备。**复制计算机中的数据，然后将其粘贴到 U 盘、移动硬盘等移动存储设备中，这样既方便使用，也能保证数据的安全。
- **备份到其他计算机。**利用通信软件（如 QQ、微信等）或移动存储设备将数据复制到其他计算机上进行保存。
- **备份到网络虚拟磁盘。**将本地计算机上的重要数据上传到网络虚拟磁盘中，如百度网盘等。相较于移动存储设备可能遗失、损坏的情况，网络虚拟磁盘并不存在这些隐患，因此这种备份方式越来越受到青睐。

随堂活动

活动主题：备份手机通讯录

活动内容：手机通讯录中的联系人信息对我们来说十分重要，如果不慎损坏、遗失或者换手机导致通讯录丢失，而失去亲戚朋友的电话号码，会让人颇为烦恼。所以，我们可以提前备份手机通讯录，需要时再将备份的通讯录导出。

备份手机通讯录的方法很多且方法简单，第一种是利用手机的云存储功能备份通讯录。以小米手机为例，我们可以打开“设置”界面，使用本机号码登录账号，然后在“小米账号”界面选择“云服务”选项，进入“小米云服务”界面，开启同步联系人即可，如图 7-8 所示。

图 7-8　利用“小米云服务”同步联系人

第二种方法是利用 QQ 同步助手、百度网盘等应用软件备份通讯录。以 QQ 同步助手为例，我们在手机上下载并安装 QQ 同步助手后，可使用 QQ 账号或手机号码登录，然后在“同步”界面点击“备份到云端”按钮，再点击“立即同步”按钮，根据提示操作，如图 7-9 所示。

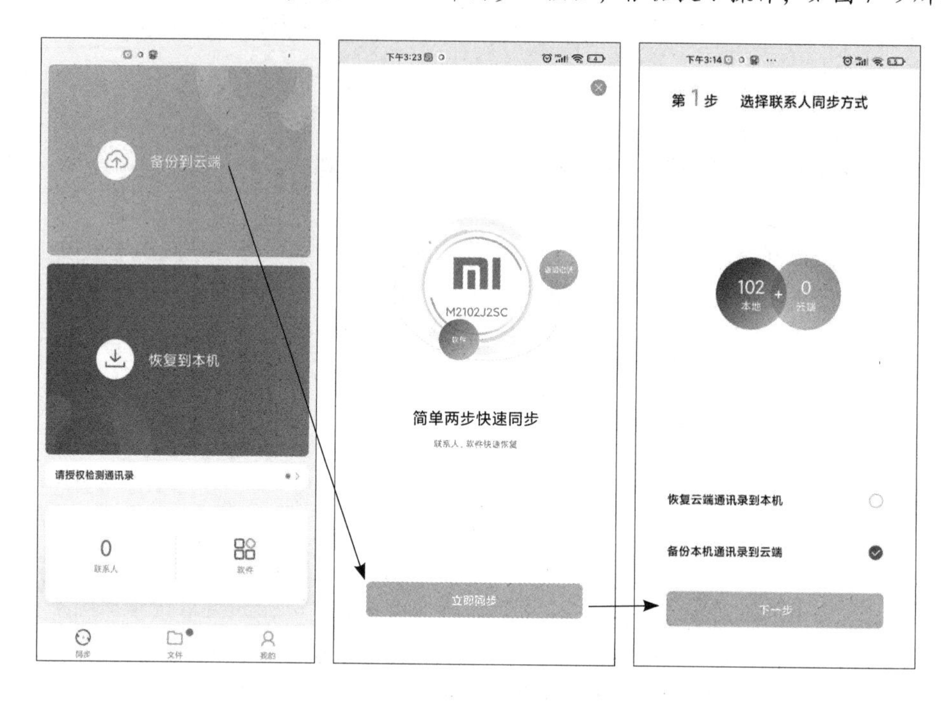

图7-9　利用QQ同步助手备份通讯录

请你选择适合自己的方法备份手机通讯录。

⑤ 查杀木马和病毒

木马和病毒是影响信息安全的重要因素，为了避免信息设备感染木马和病毒，以及信息资源受到安全威胁，大学生不仅要安全上网，还要在计算机上安装专门查杀木马和病毒的软件，不定期对木马和病毒进行查杀。

- **查杀木马。**360 安全卫士是一款计算机安全软件，拥有木马查杀、电脑清理、系统修复等多种功能。使用该软件的木马查杀功能，可以对计算机上的木马进行检测和处理，如图 7-10 所示。

图7-10　使用360安全卫士查杀木马

- **查杀病毒**。安装专门的杀毒软件可以查杀病毒，如安装360杀毒、瑞星杀毒、金山毒霸等软件。使用这类软件可以随时对计算机病毒进行查杀，保证信息系统始终处于安全状态。图7-11所示为360杀毒正在扫描病毒的界面。

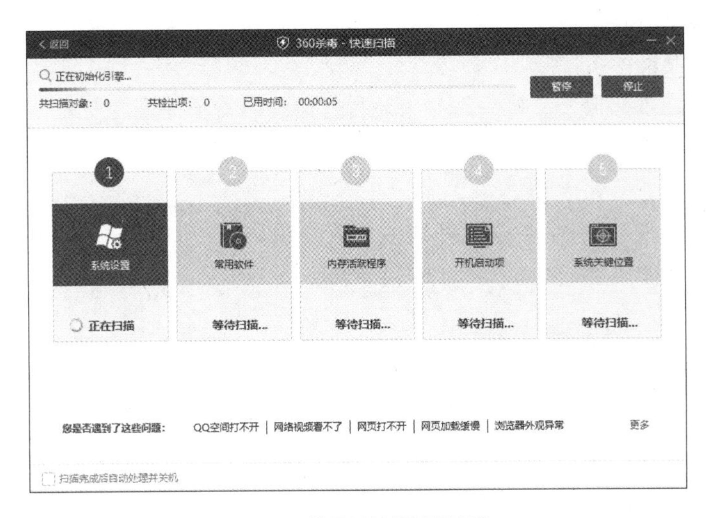

图7-11 使用360杀毒查杀病毒

随堂活动

活动主题：查杀手机病毒

活动内容：现在的智能手机通常都自带“手机管家”App，该App按钮一般位于手机“桌面”首页。利用该App可查杀手机病毒，如图7-12所示。请你使用该App检测自己的手机是否存在有威胁的信息、程序或文件。

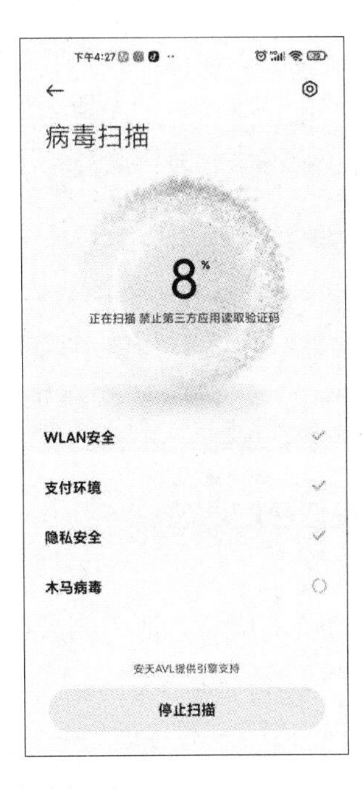

图7-12 查杀手机病毒

❻ 修复系统漏洞

系统漏洞是指操作系统在逻辑设计上存在的缺陷或错误，这种缺陷或错误容易被不法分子利用，通过植入木马、病毒等方式来攻击计算机，窃取其中的重要信息，甚至破坏系统。因此，修复系统漏洞可以使操作系统更加安全可靠。

360 安全卫士具备系统修复功能，执行该功能后，360 安全卫士将搜索系统的漏洞情况，然后提示是否修复，如果修复，则将开始下载官方提供的补丁并进行安装，以完成修复漏洞的操作。图 7-13 所示为 360 安全卫士正在扫描系统漏洞的界面。

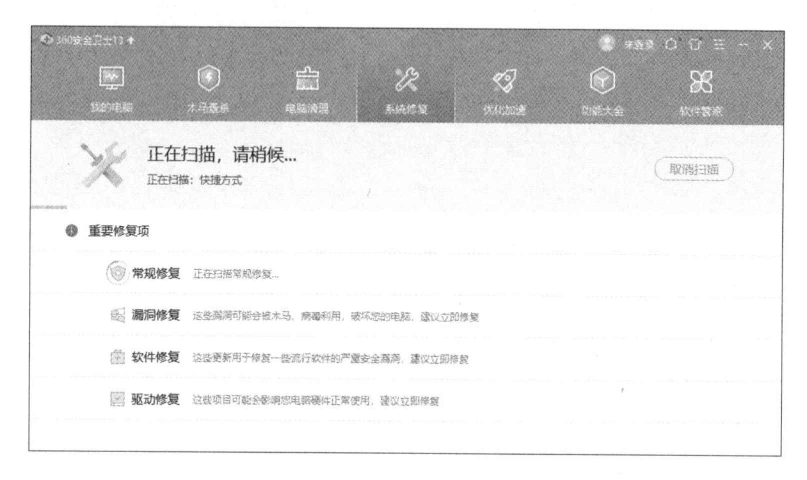

图7-13　使用360安全卫士扫描系统漏洞

第二节　抵制不良网络行为

抵制不良网络行为，养成良好的文明上网习惯，是保障网络安全的重要方法。大学生应特别注意拒绝不良信息的诱惑、防止沉迷网络、拒绝网络赌博、拒绝不良的网络贷款和拒绝网络暴力等事项，防止不良网络行为导致人身财产受到损害，或踏上违法犯罪的道路。

【学习目标】

◎ 认识各种不良网络行为的危害。
◎ 养成自觉抵制不良网络行为的习惯。
◎ 具备良好的心理素质，做到理智应对不良网络行为。

一、拒绝不良信息的诱惑

网络信息资源丰富但良莠不齐，既包含大量健康、进步、有益的信息，也包含不少虚假、庸俗，甚至具有反动性的信息。面对庞杂的网络信息，如果大学生不经筛选，不加辨别，受到各种不良信息的诱惑、腐蚀和裹挟，就可能言行失范，甚至做出违法犯罪行为。

（一）不良信息的类型和传输途径

网络上的不良信息大致可以分为违反道德的不良信息和违反法律的不良信息两类。具体来说，违反道德的不良信息有打法律擦边球的成人信息、宣扬享乐主义和功利主义的信息、一些违背人伦常理的不当言论等；违反法律的不良信息有扰乱社会公共秩序的不实言论、侮辱性言论、反动性言论，以及淫秽色情信息、管制品买卖信息、诈骗信息等。

不良信息在网络上的传播途径主要是搜索引擎和通信社交网站。搜索引擎是人们频繁使用的搜索网络信息的工具，一些传播者就利用搜索引擎传播不良信息，尤其是淫秽色情信息。淫秽色情信息的传播者大多将服务器放在国外，以逃避国家相关部门的检查。不过，随着相关部门监管力度的加大，不良信息在搜索引擎中的生存空间越来越小，但仍有人通过搜索引擎隐蔽地传播淫秽色情等不良信息。国内主流的通信社交网站网民数量庞大而且黏性高，因此，通信社交网站也成为别有用心者发布、传播不良信息的主要途径。同样，随着有关软件、网站平台和相关部门的监管力度的加大，发布和传播不良信息的成本越来越高，发布和传播不良信息也越来越难，不良信息在通信社交网站中的生存空间也越来越小，但仍有人不顾道德谴责或钻法律空子在通信社交网站中发布和传播不良信息。

【安全小贴士】

12321网络不良与垃圾信息举报受理中心（以下简称“12321受理中心”）为中国互联网协会受工业和信息化部委托设立的投诉受理机构。对于互联网、电信网等各种形式信息通信网络及电信业务中的不良与垃圾信息，我们均可向12321受理中心投诉，具体如垃圾短信、骚扰电话、诈骗电话、垃圾邮件、不良网站、不良App、个人信息泄露等。其投诉方式有微信公众号“12321受理中心”“010-12321”电话及“12321举报助手”App。

大学生在色情网站中上当受骗

大二学生小朱某天晚上一个人在寝室，躺在床上睡不着，玩了一会儿游戏后准备在手机上浏览色情网站。他通过搜索引擎输入含有色情意思的关键字后，在色情网站链接中随机点进了一个视频裸聊网站，该网站声称只要 20 元就可以进入网站聊天室，小朱因为好奇，且觉得 20 元不贵，就支付了 20 元。之后，小朱进入了其中一个聊天室并和聊天室的主播聊了起来。对方称，想看视频需要交 500 元的保证金。小朱已经被欲望冲昏了头脑，未抵住诱惑，又支付了 500 元。但小朱刚支付完 500 元，就被迫退出了网站。当小朱再次打开该网站时，该网站弹出窗口提示“需要交 500 元成为 VIP 会员才能进入聊天室”。小朱冷静了下来，意识到自己上当受骗了，便果断地关闭了网站。

点评：色情信息不仅是不法分子骗取流量的手段，还可能暗藏信息泄露和诈骗风险。近年来，尽管公安机关等相关部门加大了打击和整治网络淫秽色情信息的力度，但那些色情信息仍以新手法、新花样不断出现。所以，营造安全网络环境、抵制网络淫秽色情信息不能仅靠公安机关等相关部门，还需要社会公众的共同参与。

（二）大学生如何抵制不良信息的诱惑

要自觉抵制不良信息的诱惑，一方面，大学生应多培养积极的兴趣爱好，参加有益健康的文娱活动，保持身心健康，同时要养成良好的上网习惯，不主动搜索不良信息，要有分辨信息好坏的能力，不能是非不分，更不能受不良信息的影响而扭曲自己的人生观和价值观。

另一方面，在移动互联网时代，网络环境日益开放，任何人都可以成为网络信息的生产者。

有的大学生活跃在微博、豆瓣等社交网站，有的大学生在大学阶段建立了个人网站、开设了网店、开通直播功能当起了主播、成为新媒体编辑或从事各种网络兼职。这些情况下，大学生更要学习并自觉遵守网络安全相关的法律法规，杜绝违法犯罪行为，同时依法维护个人网络权益。

- 不得利用网络从事危害国家安全、荣誉和利益，宣扬恐怖主义、极端主义，宣扬民族仇恨、民族歧视，传播暴力、淫秽色情信息，编造、传播虚假信息扰乱经济秩序和社会秩序，以及侵害他人名誉、隐私、知识产权和其他合法权益等活动。
- 不得从事非法侵入他人网络、干扰他人网络正常功能、窃取网络数据等危害网络安全的活动。
- 不得提供用于从事侵入网络、干扰网络正常功能及防护措施、窃取网络数据等危害网络安全活动的程序、工具。
- 不得窃取或者以其他非法方式获取个人信息，不得非法出售或者非法向他人提供个人信息。
- 明知他人从事危害网络安全的活动的，不得为其提供技术支持、广告推广、支付结算等帮助。
- 个人发现网络运营者违反法律、行政法规的规定或者双方的约定收集、使用其个人信息的，有权要求网络运营者删除其个人信息。
- 发现网络运营者收集、存储的其个人信息有错误的，有权要求网络运营者予以更正。网络运营者应当采取措施予以删除或者更正。
- 发现危害网络安全的行为及时向公安机关等部门举报。

大学生“刷单”赚钱步入歧途

随着电商的快速发展及网络购物市场的繁荣，交易量、信用评价、商品评价等在电商平台的作用不言而喻，它们影响着消费者的购买决策，于是催生了网络“刷单”行为。“刷单”就是在网上进行虚假交易并给予虚假好评，进而提高网店的销量和信誉的行为。“刷单”行为会严重误导和欺骗消费者，损害消费者的知情权、选择权，严重危害市场秩序。

某市公安局经侦支队曾抓获一利用网络“刷单”为客户提供虚假业绩牟利的犯罪团伙，出人意料的是，涉案人员古某等12人均为刚从大学毕业的年轻人。古某大学毕业后曾在网吧从事网管工作，后来接触“刷单”业务，因为很讲“信誉”，在“刷单圈”内拥有不少粉丝。后来，他在当地成立了一家电子商务公司，打着“青年创业”的幌子，收集了京东、淘宝等电商平台的商家信息。之后古某联系了一些电商平台上的不良商家，为了躲避电商平台的查控，古某要求“刷单”人员利用虚拟机登录商家的店铺，完成购买商品、付款、确认收货、写好评等全部网购流程，每单收取商家3～5元的“刷单”服务费。看似正常的网购行为，实际上，商家事先已将购物所需的资金提前支付给了古某，通过“刷单”后资金又回到商家的账户，商家再通过别的账户支付“刷单”服务费。不到一年，古某已非法获利近百万元。

点评：当前，大学生的“刷单”行为仍普遍存在，有的大学生如古某一样“专业刷单”，但多数大学生通过兼职“刷单”赚钱。这些大学生一般通过网络平台寻找兼职工作，然后被“刷单”工作的不菲报酬吸引。但大学生须知“刷单”是不劳而获的行为，也是违法操作，甚至可能让自己陷入骗局。大学生通过兼职提升个人能力的想法是积极向上的，但是需要合法劳动、诚信劳动，脚踏实地，做实实在在的事情，这样才能真正地提升自己的工作能力，体会勤工俭学的意义。

话题讨论

讨论主题：“刷单”是否违法

讨论内容：加入“刷单”大军中的大学生对“刷单”的看法不一。有的认为“刷单是不对，但不至于触犯法律的红线”，有的认为“刷单不算违法，只是虚假宣传”，有的认为“刷单是违法行为，但是法不责众，那么多人都在干这个，我也管不了那么多，能赚到钱就行”。针对不同观点，你有何看法？请大家分组讨论。

二、防止沉迷网络

我们在各种生活场景中经常能看到手机低头族，有的大学生早上洗漱时看手机，上课前、上课中看手机，晚上回到寝室玩手机，外出时在公交车上看手机，行走时也看手机，长此以往，这些大学生会成为手机的俘虏，更准确地说是网络的俘虏。网络上娱乐信息铺天盖地，各种社交网站扎堆，网络游戏五花八门，这些都容易使大学生身陷虚拟世界、沉迷网络而无法自拔。

（一）沉迷网络的表现

大学生沉迷网络的具体表现主要有下列 4 种情形。

- 把上网列为生活中重要的事。如果每天不上网玩几个小时的游戏、聊天，心里会觉得难受、若有所失。
- 非常喜欢上网，除了空闲时间，上课期间甚至逃课去上网。
- 长期无节制地熬夜上网，节假日甚至通宵达旦地玩网络游戏。
- 上网有瘾，不知疲倦，可以不吃、不喝、不睡。

（二）沉迷网络的危害

大学生沉迷网络的危害主要体现在以下 4 个方面。

- **损害身体健康。**大学生沉迷网络会造成视力下降、颈背肌肉疼痛、生物钟紊乱、睡眠状况不好，以及身体免疫力下降等。
- **影响心理健康。**大学生沉迷网络会导致其出现情绪障碍和社会适应困难，沉迷网络的大学生往往对其他活动缺乏兴趣，久而久之，变得冷漠、暴躁，常常情绪低落、精神不济。
- **耽误学业。**大学生沉迷网络会使其无暇顾及学业，熬夜上网使其上课时无精打采，或者上课上网、逃课上网，这些显然会让其学习成绩每况愈下。
- **引发违法犯罪行为。**大学生沉迷网络，如受不良信息的腐蚀或为了上网的资费，可能做出偷盗、抢劫等违法犯罪行为。

沉迷于网络使大学生付出生命的代价

大学生柳某长期沉迷于网络，特别喜欢玩网络游戏，常常到“废寝忘食”的地步。一天，柳某上完课后，想到当天下午和第二天上午都没课，顾不上吃饭，就邀约同学到网吧玩游戏，打算玩个通宵。当天晚上和第二天早上，柳某只吃了两盒方便面充饥，为了玩游戏不掉队，他顾不得好好吃饭。直到第二天中午12点多，因为下午有课，柳某才依依不舍地离开网吧。刚走出网吧，柳某就感到头疼，随后突然倒地不起。与柳某一起的同学赶紧将其送往医院。经过医生数小时的紧急抢救，仍无力回天，柳某最终被确诊为脑死亡。经参与抢救的医生介绍，柳某在玩网络游戏过程中，情绪一直紧绷，导致头颅内血管压力增高，从而引起脑动脉瘤破裂，头颅内大面积脑出血造成脑死亡。就这样，柳某的青春永远被定格在了20岁。

点评：相信不少大学生都听闻过有人因为长时间上网倒地不起而最终死亡的事件。这些惨痛的事件都是血淋淋的教训。沉迷网络的大学生其实能够感受到自己由于长期上网而身体健康受损，只是觉得自己的身体能够撑过去，对生命安全并无影响，所以就不在意。这种想法是完全错误的，万一惨痛的事件当真发生在自己身上，会让人追悔莫及。

（三）大学生如何防止沉迷网络

防止沉迷网络，大学生应重视以下3个方面的事项。

- **合理使用网络。**大学生要把工夫花在读书学习上，把网络用在正途上，将网络作为学习知识、提升个人能力的工具。

- **控制上网时间。**大学生要提高自制力，养成制订计划的习惯，安排好每天要做的事情，规定自己上网的时间，避免完全陷入网络。
- **培养兴趣爱好。**为了防止沉迷于网络游戏，大学生要培养积极的兴趣爱好，转移自己的注意力，将时间花在有益身心健康的实践活动上，将自己的课余生活安排得既丰富又有意义。大学生应多与现实社会接触，增加阅历，这将更利于自己的人生发展。

女大学生网络交友不慎，遇色狼使自己遭受侵害

某大学女生小丽通过某社交网站结识了昵称为“单身魅力男”的单姓男子，在聊天过程中两人聊得很投机，小丽完全被对方的魅力征服，涉世未深的她将自己的个人情况毫无保留地告知了对方，包括手机号码、学校、年级、班级、兴趣爱好等。一周后，单姓男子约小丽吃饭，小丽爽快地答应了，两人很快见了面，听着对方的甜言蜜语，小丽非常欢喜，便相约本周周末到附近某景区游玩。周末游玩时，在景区某酒店，单姓男子强行与小丽发生关系，并拍下其裸照。小丽不敢声张，便忍气吞声，单姓男子却变本加厉，以裸照威胁小丽，并多次强迫小丽与其发生关系。此后，小丽才鼓起勇气报了警。后来，单姓男子被捕，以强奸罪被判刑。

点评：大学生喜欢结识朋友，这一点无可厚非，但是通过网络结识朋友时，大学生一定要谨慎，因为在虚拟世界中，你不能清楚地了解对方的真实情况。有的人甚至将网络作为结识朋友的唯一途径，并乐此不疲，这是更不可取的。虽然提倡为人真诚，但大学生通过网络交友应该提高警惕，有所保留，不要把自己的真实情况一股脑儿地告知对方，而应当在见面相处至相对熟悉，了解对方的为人后逐步告知。

三、拒绝网络赌博

我国历来对赌博的打击整治力度特别大，现实中赌博的容身之地也越来越小，然而随着网络的盛行，网络赌博成为赌博的新兴模式。比起现实中的赌博场景，网络赌博因其具有娱乐性、便捷性、虚拟性等特点，更容易使人们受到侵害。大学生通常好奇心重、追求新鲜事物，因此更要警惕网络赌博的侵害，坚决杜绝网络赌博行为。

（一）网络赌博的特点

网络赌博的主要特点如下。

- **娱乐性**。相较于现实中的赌博场景，网络赌博娱乐性更强，因为网络赌博可以通过虚拟平台设计多种赌博项目，所以其赌博内容更丰富，赌博方式五花八门。多元化的赌博项目更容易引诱玩家参与其中。
- **便捷性**。相较于现实中的赌博场景，网络赌博不受时间和空间限制，这极大地方便了玩家随时随地参赌，极易对大学生形成诱惑。因此，大学生要特别注意不能被其表象迷惑。
- **隐蔽性**。基于网络空间的虚拟性和无限延展性，借助于移动电子设备，网络赌博就可以存在，这为识别和整治网络赌博行为增加了难度。
- **虚拟性**。网络赌博因其金额都是虚拟数字，所以减弱了玩家对钱财本能的保护意识，麻痹了玩家对财产损失的感觉。虚拟数字的变化让沉迷其中的人感觉不到像实物那样的金钱交替感，最后钱输光的时候才有心痛的感觉，但为时已晚。
- **陷阱多**。一是庄家宣称充值返现引诱玩家，让玩家越陷越深，参赌更多；二是庄家组建红包群，设定不同的参与规则，看上去玩家赢面极大，实际上庄家利用软件作弊；三是庄家提供网络借贷途径，这种途径由于门槛较低、手续简便、方式灵活等特点，受到玩家的追捧，但其高额的贷款利率最后可能使玩家背负巨额债务。
- **操控性**。如果说现实中的赌博场景“十赌九输”，那么网络赌博就是“十赌十输”。有的玩家误认为网络赌博由计算机自行运作，人为操作和造假的可能性很小，所以放心投注，但几乎所有的赌博网站中庄家在后台都有技术控制权限，通过在后台巧妙地操控数据，庄家可以随心所欲地操控玩家的输赢，即使偶尔让玩家赢钱，也是庄家引诱玩家深陷其中的套路。所以，大学生不要妄想靠网络赌博发家致富。
- **风险性**。网络赌博的服务器隐秘性强，庄家与玩家互不相识，甚至玩家之间也素未谋面。一旦出现较大数额提现或者庄家输钱，庄家可以将玩家拉黑或者直接跑路，关闭原有的赌博平台，而后重建平台继续行骗。

（二）网络赌博的形式

常见网络赌博主要包括以下两种形式。

- **网络游戏涉赌**。近年来，网络游戏盛行，一些原本为用户提供棋牌休闲娱乐的游戏平台，为了能从中牟取更多利益，有的投放赌博网站链接，有的直接开设赌博游戏。网络游戏涉赌一般以游戏币作为筹码，玩家通过现金充值购买筹码或将筹码换为现金后提现，这种方式更具虚拟性，让玩家对钱财本能的保护意识越来越弱，同时网络游戏的强趣味性使很多大学生玩家迷迷糊糊地进入赌局，而后深陷其中，最终损失惨重。
- **网络赌博平台聚赌**。一些不法分子通过建立赌博网站或 App，开设各类网络赌博项目，

通过发布色情信息、注册会员送筹码或发展下线提成的利诱方式吸引网络用户进入其网络赌博平台，或者利用 QQ 群、微信群来发展会员。

（三）网络赌博的预防

自古以来，久赌必输，因为每一场赌博的背后都可能有人为操作，而网络赌博更是让人防不胜防。时至今日，虽然赌博的花样一再翻新，但是赌博的结局从未改变。赌博永远是一个大火坑，只要跳进去，很少有人能真正爬出来。

认识网络赌博的危害后，为避免受网络赌博的腐蚀、侵害，大学生要积极预防，从源头上避免沾染网络赌博。

- **避免被人引诱。**大学生要有辨识力，不加入涉嫌赌博的社交圈子，面对朋友、同学邀请、劝说加入赌局，要坚决说不，不要相信赌博能够赚钱的谎言。
- **避免被不良信息引诱。**大学生不要沉迷网络，不主动搜索赌博信息、淫秽色情信息。网络上“黄”和“赌”经常共同出现，不法分子常利用淫秽色情信息诱惑用户进入赌博平台，因此大学生一定要避免沾染“黄”和“赌”的坏习惯。

预防网络赌博，其良方还是要让自己培养积极的兴趣爱好，多参与有益健康的文娱活动，保持身心健康。

跳出网络赌博陷阱，回归正常生活

某大学生小辉经室友邀请，在手机上安装了一个兼职赚钱 App，室友称该 App 中有一个链接，通过该链接可以下载安装另一个 App，该 App 有一个“比大小”的赌博游戏，操作简单，容易上手，在极短的时间内可以玩多局，并且有规律可循，赚钱很容易，自己这两天就赚了 2 000 多元，并给小辉看了相关截图。在室友的诱惑和怂恿下，加上自己的好奇心作祟，小辉在这款 App 中注册了会员，开始了赚钱之旅。

一开始，小辉很谨慎，只充了 100 元，半个小时后就赢了 1 000 元。于是，小辉胆大了起来，并不断琢磨比大小的规律，4 天内赢了上万元。轻易得来的巨额钱财让小辉沾沾自喜，胜利冲昏了他的头脑，他天真地以为自己掌握了比大小的开牌规律，认为发家致富指日可待。就这样，小辉白天上课，晚上熬夜玩游戏，就在第 7 天小辉的运气就开始失效了，仅仅一天内他就把赢的所有钱输光了。但他认为自己只是输掉了赢来的钱，还会时来运转，于是向同学、朋友借钱筹够 10 000 元，加大投注金额想翻本。但是运气再也没有光顾小辉，这一次，他 1 个小时就输光了借来的 10 000 元，走火入魔的小辉只得打起网贷的主意，结果可想而知，小辉借一次输一次，直到他借遍了各种网贷平台，到了借无可借的境地，他才收手。半个月内，他一共输了 15 万元，巨额债务使他一度产生轻生念头。后来，通过家人和同学的帮助，小辉没有轻生和放弃自己，把这次教训当作浴火重生的动力。两年后，小辉的生活重回正轨。

点评：当前，赌博平台常寄生于其他平台，大学生一定要对此提高警惕。赌博平台的套路通常是让玩家先赢后输，加之网络赌博的虚拟性特征很容易使玩家在不知不觉中输光钱财，而玩家输了之后总是想着翻本再收手，于是陷入筹钱和输钱的恶性循环，从而使玩家越陷越深，也极易引发其做出违法犯罪行为和极端行为。

四、拒绝不良的网络贷款

坚决对“校园贷”说不

2017年，中国银监会、教育部、人力资源社会保障部联合印发《关于进一步加强校园贷规范管理工作的通知》，叫停借贷平台以在校大学生为贷款目标的校园贷业务，但是由于部分大学生非理性的消费观念和创业需求，违法违规的校园贷并未绝迹，不良的网络借贷平台为牟取巨额非法暴利，仍在隐蔽地发放针对大学生的网络贷款。

合理的贷款业务可以缓解生活经济压力，一旦贷款超出偿还能力或遇到高额贷款陷阱，后果将不堪设想。大学生要学会辨别合法金融机构为大学生提供的正规普惠金融服务和违法违规的网贷业务。大学生要增强防范金融风险的意识，提高警惕，避免沦为不良网络借贷平台的待宰羔羊。

（一）不良网络贷款的特征

不良网络贷款的主要特征如下。

- **低门槛。**很多网络借贷平台打着“无须抵押、操作便捷、快速到账”的幌子招摇过市，吸引大学生前来贷款。网络借贷平台一般声称，借款人只需提供个人身份证件、学历证明，以及父母或同学、老师的联系方式等信息，即可得到几千元，甚至数万元额度的借款。但大家要记住，正规的借贷平台在操作借款时会严格限制借贷条件，一再审核借款人的借款资质和还款能力。仅凭身份信息就能成功借款的多半是使借款人陷入高利贷的骗局。
- **利率不明。**不良的网络借贷平台宣传其借贷产品时往往玩数字游戏，避谈利率问题，只强调分期还款、低门槛、零首付等虚无好处。例如，借款一周，本金500元，利息100元，算下来一天的利率达到惊人的2.8%左右，且年利率超过1000%。而银行贷款的年利率一般在4%~5%，由此可见，不良的网络借贷平台的贷款利率是十分不正常的。

【安全小贴士】

2020年8月，最高人民法院发布新修订的《最高人民法院关于审理民间借贷案件适用法律若干问题的规定》（以下简称《规定》）。《规定》明确，出借人请求借款人按照合同约定利率支付利息的，人民法院应予支持，但是双方约定的利率超过合同成立时一年期贷款市场报价利率4倍的除外。一年期贷款市场报价利率是指中国人民银行授权全国银行间同业拆借中心自2019年8月20日起每月发布的一年期贷款市场报价利率。以2021年11月22日发布的一年期贷款市场报价利率3.85%的4倍计算为例，民间借贷利率的司法保护上限为15.4%，也就是说年利率15.4%是不可触犯的高利贷红线，法律所允许的民间借贷年利率不得超过15.4%，否则将不受法律保护。

- **收费名目繁多。**如收取“砍头息”，即把利息预先从所借本金中扣除。《民法典》第六百七十条规定，借款的利息不得预先在本金中扣除。利息预先在本金中扣除的，应当按照实际借款数额返还借款并计算利息。其他如“服务费”“担保费”“保证金”等，这些费用也往往从所借本金中预先扣除。也就是说，借款人真正到手的借款金额往往远低于实际的申请贷款金额。另外，有的不良网络借贷平台把利息加入本金来一起计算利息，以利滚利的手段变相发放高利贷。

- **高额逾期还款违约金**。不良的网络借贷平台往往要求借款人支付极高的逾期还款违约金，如逾期违约金每天按未还金额的1%计算，或按贷款金额的10%计算等，这些逾期违约金有时甚至比借款本金多。校园贷在已经收取了高额利息的情况下，再收取高额违约金有悖于法律的公平原则。
- **暴力催收手段**。很多不良的网络借贷平台会暴力催收，大学生如不能按时还款，平台或平台雇用的催收公司就会采取去学校闹事、威胁学生亲友、打恐吓电话、暴力、拘禁、跟踪等恶劣手段讨债，严重侵犯大学生的人身安全，有的大学生在不堪忍受的情况下容易做出极端行为。情节严重的暴力催债行为已经涉嫌构成犯罪，应受到刑事责任追究。

【安全小贴士】

2019年4月9日起施行的《最高人民法院、最高人民检察院、公安部、司法部关于办理实施“软暴力”的刑事案件若干问题的意见》规定：“软暴力”是指行为人为牟取不法利益或形成非法影响，对他人或者在有关场所进行滋扰、纠缠、哄闹、聚众造势等，足以使他人产生恐惧、恐慌进而形成心理强制，或者足以影响、限制人身自由、危及人身财产安全，影响正常生活、工作、生产、经营的违法犯罪手段。采用“软暴力”手段，使他人产生心理恐惧或者形成心理强制，分别属于《刑法》第二百二十六条规定的“威胁”、《刑法》第二百九十三条第一款第（二）项规定的“恐吓”，同时符合其他犯罪构成要件的，应当分别以强迫交易罪、寻衅滋事罪定罪处罚。

（二）不良网络贷款的危害

不良网络贷款的危害主要体现在以下4个方面。

- **使大学生树立不良的消费观**。大学生只需提供身份证就可以轻松得到数额不等的贷款，易产生“钱来得容易”的感觉，从而变相刺激自己超前消费。长此以往，大学生会受到错误诱导，树立起不良的消费观念，滋生借款恶习，并引发赌博、酗酒等恶习。
- **影响大学生的学习和生活**。大学生在借了不良网络贷款后，背负着高额债务，需要想方设法赚钱还贷，弄得身心疲惫，而一旦逾期不能按时还款还会遭受不良网络借贷平台的各种恶劣催收，使自己难以应付，甚至弄得人尽皆知，声誉受损，给正常学习和生活带来严重的负面影响。
- **扰乱校园秩序**。不良网络贷款除了影响大学生个人，还会对校园秩序产生重大影响。一方面，因受贷款大学生的影响，身边的同学可能会采取同样的方式贷款；另一方面，当贷款大学生无力偿还借款时，不仅贷款学生遭受恶劣的催收，身边的同学和老师也会受到电话骚扰、恐吓等，这给校园带来了极大的危害。
- **破坏大学生的家庭幸福**。大学生若陷入不良网络贷款的高利贷陷阱中，便会想办法填补资金窟窿，有的不堪重负，走上偷盗、抢劫等违法犯罪道路，有的做出轻生等极端行为，这些都会给家庭带来不可挽回的重大损失。有的大学生还将其借款转由家庭共同承担，不仅自己遭受不良网络贷款平台的暴力催收，也使家人遭受暴力催收，使自己的家庭幸福遭到严重破坏。

案例阅读

大学生贷款 8000 元，利滚利半年时间欠下 10 万元

某校一名女大学生小于为了购买一款时髦的高档手机，登录了一家网络贷款平台申请贷款，该平台采用实名制注册登记。为了拿到 8000 元借款，小于提供了自己的身份证、学生证，以及父母、老师的相关信息。到期后，因无力偿还，小于只好到其他网络贷款平台借钱偿还旧债。在如此拆东墙补西墙的恶性循环下，半年时间内小于已欠下 10 万元债务。为了能再借款偿还旧债，小于甚至在其中一家借贷平台中将自己手持身份证后拍摄的裸照当作抵押来借钱。对方称，如果之后她不能按时还钱，就会把裸照转发给她的家人或直接公开发布到网络上。

点评：大学生要有科学的消费观念，一般不提倡大学生超前消费，特别是过度超前消费。不良网络贷款的危害是巨大的，往往让身陷其中的大学生提心吊胆、痛苦不堪。大学生一定要提高警惕，远离不良的网络贷款，避免酿成悲剧。

（三）应对不良网络贷款

对于如何应对不良网络贷款，下面提供了一些参考方法。

- 大学生要有自控能力和自律能力，树立科学的消费观，不盲目攀比，不好逸恶劳，生活支出应根据家庭实际情况进行合理安排。避免遭受不良网络贷款的侵害的有效方法就是远离它。
- 如果大学生家庭经济困难，为了缓解经济压力，一是可以努力学习获取奖学金或者争取学校困难补助；二是可以通过兼职赚取生活费，甚至学费等；三是可以与同学、老师商量向其借钱。如确需贷款，则应选择安全系数高的国家正规金融机构的借贷产品，并多方咨询，了解清楚利率等还款事项后，根据自身还款能力来考虑借款金额。
- 大学生要增强防骗意识，保持头脑清醒。正规贷款机构会根据用户的综合资信情况来评定借款上限，申请时不仅需要用户提供身份证明、流水证明等，还会查看用户是否具有良好的信用记录及还款能力等。若贷款产品没有审核过程、门槛低或额度高，那么大学生就要擦亮双眼，因为该贷款平台十有八九是骗人的。
- 如果大学生已初涉不良网络贷款，但是发现了不对劲，则要赶紧收手，并向警方报案寻求帮助。
- 如果大学生已经陷入不良网络贷款的旋涡中，那么不要有所顾虑，应及时报警，并说清楚事情始末，按照法律程序解决，把这件事当作自己的一个深刻教训，谨记以后遇事要谨慎。

大学生陷入高利贷圈套，及时收手后幡然醒悟

大一学生小孙迷上了一款网络游戏，为了购买装备、充游戏币，一天内他不知不觉就消费了约 1000 元，他仅剩 100 元，但这个月才过去一半，离父母汇生活费还得等上半个月。小孙不好意思向父母开口要钱，便在同学的推荐下登录了某网络借贷平台，提交了自己的身份证截图，填写了班主任和家长的手机号码，签了一份借款协议后，借到了 1000 元。一周后，小孙因无法还款，便开始接到借贷平台的催款电话。对方要求其支付本金和一周 10% 的利息共 1100 元，如果第二周再不还，就会利滚利。对方还威胁小孙，称其一周内再不还就打电话找他的家长要钱。

小孙整天担惊受怕，好面子的他害怕同学、老师和父母知道自己在借贷平台上借钱的事，但每天接到十几个催款电话让他实在不堪其扰，便只得向父母如实交代，立即把钱还了。回想起这次借贷经历，小孙仍心有余悸且十分后悔。遭受过借贷平台恶劣的催款手段后，他从此对网络贷款避而远之，并时常告诫同学和朋友要远离不良网络贷款。

点评：大学生要抵制住各个方面的诱惑，增强自己的安全意识，不要轻信他人，遇事可以与老师、父母或者同学一起商量，抵制不良网络贷款，让大学生活更加充实和美好。

五、拒绝网络暴力

网络暴力是互联网时代特有的暴力形式，是指用文字、图片、视频等形式在网络上发表具有诽谤性、诬蔑性、侵犯名誉、损害权益和煽动性等特点的言论，对他人进行人身攻击的行为。网络暴力属于网民在网络上的暴力行为，是社会暴力在网络上的延伸，其危害严重且影响恶劣，会对当事人造成名誉损害和精神损害，而且它已经突破了道德底线，往往伴随着侵权行为和违法犯罪行为。

在互联网时代，每个人都可能成为网络暴力的受害者，大学生在网络暴力的旋涡中受到的影响更为直接且深刻。2019 年，中国社科院发布的《社会蓝皮书》显示，近 3 成青年曾遭遇过网络暴力辱骂，而“当作没看见，不理会”则是最常用的应对方式，占比超过 60%。2021 年，中国青年报 • 中青校媒面向全国高校大学生展开问卷调查，超 7 成受访大学生称其接触过网络暴力，引发社会热议。那么，网络暴力究竟有哪些常见形式，它有何危害？大学生又该如何应对网络暴力？

（一）网络暴力的形式

常见的网络暴力有以下 3 种表现形式。

- **人肉搜索。**人肉搜索即利用网络检索恶意收集并公布可以识别他人身份、特征的个人隐私，侵犯其隐私权。
- **网络语言暴力。**网络语言暴力即在网络上发布针对当事人的贬低性言语，使当事人的社会评价降低，致使其人身权利受损，甚至对当事人的亲友进行言论侵扰等。
- **散布谣言。**散布谣言即对于未经证实或已经证实的网络事件，在网络上发布具有伤害性、侮辱性或煽动性的失实言论，从而毁坏他人名誉，降低其社会评价。

（二）网络暴力的危害

网络暴力是把伤人于无形的刀，它除了给受害者带来无法磨灭的阴影使其身心受损外，还给社会带来更广泛的严重危害。具体而言，网络暴力的危害体现在以下 4 个方面。

❶ 侵犯当事人的权益

在网络暴力事件中，参与者非理性的攻击侵犯了事件当事人，对当事人的身心造成了伤害。尤其在人肉搜索风靡后，人们已不再局限于在网络上通过文字、图像等方式攻击当事人，而发展至通过人肉搜索手段直接从网络虚拟社会渗透到现实社会，骚扰当事人的现实生活，严重侵犯当事人的权益。在网络暴力事件中，受害人有名有姓，由于网络的匿名性却找不到实施伤害的人，正因为如此，参与者往往抱着法不责众的心理肆意而为。

❷ 影响人们的思维判断

在网络虚拟世界中，信息真假原本就难以辨识，而在网络暴力事件的不断冲击下，原本难以辨识的信息变得更加扑朔迷离、难以区分真假。一件事情在网络上引起争论，引来各方关注和讨论，这原本是件好事，因为经过讨论和辨别的事情能够更加趋近真相。但网络暴力滥用言论自由的人权，往往导致出现极端观点，一部分非理性、情绪化的语言获得大量赞赏，部分公众误认其为主流看法，不自觉地站队，在无形中充当了网络暴力事件的推动者。

大学生由于社会经验不足，更容易被事情的表象误导，对事件形成片面的认知。然而，社会热点事件背后成因往往复杂，当事件的来龙去脉还不清楚时，如果网络施暴者先进行意见制裁与情绪主导，不明真相的部分公众盲从跟风，那么大学生群体对事件的判断和对社会现象的理解将直接受到影响。

❸ 影响人们的价值观

除了直接造成的危害和影响外，网络暴力的频繁发生也会影响人们的价值观。正确的价值观念是人类社会秩序正常运行、美好和谐社会得以构建的保障。在日常生活中，人们的道德观念和价值观念无时无刻不在影响他们的行为和处事方式。例如，学校食堂每到吃饭时会很拥挤，楼梯上总是人头攒动，但是人群却井然有序，这就是“谦让、遵守排队规则、相互尊重理解”的价值观念在发生作用。社会的普遍价值观念会影响个体的价值观，进而影响个体的行为。

网络暴力容易裹挟人的思想，使原本符合社会伦理、符合道德意识的价值观在网络暴力的冲击下被扭曲。在网络暴力事件中，参与者盲目地支持某一方过于绝对化的观点，披着道德的外衣，做着违反道德的事，而且并不认为自己有错。一旦有与自己已有观点不同的观点侵入，则会尽其所能地维护自己的观点，进行自我欺骗，在搜集相同观点的同时加深自我欺骗的程度，使自己已有观点被强化，不再接受其他观点，进而使自己的价值观被扭曲。大学生群体心智尚未完全成熟，更容易被各类言论调动情绪，影响其思维认知与价值观念。

❹ 影响社会和谐

网络暴力事件侵犯了当事人的名誉权、隐私权，泄露个人隐私信息，使当事人缺乏安全感，容易引发当事人的不安情绪，给当事人造成严重的身心伤害，甚至能彻底摧毁当事人的生活。与现实社会的暴力行为相比，网络暴力参与的群体更广，传播速度更快，因此在某些意义上可能比现实社会的暴力行为所产生的危害更大。显然，网络暴力是与现代文明、社会伦理道德相悖的，而且网络上的一些过激言论或行为甚至已经触及了法律的红线，它容易引发社会恐慌，这无疑阻碍了和谐网络社会的构建。

（三）应对网络暴力

防治网络暴力需要社会各方的共同参与。网络监管部门应通过法律规章，加大对网络暴力的打击力度，降低受害人的维权成本，维护网络社会秩序；平台在获取商业利益的同时应承担相应的社会责任，除加强对信息发布、评论的监管外，还可以向公众展现事件动态变化的全貌。

针对大学生群体，学校在大学生遭受网络暴力时应及时出手，帮助学生维护权益，减少网络暴力带来的伤害，同时加强网络安全教育。而对大学生自身而言，一方面，大学生不能成为网络暴力的施暴者、始作俑者，在进入网络世界时，应提升信息甄别能力，在面对网络暴力现象时应控制情绪，保持理性的态度，不盲目站队做网络暴力的帮凶，不让手中的键盘成为伤害别人的利器。尤其当事实还未明晰时，大学生更不能在情绪渲染与道德审判中盲从跟风，对当事人进行侮辱谩骂，成为施暴者。另一方面，大学生要增强维权意识，遭遇网络暴力时不应消极应对，不要沉默而助长对方的嚣张气焰，应主动出击，合法合理地维护自身权益，如回应质疑、选择向平台投诉或选择报警寻求帮助。

学弟遭受网络暴力，监控还原事情真相

某时某校食堂中，一名学姐的臀部被蹭了一下，她以为是身后的学弟骚扰自己。即便学弟再三解释是书包不小心蹭到了她，并且表示可以调取监控，还原事情的经过，证明自己的清白，但是这名学姐无心听他解释。于是，在事情的真相尚未水落石出的情况下，这名学姐曝光了学弟摸其臀部的“真相”，并将该学弟的个人信息发布到网上。此事在网络上引发了广泛的讨论，不少网友对涉事学弟表示谴责，“坐实”了这名学弟“色狼”“有才无德”的标签。

然而，事情很快出现了反转，经查询监控，所谓的学弟骚扰行为不存在，但事件已经在网络上发酵，不少人又开始批评当事女生。随后，当事女生对此事发表道歉声明，一名老师表示两人最后达成了和解。试想，如果没有监控还原事情真相，这次网络暴力事件将对这名学弟产生严重的负面影响。

点评：大学生与人发生纠纷或矛盾时，要保持冷静，妥善处理事情。近年来，部分人为了宣泄一时情绪随意谩骂、骚扰当事人，认为在行使言论自由的权利。但网络空间不是法外之地，不能成为任性宣泄、肆意恶评的地方。2021 年 1 月 1 日起施行的《民法典》明确规定：任何组织或者个人不得侵害他人的隐私权，不得诋毁、贬损他人的荣誉；捏造、歪曲事实，使用侮辱性言辞等贬损他人名誉的人将承担民事责任。大学生遭遇网络暴力时，可以依法维护个人权益。

话题讨论

讨论主题：对网络暴力的态度与看法

讨论内容：你是否遭遇过网络暴力？是否就他人发表的言论站队，待事实真相查明后才发现自己无意中成了网络暴力施暴者的帮凶？针对这些情形，请大家发表对网络暴力的态度与看法，并分小组讨论交流。

自我测评

本次“自我测评”用于测试同学们的网络安全意识的强弱，共 15 道测试题。请仔细阅读以下内容，实事求是地作答。若回答“是”，则在测试题后面的括号中填“是”；若回答“不是”，则在测试题后面的括号中填“否”。

1. 你会谨慎同意手机 App 获取权限。（　）
2. 你会为不同的网络账户设置不同的强密码。（　）
3. 你会妥善保管身份证号码、银行卡号等个人重要信息。（　）
4. 你不随意连接来源不明的免费 Wi-Fi。（　）
5. 你为自己的计算机安装了安全防护软件，阻挡来自外界的威胁。（　）
6. 你不轻易点击网页或手机短信中的未知链接。（　）
7. 你为自己的计算机开启了防火墙功能。（　）

8. 你在使用来源不明的移动存储介质前查杀病毒和木马。（　）
9. 你将含有重要信息的文件、文件夹加密保存。（　）
10. 你有备份重要数据的习惯。（　）
11. 你有定期查杀手机、计算机木马和病毒的习惯。（　）
12. 你从不浏览不良网络信息。（　）
13. 你能很好地控制自己每天的上网时间，使之不影响自己的学业。（　）
14. 你从不参与网络赌博。（　）
15. 你了解不良网络贷款的危害，从不在不良的网络借贷平台上借钱。（　）

以上填“是”的选项越多说明你的网络安全意识越强。保护网络安全需要人们防微杜渐，如果自身存在一些上网坏习惯，要及时纠正，否则终究会给自己带来不必要的麻烦，甚至是严重的伤害。

过关练习

一、判断题

1. 为了方便记忆，某同学将他的银行卡密码、网上银行账户密码都设置为自己的出生日期，这种做法是可靠的。（　）

2. 除遭到黑客恶意攻击外，个人的不良上网习惯，如登录非法网站，不会对个人信息泄露造成任何危害。（　）

3. 为防止密码被轻易破解或猜中，应避免将密码设置为“123456”等弱密码。（　）

4. 使用计算机和手机等常用信息设备时，应从官方网站或其他正规渠道下载应用软件。（　）

5. 任何个人和组织不得从事非法侵入他人网络、干扰他人网络正常功能、窃取网络数据等危害网络安全的活动。（　）

二、单选题

1. 下列选项中，不属于信息安全所面临的威胁的是（　）。
A. 黑客的恶意攻击
B. 恶意网站设置的陷阱
C. 信息访问需要付出高昂的费用
D. 用户上网时的各种不良行为

2.（　）是指信息在传输或存储时不被他人窃取。
A. 机密性　B. 完整性　C. 可用性　D. 可控性

3. 下列选项中，属于强密码的是（　）。
A. 123456　B. Box1874BAO　C. 666666　D. 19951225

4. 12321 网络不良与垃圾信息举报受理中心的受理电话是（　）。
A. 011-21321　B. 010-21321　C. 011-12321　D. 010-12321

5. 降低了玩家对钱财本能的保护意识，麻痹了玩家对财产损失的感觉，是网络赌博的（　）特征。
A. 虚拟性　B. 便捷性　C. 隐蔽性　D. 娱乐性

三、多选题

1. 根据用户具有的生物特征，身份认证可通过（　）等进行。

A. 身份证　B. 声音　C. 指纹　D. 人脸

2. 防火墙的主要功能包括（　）。

A. 网络安全屏障　B. 强化安全策略

C. 监控审计　D. 防止信息外泄

3. 应对不良网络贷款，应当（　）。

A. 树立科学消费观，不盲目攀比，生活支出应根据家庭实际情况合理安排

B. 提升自控力和自律能力

C. 增强防骗意识，保持头脑清醒

D. 远离不良的网络贷款

4. 遭受网络暴力后，应当（　）。

A. 回应质疑

B. 向平台投诉

C. 报案寻求帮助

D. 当作没看见，不理会

四、思考题

1. 个人信息泄露有何危害？

2. 数据备份有哪些常见方式？

3. 如何抵制不良信息的诱惑？

4. 如何应对网络暴力？

5. 你对我国目前的信息安全现状有何看法？

6. 阅读下面的材料，你有何启示？日常生活中人们如何保障信息安全？

某在校大学生小何喜欢浏览淫秽色情信息，某次为了观看视频，在某个色情网站中按照提示提交了个人信息，注册成为会员。之后，小何接到威胁电话，对方称已获取了小何计算机中的隐私资料，让小何转1000元给他以拿回这些资料。小何转给对方1000元后，并未拿回自己的隐私资料，反遭对方以公开在网上发布小何隐私为由多次威胁，小何不堪对方滋扰才放下一切顾虑选择了报警。

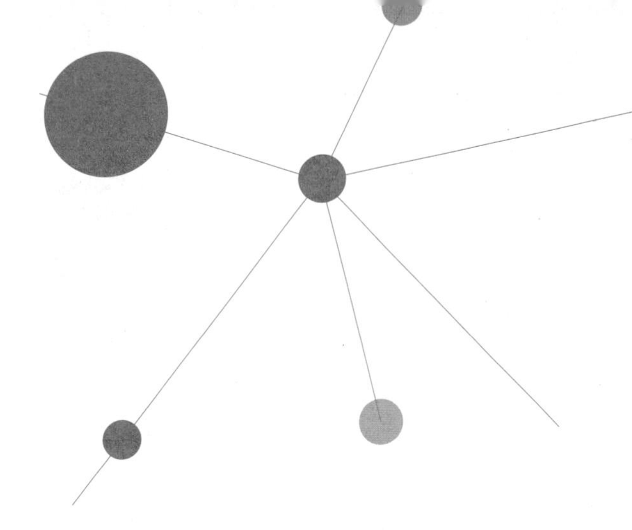

第八章
消防安全

隐患险于明火，防范胜于救灾，责任重于泰山。

——消防标语

近年来，随着大学规模的扩大，大学校园中人员更加密集。大学校园不仅是广大师生的主要活动场所，还存放着各种实验、教学、科研设备，以及各类实验、教学、科研资料及成果。火灾的发生往往猝不及防，能在转瞬之间吞噬一切。校园火灾不仅会给广大师生的人身财产安全造成极大威胁，也会影响教学、科研工作的正常进行。因此，为了自己和他人的安全，为了维护校园公共财产，大学生应学习并掌握一定的消防安全知识。

视频

第一节 消防常识

火患猛于虎，多少人葬身火海，令人痛心。近几年，大学校园火灾时有发生，吞噬了无辜学子的生命，其教训极为深刻。古训常言“前事不忘，后事之师”，大学生要深刻领悟“防火安全必须警钟长鸣”的警示含义，自觉承担起校园防火的责任与义务，从根本上减少和预防校园火灾事故的发生。

【学习目标】

◎ 了解火灾的分类、等级、多发情形及其发展过程。

◎ 了解校园火灾发生的主要原因。

◎ 积极掌握预防火灾的措施。

一、认识火灾

火灾是指在时间或空间上失去控制的燃烧所造成的灾害。在各种灾害中，火灾是最经常、最普遍地威胁公众安全和社会发展的主要灾害之一。

（一）火灾的分类

火灾根据可燃物的类型和燃烧特性，可分为 A、B、C、D、E、F 六大类。

- **A 类火灾**。即固体物质火灾，如木材、干草、煤炭、棉、毛、麻、纸张、塑料（燃烧后有灰烬）等火灾。这类火灾物质通常具有有机物质的性质，在燃烧时一般能产生灼热的余烬。
- **B 类火灾**。即液体或可熔化的固体物质火灾，如煤油、柴油、原油、甲醇、乙醇、沥青、石蜡等火灾。
- **C 类火灾**。即气体火灾，如煤气、天然气、甲烷、乙烷、丙烷、氢气等火灾。
- **D 类火灾**。即金属火灾，如钾、钠、镁、钛、锆、锂、铝镁合金等火灾。
- **E 类火灾**。即带电火灾，物体带电燃烧的火灾。
- **F 类火灾**。即烹饪器具内的烹饪物（如动植物油脂）火灾。

（二）火灾的等级

根据 2007 年 6 月 26 日公安部下发的《关于调整火灾等级标准的通知》，火灾等级标准由原来的特大火灾、重大火灾、一般火灾三个等级调整为特别重大火灾、重大火灾、较大火灾和一般火灾四个等级。特别重大、重大、较大和一般火灾的等级标准分别如下。

- **特别重大火灾**。特别重大火灾是指造成 30 人以上死亡，或者 100 人以上重伤，或者 1 亿元人民币以上直接财产损失的火灾。
- **重大火灾**。重大火灾是指造成 10 人以上 30 人以下死亡，或者 50 人以上 100 人以下重伤，或者 5000 万元人民币以上 1 亿元人民币以下直接财产损失的火灾。
- **较大火灾**。较大火灾是指造成 3 人以上 10 人以下死亡，或者 10 人以上 50 人以下重伤，或者 1000 万元人民币以上 5000 万元人民币以下直接财产损失的火灾。
- **一般火灾**。一般火灾是指造成 3 人以下死亡，或者 10 人以下重伤，或者 1000 万元人民币以下直接财产损失的火灾。

（三）火灾多发情形

从季节分布上看，通常冬季是居民用火用电用气的高峰期，也是火灾的高发季节。从火灾的时段分布看，22 时至次日 6 时火灾成灾率较高，因为深夜是人们睡得最香、警惕性最低的时段，这时候人们不易察觉靠近的危险，且来不及反应。由于人们发现晚、报警迟、处置晚，夜间火灾往往易造成伤亡。

从火灾多发场所看，家庭日常所处的居民住宅是受火灾影响最大的场所，且火灾多发生于厨房、卧室，电气短路、超负荷用电、电器设备使用后人走未关闭电源等是火灾发生的主要诱因。工商文娱场所人员聚集、生产经营设施集中、用电用油用气负荷大、成品原材料堆积，大火时有发生，且一旦发生火灾极易蔓延扩大，造成损伤。校园火灾中，学生宿舍是火灾多发地，且火灾常发生在人去室空的时候，由烟头或其他易燃物引起。

另外，春天的干燥环境易发生静电火灾；夏天气温高，易燃易爆物品易引起火灾；秋天枯草落叶遇火就着，易引起火灾。

（四）火灾的发展过程

火灾的起火原因多，且为突发性事件，但火灾的发展一般都要经过一个火势由小到大、由弱到强，逐步发展的过程。火灾的发展过程通常可以分为 4 个阶段，即火灾初起阶段、火灾蔓延阶段、火灾猛烈燃烧阶段和火灾衰减熄灭阶段。

- **火灾初起阶段**。在火灾初起阶段中，燃烧是局部的，在火灾局部燃烧形成之后，可能会出现下列三种情况：一是随着最初着火的可燃物燃尽而终止燃烧；二是通风不足，火灾可能自行熄灭，或受到通风供氧条件的影响，以缓慢的燃烧速度继续燃烧；三是存在足够的可燃物，而且具有良好的通风条件，火灾迅速发展。在火灾初起阶段中，火势一般不够稳定，燃烧现场平均温度不高，持续时间可能在 5 ~ 20 分钟，此时是扑灭火灾的有利时机。

拓展阅读

识别建筑火灾发展的特殊现象

- **火灾蔓延阶段**。在火灾蔓延阶段中，燃烧强度增大，燃烧温度升高，燃烧速度加快，燃烧面积扩大，需一定灭火力量才能有效控制火势发展和扑灭火灾。
- **火灾猛烈燃烧阶段**。在火灾猛烈燃烧阶段，燃烧温度最高，燃烧物质分解出大量的燃烧产物，周围所有可燃物都被卷入火灾。在这一阶段中，火势最盛，扑灭困难，延续时间取决于燃烧物质的数量、通风条件和灭火工作。
- **火灾衰减熄灭阶段**。随着可燃物燃烧殆尽、燃烧氧气不足或者灭火措施起作用，火势开始衰减。随后，可燃物烧完、燃烧场地氧气不足或者灭火工作起效，火势最终熄灭。

火灾的大小取决于火灾危险性、火灾蔓延速度、建筑构件耐火极限和建筑物耐火等级，并与建筑结构、气象条件、消防设施等因素密切相关。

二、火灾发生的原因

微课视频

火灾发生的原因

大学校园发生火灾，客观原因有人员、建筑密集，教学及实验存在一定的火灾危险性等。但从已发生的校园火灾来看，多数火灾的发生由主观的人为因素导致，主要包括部分师生消防安全意识淡薄、违反学校安全管理规定及缺乏消防基本知识这 3 个方面。

（一）消防安全意识淡薄

消防安全意识淡薄是火灾发生的最大隐患，也是防火的大敌。例如，有的大学生对校园火灾的前车之鉴并不重视，认为火灾离自己很远，对可能发生的火灾事故心存侥幸；有的大学生对消防一类的活动如疏散和灭火演习、开展的消防知识普及讲座的参与兴趣不高，认为这些都是多此一举，对消防有一定的抵触心理；有的大学生认为消防工作是学校有关部门的事情，与自己关系不大。

大学生在学生宿舍点蚊香引起火灾

2020 年 11 月 15 日，山东威海某职业学院学生在宿舍窗台点蚊香后于 12 点 50 分左右外出上课，由于窗帘没有升到顶部，在宿舍无人的情况下，蚊香点燃窗帘后引起火灾。事发时，辅导员、保卫科及物业相关人员疏散学生至安全地点，并在拨打 119 后开始灭火，后消防人员第一时间赶到现场，参与处理。13 点 20 分左右，火被扑灭，经确认，无人员伤亡，部分被褥、衣物等物品受损。

无独有偶，山东烟台某大学也曾因学生凌晨 1 点 30 分左右在宿舍点燃蚊香，并将蚊香放在了鞋盒里，后学生外出上网而引发火灾，整个宿舍全部烧毁，所幸没有人员受伤。

点评：一次次教训证明，消防安全与每个人的生命财产安全息息相关。与学校安全管理和消防措施同等重要，甚至更加迫切的是大学生对待消防安全的态度。无论身居何处，大学生都应自觉遵守消防安全规定，摒弃“事不关己，高高挂起”的观念，多规范自己的不安全行为，多留意身边的安全隐患。这样，清理校园消防顽疾的工作必将事半功倍。

（二）违反学校安全管理规定

每所学校都会制定相应的安全管理规定来规范和约束学生行为，以预防安全事故的发生，保障师生安全及校园财产安全。然而，有的大学生安全意识淡薄，罔顾甚至屡屡违反学校安全管理规定，这势必带来安全隐患。就消防安全而言，学生违反学校安全管理规定主要有 3 种情形。

❶ 用火不当

从已经发生的大学校园火灾来看，主要是大学生以下 4 个方面的用火不当行为引起的。

- **不文明吸烟。**大学生在宿舍床铺上吸烟，未熄灭的烟灰或烟头不慎跌落到被褥、衣服等易燃物上，或者在宿舍或校园其他场所乱扔未熄灭的烟头，一旦其与可燃物接触就容易引起燃烧，甚至酿成火灾。
- **肆意焚烧杂物。**大学生在宿舍内或走廊上焚烧废旧纸张、书籍等废弃物，如果焚烧物靠近衣被、蚊帐等可燃物，或火未完全熄灭人即离开，火星飞到这些可燃物上引起燃烧后，一旦失去控制极易转化为火灾。
- **随意点燃蚊香。**蚊香具有很强的阴燃能力，点燃后没有火焰，但能长时间持续燃烧，中心温度高达 700℃左右，超过了多数可燃物（如棉麻、纸张）的燃点，因此，未熄灭的蚊香足以引起固体可燃物和易燃液体、气体着火。有的学生为了在宿舍驱蚊，经常点蚊香，若点燃的蚊香靠近可燃物品，则极易引起燃烧，发生火灾。
- **违规使用蜡烛。**蜡烛作为一种可以移动的火源，稍不小心，就可能烧融、流淌或者倒下，遇可燃物容易引起火灾。有的大学生喜欢在宿舍熄灯后打扑克、玩游戏、看书等，这就埋下了安全隐患。

案例阅读

吸烟提神，意外制造飞来横祸

某大学一大三学生考试前在宿舍里面临时抱佛脚，觉得困了便抽烟提神。烟头未熄灭，该学生便随手将其丢至楼下，烟头恰好落在了宿舍楼旁边晾衣架上的一床被子上，使被子被点燃但处于阴燃状态，未产生明火。不久后，住在宿舍一楼的某位同学闻到了一股刺鼻的烟味，立即出门查看，就看见晾衣架上升起团团黑烟，且黑烟越来越多，该同学立刻从晾衣架上扯下被点燃的被子，并接水将火浇灭。他摊开被子后，发现里面裹着一个烧焦了的烟头。

点评：一般而言，烟头引起的火灾事故要经历一段时间的无火焰阴燃过程。当温度达到物质的燃点时，即可燃烧，最后蔓延成灾。吸烟有害身体健康，因此不提倡大学生吸烟。即使吸烟，也要养成文明吸烟的习惯，在吸烟区吸烟，吸完烟后记得掐灭烟头，不乱扔烟头，不在公共场所吸烟，特别是不在严禁用火的地方吸烟，以免影响他人，甚至造成意外事故。

❷ 用电不当

不管是在居民住宅还是在大学校园发生的火灾中，用电不当引起的火灾都占有相当大的比重，其危害性非常大。大学生用电不当的行为主要有以下 3 个方面。

- **私拉乱接电线。**由于学校实行定时供电，且宿舍热水器、饮水机、计算机等电器日益增多，所以有的学生为了方便，就私拉或乱接电线，增加了线路负荷，这极易损伤线路的绝缘层，从而引起线路短路和触电，发生火灾。
- **使用大功率电器。**学校教室、实验室、宿舍的供电线路、供电设备都是根据实际使用情况设计的，如果超出负荷，电线就会发热，加速线路的老化，极易引起火灾。尤其是在学生宿舍内，有的学生经常违规使用电磁炉、电饭锅、电热杯等大功率电器，这样容易导致电线超负荷而引起火灾。
- **使用电器不当。**使用电器不当也存在引发火灾的可能，如：使用劣质电器，线路负荷超载时，线路容易燃烧；边玩手机边充电或长时间用衣被捂着手机充电，散热不良引起火灾；未关闭电源开关且长时间使用电热器具，无人看管时自燃起火等。

案例阅读

未关闭电源，自习室的空调自燃起火

某大学学生小杨某天晚上到教学楼自习室自习，同往常一样，每次自习他会学习到 12 点左右才离开。这晚，小杨最后一个离开教室但忘记关闭空调开关，使空调整夜处于运行状态。第二天早上，由于空调整夜运行引发电路问题而自燃，此时该楼层恰好无人值守，没人在空调自燃时将火扑灭，而使火势蔓延引发火灾，造成立式空调一角受损严重，计算机、课桌、书本全部被烧毁，天花板被烧出一个洞，附近的窗户玻璃被烧爆。万幸的是，学校保卫处巡逻队员在校内巡逻时，发现教学楼有黑烟冒出，立即赶到现场，在将教学楼断电后，用水将火扑灭，防止了火灾进一步的蔓延，避免了更严重的损失。

点评：用电不当历来是引发火灾的主要原因之一。大学公共教室、自习室等场所一般都配有空调、饮水机等电器设备，但这些场所的电器设备长年累月被使用，如再加上教学楼电路老化、检修不及时，就会大大增加火灾的隐患。如果师生消防意识淡薄，用电不当，如空调长时间不关、饮水机长时间空烧等，会大大增加发生火灾的可能。

③ 实验操作不当

实验操作不当即大学生在实验室做实验时，不遵守实验室安全规则，不按照实验要求执行实验操作等。这方面的火灾事故往往后果严重，易造成人员伤亡，所以大学生必须严格遵守实验室安全规则，严格执行实验操作规程。

（三）缺乏消防基本知识

有的大学生平时不注重学习和了解消防基本知识，也不积极参与学校开展的消防知识普及讲座和消防演习，导致其缺乏消防基本知识。而一旦发现或遭遇火险火情时，往往感到无助，内心焦急却又无计可施，不知如何处理，即使现场有消防设施，有的大学生也不知道如何正确使用这些设施灭火，如果失去了最好的灭火时机或不能有效控制火势，则容易使火势蔓延成灾。所以，大学生不仅要增强消防安全意识，还要在平时注意学习和掌握消防基本知识，更重要的是要认真积极地参与学校组织的消防演习，切实掌握灭火的基本知识、一些常见消防设施的操作方法，以及火灾中的逃生和自救方法。

想一想

当你同伴的衣物、头发不慎被火点燃，你会如何帮助他灭火呢？

因无法正确使用灭火器而错过最佳灭火时机

周末晚上，一群女大学生在宿舍用电磁炉煮火锅，正当大家吃得热火朝天时，她们被人叫出去商量事情，因为情绪正处于亢奋状态，几个人一哄而出，无人留下，走时也无人关闭电磁炉的电源。等几个人赶回宿舍时，把留有细缝的门一打开，发现火光把宿舍照得透亮，几个女生随即尖叫着："宿舍着火了，快来帮忙灭火！"有的同学闻讯赶来，看到发生火灾后，就端着一盆盆水往起火的宿舍里浇。现场十几个人你来我往地浇水，但火势并未得到有效控制，显然用盆浇水对灭火起不了多大作用。在宿舍走廊墙角虽然立着几个灭火器，但现场没有一个人知道如何使用，结果错过了最佳救火时机。最后，学校保卫处的人员赶来，并使用灭火器等消防设施把火扑灭，但宿舍的物品已经损失惨重。

等火扑灭后，在场的学生纷纷表示："以后一定认真参与学校组织的消防安全培训与演习。"

点评： 使用电器时，人不要长时间离开。大学生在宿舍一定不要违规使用大功率电器，同时也务必参加学校开展的消防安全培训与演习。

随堂活动

活动主题： 前事不忘，后事之师

活动内容： 请同学们分组收集近两年内发生的大学校园火灾案例，列出发生火灾的主要原因，分析这些案例，在小组内讨论交流，说出自己的态度和看法。

三、火灾的预防

利用和控制火是人类文明进步的一个重要标志。但是，有时火是人类的朋友，有时火却是人类的敌人，失去控制的火会给人类造成灾难。所以，人类使用火的历史与同火灾斗争的历史是相伴相生的。“预防火灾和减少火灾”是对我国消防立法目的的总体概括，其包括两层含义，其一就是做好预防火灾的各项工作，防止发生火灾。针对大学校园火灾发生的原因，预防火灾可采取以下措施。

（一）增强消防安全意识

增强消防安全意识是预防火灾的根本措施，如果消防安全意识淡薄，那么火灾的预防就无从谈起。大学生只有增强了自身的消防安全意识，才会把火灾的预防放在首位，时刻对身边的火患保持高度警惕，才会主动学习消防知识，掌握火灾防范措施，预防火灾事故的发生。

（二）遵守学校安全管理规定

“预防火灾，人人有责”，遵守学校安全管理规定不仅是为了保障自身的人身财产安全，也是为了保障其他同学的人身财产安全。学校制定有关防火安全管理规定是为了规范大家的行为，保障大家的安全。这些规定包括不私拉乱接电线，不得使用违规电器，禁止在教学楼、实验楼、宿舍楼等公共场所吸烟等。当然，大学生在增强了自身的消防安全意识后，遵守学校安全管理规定就是自然而然的事情。

（三）了解消防基本知识

大学生有必要了解一些消防基本知识，如生活中常见的易燃易爆物、控制火源的常识、消防安全标志以及家用电器的使用安全知识等，以更好地采取正确有效的措施预防火灾的发生。

❶ 生活中常见的易燃易爆物

日常生活中，烟花爆竹、火柴、打火机、煤气罐、汽油桶、酒精、油漆、油墨、漆布漆纸等都是大家熟知的易燃易爆物。除此之外，一些常用的且不被大家重视的物品也属于易燃易爆物，如花露水、香水、染发膏、指甲油、啫喱膏、驱蚊水、杀虫剂、空气清新剂等。其中，花露水较为危险，它的酒精含量一般在 70% ~ 75%，燃点仅为 24℃。在使用和存放易燃易爆物时，应注意避开火源、热源，不得随意存放。尤其是在酷热的夏季，禁止将易燃易爆物直接置于阳光直射处。

乱用易燃液体险酿大祸

某大学一宿舍的几名同学相约“五一”假期到郊外河堤边烧烤，当天下午 4 点一行人带着烧烤工具和食材从学校出发，接近 6 点时才到达目的地。同学们赶紧铺开餐布，放好食物，架起烧烤架，开始生火，但木炭久点不燃，大家都有些着急。

此时，同学小刘建议去药店买酒精助燃，其他人觉得这个办法可行，便留下两人看守烧烤场地，其余人去购买酒精。买回酒精后，小刘将酒精洒在木炭上后点火，火立马烧起来了，但等到酒精慢慢烧完，火也越来越小了，小刘一时心急就直接把酒精朝已点燃的木炭上倒，火焰顺着酒精倒洒的方向蔓延，并发生轻微爆炸，溅起的酒精沾到小刘和其对面的同学小周身上，使他们的衣服着了火。小刘快速脱掉上衣脱离险情，而小周情急之下则跳进了河里，幸好河水不深、水流不急，小周被同学们拉了上来。

点评：案例中的这类火灾事故具有偶发性，但是造成事故的主要原因是乱用易燃液体。使用酒精助燃本就危险，操作不当更易发生事故。同时，当身上穿着的衣服被火引燃，条件允许下，可以快速脱掉衣服，撕扯掉衣服进行灭火，也可以就地打滚将火熄灭。如若条件不允许，一般可跳进就近的深度较浅的水源中灭火。现场的其他人员也可使用身边可用的物品，如衣服、扫帚等朝着火者身上扑打灭火。

❷ 控制火源的常识

火源是引起燃烧和爆炸的直接原因。所以，防止火灾应控制好火源，以下是常见的6种火源。

- 人们日常点燃的各种明火是常见的一种火源，在点火时必须控制好火源。
- 电气设备超负荷运行、短路、接触不良，以及自然界中的雷击、静电火花等，都能使可燃气体、可燃物质燃烧，在使用中人们必须对电气设备进行安全防护。
- 靠近火炉或烟道的干柴、木材、木器，紧聚在高温蒸汽管道上的可燃粉尘、纤维，大功率灯泡旁的纸张、衣物等，若烘烤时间过长，都会引起燃烧。
- 炒过的食物或其他物质，不经过散热就堆积起来或装在袋子内，可能聚热起火，人们必须注意使其散热。
- 在既无明火又无热源的条件下，麦草、棉花、油菜籽，沾有动、植物油的棉纱、手套、衣服、木屑、金属屑，以及擦拭过设备的油布等，堆积在一起时间过长，在条件具备时，可能引起自燃，人们应对其勤加处理。
- 摩擦与撞击。例如，铁器与水泥地撞击后会产生火花，遇易燃物即可引起火灾。

❸ 识别消防安全标志

消防安全标志由几何形状、安全色、表示特定消防安全信息的图形符号构成。标志的几何形状、安全色、图形符号色及其含义如表8-1所示。

表8-1　标志的几何形状、安全色、图形符号色及其含义

几何形状	安全色	图形符号色	含义
正方形	红色	白色	标示消防设施（如火灾报警装置和灭火设备）
正方形	绿色	白色	提示安全状况（如紧急疏散逃生）
带斜杠的圆形	红色	黑色	表示禁止
等边三角形	黄色	黑色	表示警告

根据消防安全标志的功能，其可分为火灾报警装置标志、紧急疏散逃生标志、灭火设备标志、禁止和警告标志、方向辅助标志和文字辅助标志6类，前5类标志名称及其说明分别如表8-2至表8-6所示。

表8-2　火灾报警装置标志

标志	名称	说明
	消防按钮	标示火灾报警按钮和消防设备启动按钮的位置
	发声警报器	标示发声警报器的位置

续表

标志	名称	说明
	火警电话	标示火警电话的位置和号码
	消防电话	标示火灾报警系统中消防电话及插孔的位置

表 8-3　紧急疏散逃生标志

标志	名称	说明
	安全出口	提示通往安全场所的疏散出口。根据到达出口的方向，可选用向左或向右的标志
	滑动开门	提示滑动门的位置及方向
	推开	提示门的推开方向
	拉开	提示门的拉开方向
	击碎板面	提示需击碎板面才能取到钥匙、工具，操作应急设备或开启紧急逃生出口
	逃生梯	提示安装的固定逃生梯的位置

表 8-4　灭火设备标志

标志	名称	说明
	灭火设备	标示灭火设备集中摆放的位置
	手提式灭火器	标示手提式灭火器的位置
	推车式灭火器	标示推车式灭火器的位置

续表

标志	名称	说明
	消防炮	标示消防炮的位置
	消防软管卷盘	标示消防软管卷盘、消火栓箱、消防水带的位置
	地下消火栓	标示地下消火栓的位置

表 8-5　禁止和警告标志

标志	名称	说明
	禁止吸烟	表示禁止吸烟
	禁止烟火	表示禁止吸烟或各种形式的明火
	禁止放易燃物	表示禁止存放易燃物
	禁止燃放鞭炮	表示禁止燃放鞭炮或焰火
	禁止用水灭火	表示禁止用水做灭火剂或用水灭火
	禁止阻塞	表示禁止阻塞的指定区域（如疏散通道）
	禁止锁闭	表示禁止锁闭的指定部位（如疏散通道和安全出口的门）
	当心易燃物	警示来自易燃物的危险
	当心氧化物	警示来自氧化物的危险

续表

标志	名称	说明
	当心爆炸物	警示来自爆炸物的危险，在爆炸物附近或处置爆炸物时应当心

表 8-6　方向辅助标志

标志	名称	说明
	疏散方向	指示安全出口的方向。箭头的方向还可为上、下、左上、右上、右、右下等
	火灾报警装置或灭火设备的方位	指示火灾报警装置或灭火设备的方位。箭头的方向还可为上、下、左上、右上、右、右下等

这 5 类标志的具体名称可作为文字辅助标志使用。火灾报警装置、紧急疏散逃生等标志可与方向辅助标志和文字辅助标志组合使用。图 8-1 所示为指示“消防按钮”在左侧；图 8-2 所示为指示“安全出口”在前方；图 8-3 所示为指示向左或向右皆可到达安全出口。

图8-1　“消防按钮”在左侧

图8-2　“安全出口”在前方

图8-3　向左或向右皆可到达安全出口

④ 家用电器的使用安全知识

购买家用电器时，应购买国家认定生产的合格产品，不要购买“三无”假冒伪劣产品。特别是大学生切莫贪图便宜，切莫购买、使用劣质电器。使用家用电器时，应注意以下事项。

- 在使用家用电器时，应先插电源插头，后开电器开关。用完后，应先关掉电器开关，后拔电源插头。在插拔插头时，要用手握住插头绝缘体，不要拉住导线使劲插拔。
- 在使用家用电器时，不要湿手接触电器开关和外壳，不要将湿手帕挂在电扇或电热器上。
- 使用电饭锅、微波炉、电冰箱、洗衣机等大功率电器时，避免同时使用一个插线板，防止线路过载引起火灾。
- 不要将功率较大的家用电器插在额定电流值小的插座上。
- 在使用电吹风、电磁炉、电熨斗等家电时，用后应立即拔掉电源插头，以免因其长时间工作、温度过高而发生事故。
- 家用电器运行一段时间后，当想了解设备外壳是否发热时，不能用手去摸外壳，应用手背轻轻接触外壳，这样即使外壳漏电也能迅速脱离电源。
- 夏季人体多汗，皮肤电阻变小，加之穿的衣服单薄，身体裸露部分较多，触电的机会增加。因此，不要用手去移动正在运转的电器，如台扇、洗衣机、电视机等。如要搬动，应先关上开关，并拔去插头。

- 当碰到电器设备冒火，一时无法判明原因时，不得用手拔掉插头或拉开闸刀，应用绝缘物拔开插头或拉开闸刀，切断电源再灭火。
- 在使用电器设备时，发现插座温度过高、插头与插座接触不良、插头插入过松或过紧，应停止使用并维修或更换，以保安全。

取暖器烘衣险酿火灾

某校大一学生小柳寒假回乡下爷爷家玩，因为天气寒冷潮湿，小柳的爷爷怕冻着自己的孙子，就专门去集市为小柳买来了取暖器。某日，小柳像往常一样打开计算机玩游戏，渴了他就用烧水壶烧水，还打开了取暖器取暖，并且这3样电器同时插在一个插线板上。正当小柳玩游戏玩得投入时，他突然闻到一股焦味，回头一看，发现插线板的电源线已经被引燃。小柳慌了，就在他手足无措时，爷爷已经赶到，并迅速拔掉了插线板的电源插头，用扫帚将火扑灭。原来这个插线板是爷爷自己组装的，线路负载有限，由于小柳把计算机、取暖器和烧水壶同时连接到该插线板上使用，所以线路过载引起自燃。

点评：插线板坏掉后，有的人舍不得扔掉，会根据情况找来好的插线板配件，如插头或电源线等，自己组装插线板，这样大多存在隐患。本例中，小柳爷爷自制的插线板负荷小，小柳同时将多个电器连接到这个插线板上，长时间使用容易使插线板的电源线烧坏引起自燃。当出现这种情况时，应用绝缘物快速拔掉插线板的插头，确定切断电源后再灭火。

【安全小贴士】

近年来，电动车进楼入户、违规充电引发的火灾事故时有发生，引发社会广泛关注，安全警钟一再敲响。作为大学生，尤其是在外租房的大学生，切记不能抱有侥幸心理。电动车不得在室内充电，一旦意外来临，不仅威胁人身安全，而且财产损失严重。

第二节 应对火灾

“预防火灾和减少火灾”的第二层含义是：火灾绝对不发生是不可能的，而一旦发生火灾，就应当及时、有效地进行扑救。因此，在做好火灾预防工作的同时，应加强对火灾扑救知识的学习，以便在发生火灾时有效应对，最大限度地减少火灾造成的人身伤亡和财产损失。此外，大学生还要学习并掌握发生火灾时的逃生自救方法，做到有备无患。

【学习目标】

◎ 掌握常见手提式灭火器和室内消防栓的使用方法。

◎ 掌握火灾扑救的基本方法，具备扑救初起火灾的能力。

◎ 掌握发生火灾时逃生自救的常识及一些注意事项。

一、火灾报警

《消防法》第四十四条规定，任何人发现火灾都应当立即报警。任何单位、个人都应当无偿为报警提供便利，不得阻拦报警。严禁谎报火警。所以一旦发现火灾，大学生要立即拨打“119”报警，报警越早，损失越小。报警时要牢记以下要点。

- 接通电话后要沉着冷静，向接警中心讲清失火单位的名称、地址、着火物品、火势大小以及着火的范围。同时还要注意听清对方提出的问题，以便正确回答。
- 把自己的电话号码和姓名告诉对方，以便联系。
- 打完电话后，要立即到附近的交叉路口等待消防车的到来，以便引导消防车迅速赶到火灾现场。
- 迅速组织人员疏通消防车道，清除障碍物，使消防车到火场后能立即进入最佳位置灭火救援。
- 如果着火地区发生了新变化，要及时报告消防队，使他们能及时改变灭火战术，取得最佳效果。
- 在没有电话或没有消防队的地方，如农村和边远地区，可采用敲锣、吹哨、喊话等方式向四周报警，动员乡邻来灭火。

若校园内发生火灾，大学生在及时报警的同时，应迅速报告学校有关部门，以便其及时组织人员扑救。

二、常见消防器材的使用

消防器材是指用于灭火、防火的器材，是火灾来临之时不可或缺的灭火设备。一般来说，消防器材主要包括灭火器、消火栓和消防破拆工具等。大学生有必要了解一些常见消防器材，并掌握其使用方法，确保发生火灾时，能够使用消防器材发挥扑救作用。

（一）常见灭火器

灭火器是一种可由人力移动的轻便灭火器具，它能在其内部压力作用下，将所充装的灭火剂喷出，用来扑救火灾。灭火器种类很多，按其移动方式可分为手提式和推车式，按所充装的灭火剂可分为干粉、二氧化碳灭火器等。不同类型的灭火器的适用范围也有所不同，只有选择正确的灭火器的类型，才能有效地扑救不同种类的火灾，达到预期效果。

目前，日常生活中常见的灭火器主要是手提式干粉灭火器和手提式二氧化碳灭火器。在宾馆、饭店、影院、医院、学校等公众聚集场所使用的多数是磷酸铵盐干粉灭火器（俗称“ABC干粉灭火器”，A 代表可燃固体、B 代表可燃液体及可融化固体、C 代表可燃气体）和二氧化碳灭火器；在加油、加气站等场所使用的多数是碳酸氢钠干粉灭火器（俗称“BC 干粉灭火器”）和二氧化碳灭火器。另外，二氧化碳灭火器还常用于实验室、计算机房、变配电所，以及对精密电子仪器、贵重设备或物品维护要求较高的场所。下面介绍手提式干粉灭火器和手提式二氧化碳灭火器的使用方法。

❶ 手提式干粉灭火器的使用方法

碳酸氢钠干粉灭火器适用于易燃、可燃液体、气体及带电设备的初起火灾；磷酸铵盐干粉灭火器除可用于上述火灾外，还可扑救固体类物质的初起火灾。但两者都不能扑救金属燃烧引起的火灾。

操作者在使用手提式干粉灭火器灭火时，可手提或肩扛灭火器快速奔赴火场，在距燃烧处

3 ~ 5 米的位置放下灭火器，先拔下开启把上的保险销，然后一只手握住喷射软管前端的喷嘴，另一只手用力压下压把，使灭火器喷出干粉进行灭火。图 8-4 所示为常见手提式干粉灭火器的外观结构，图 8-5 所示为手提式干粉灭火器的操作示意。

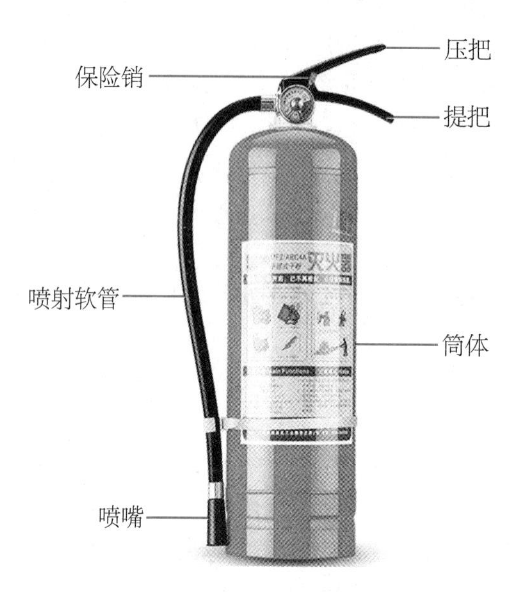

图 8-4　手提式干粉灭火器的外观结构

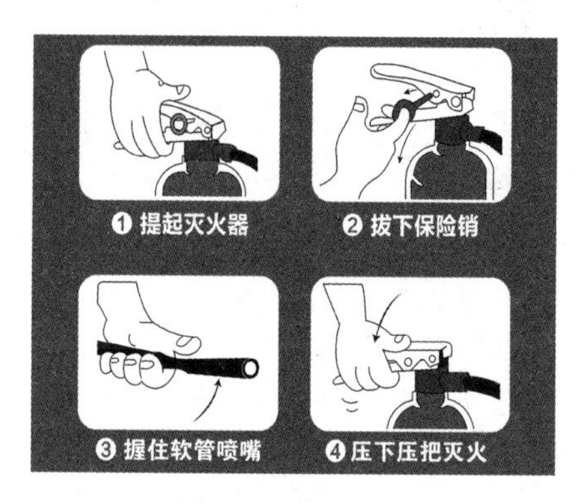

图 8-5　操作手提式干粉灭火器的示意

使用手提式干粉灭火器扑救可燃、易燃液体火灾时，应对准火焰扫射，如果被扑救的液体火灾呈流淌燃烧，应对准火焰根部由近及远进行左右扫射，直至把火焰全部扑灭。如果可燃液体在容器内燃烧，应对准火焰根部左右晃动扫射，使喷射出的干粉流覆盖整个容器开口表面；当火焰被赶出容器时，仍应继续喷射，直至将火焰全部扑灭。在扑救容器内可燃液体火灾时，应注意不能将喷嘴直接对准液面喷射，防止喷流的冲击力使可燃液体溅出而扩大火势，造成灭火困难。如在室外，应选择在上风方向喷射。使用磷酸铵盐干粉灭火器扑救固体可燃物火灾时，应对准燃烧最猛烈处喷射，并上下、左右扫射，如条件许可，操作者可提着灭火器沿着燃烧物的四周边走边喷，使干粉灭火剂均匀地喷在燃烧物表面，直至将火焰全部扑灭。

❷ 手提式二氧化碳灭火器的使用方法

手提式二氧化碳灭火器适用于扑救易燃液体及气体的初起火灾，也可扑救带电设备的火灾。手提式二氧化碳灭火器与手提式干粉灭火器的使用方法相似，操作者先将手提式二氧化碳灭火器提到或扛到火场，在距燃烧物 3~5 米处放下灭火器，拔出保险销，一手握住喇叭筒根部的手柄，另一只手用力压下压把。对于没有喷射软管的手提式二氧化碳灭火器，应把喇叭筒往上扳 70° ~ 90° 。使用时，不能直接用手抓住喇叭筒外壁或金属连线管，防止手被冻伤。灭火时，当可燃液体呈流淌状燃烧时，操作者可将二氧化碳灭火剂的喷流由近而远向火焰喷射。如果可燃液体在容器内燃烧，操作者应将喇叭筒提起，从容器的一侧上部向燃烧的容器中喷射，但不能使二氧化碳射流直接冲击燃烧的液面，以防止将可燃液体冲出容器而扩大火势，造成灭火困难。同时，二氧化碳虽然无毒，但是有窒息作用，使用时应尽量避免吸入。特别是在室内狭小空间中使用时，灭火后操作者应迅速离开，以防窒息。

（二）消火栓

消火栓包括室内消火栓、室外消火栓和泡沫消火栓。室外消火栓用于扑救室外露天火灾和室内发生火灾的室外救援灭火，以及供消防车取水用，分为地上消火栓和地下消火栓两大类。室内消火栓由消火栓箱、水枪、水带和消防管道等组成，主要用于扑救室内发生的火灾。泡沫消火栓主要用于特殊的、不宜直接用水扑灭的火灾，如机场、储油罐等火灾。

下面主要介绍室内消火栓的使用方法。首先打开消火栓箱门，取出水带；然后一人接好枪头和水带奔向起火点，另一人接好水带和阀门口，按下消防泵的启动按钮；最后逆时针打开阀门，等待消火栓喷出水即可。图 8-6 为室内消火栓的具体操作示意图。需要注意的是，使用室内消火栓扑灭电起火时，要先确定已切断电源。

打开或击碎箱门，取出消防水带

水带一头接在消火栓接口上

另一头接上消防枪头

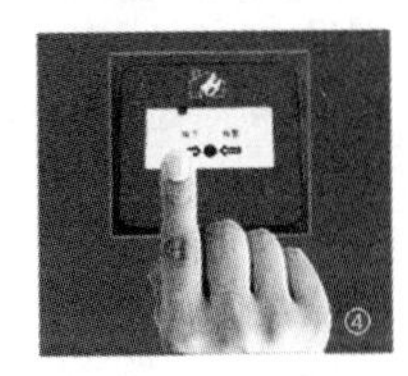

按下箱内消防泵的启动按钮

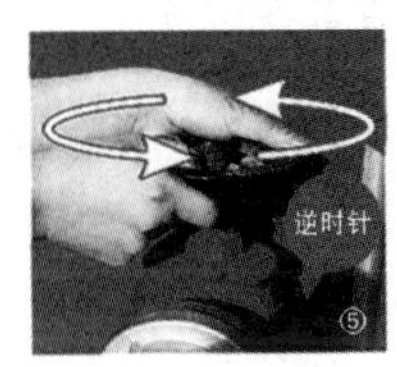

打开消火栓上的水阀开关

对准火源根部喷射，进行灭火

图8-6 室内消火栓的操作示意图

（三）消防破拆工具的使用

消防破拆工具用于快速破拆、清除防盗窗栏杆、窗户栏等障碍物，包括消防斧、切割工具等。日常生活中，我们熟知和常见的是消防斧，它的形状类似于普通斧头，使用方法也差不多，可用来清理着火或易燃材料，以切断火势蔓延的途径，或劈开被烧变形的门窗等，以解救被困的人。

【安全小贴士】

管理消防器材有以下3点要求。一是定点摆放，不能随意挪动。二是定期对灭火器进行普查换药，定期巡查消防器材，保证其处于完好状态。三是定人管理，经常检查消防器材，发现丢失、损坏应立即上报领导，及时补充，做到消防器材管理责任到人。

三、火灾扑救

一般情况下，火灾初起阶段是灭火的最佳时机，由于此时火势不大，大学师生及学校保卫处人员通常用学校配置的消防器材就可以成功扑救。如果火灾已到了蔓延阶段或发展到猛烈燃烧阶段，大学师生及学校保卫处人员就必须及时撤离，由训练有素的消防官兵来扑救。

（一）火灾扑救的基本方法

一切灭火方法都是为了破坏已经产生的燃烧条件。燃烧俗称着火，任何物质发生燃烧，都必须具备三个条件：可燃物（如木材、服装、酒精）、助燃物（如空气、氧气）和着火源（如明火、电热能、光能），缺少任何一个条件，燃烧都不能发生。根据灭火方法的原理，火灾扑救可采取的基本方法是冷却灭火法、隔离灭火法和窒息灭火法。

❶ 冷却灭火法

冷却灭火法是灭火的一种主要方法，常用水和二氧化碳做灭火剂。冷却灭火法的要点是降低燃烧物的温度，即：将灭火剂直接喷射到燃烧的物体上，以将燃烧的温度降低至燃点之下，使燃烧停止；或者将灭火剂喷洒在火源附近的物质上，使其不因火焰热辐射作用而形成新的着火点。

❷ 隔离灭火法

隔离灭火法的要点是移去可燃物，即将正在燃烧的物质和周围未燃烧的可燃物质隔离或移开，中断可燃物质的供给，使燃烧因缺少可燃物而停止。我们可按以下具体方法进行隔离灭火。

- 把火源附近的可燃、易燃、易爆和助燃物品搬走。
- 把着火的物件移到安全的地方。
- 关闭可燃气体、液体管道的阀门，以减少和阻止可燃物质进入燃烧区。
- 设法阻拦流散的易燃、可燃液体。

❸ 窒息灭火法

窒息灭火法的要点是隔绝空气，即阻止空气流入燃烧区，或者用不燃烧区或不燃物质冲淡空气，使燃烧物得不到足够的氧气而熄灭。我们可按以下具体方法进行窒息灭火。

- 用沙土、水泥、湿麻袋、湿棉被或湿棉毯等不燃或难燃物质覆盖在燃烧物上。
- 喷洒雾状水、干粉或泡沫等灭火剂覆盖在燃烧物上。
- 将水蒸气、氮气或二氧化碳等惰性气体灌注到发生火灾的容器、设备中。
- 把不燃气体或不燃液体（如二氧化碳、氮气等）喷洒到燃烧物区域内或燃烧物上。

在实际应用中，往往根据燃烧物质、燃烧特点、火场具体情况及消防设备性能等，采用一种或多种方法，以达到迅速灭火的目的。

（二）火灾扑救注意事项

火灾扑救中，要特别注意以下事项。

- 救火时，应迅速找到消防器材进行灭火，如遇纸张、塑料、木材、棉、麻等固体燃烧，且没有消防器材时，可直接用水灭火。如果条件允许，可在灭火的同时用湿毛巾遮住口鼻。
- 遇金属钾、钠等遇水燃烧的物质和铝粉、镁粉等易燃粉状固体时，不能直接用水扑救；这些物质遇水后即发生剧烈的化学反应，可能加大火势，甚至引起爆炸。
- 遇汽油、乙醚、苯等液体燃烧时，不得用水灭火，应使用消防器材灭火。因为这些物质密度小于水且不溶于水，如果用水灭火，它就会漂浮在水面上随水的流动使火势蔓延。
- 遇煤气、石油气等气体燃烧时，应先切断气源并用消防器材灭火。
- 电器起火时，先切断电源，再用湿棉被或湿衣物将火压灭。
- 炒菜油锅着火时，应迅速盖上锅盖灭火。如没有锅盖，可将切好的蔬菜倒入锅内灭火。切忌用水浇，以防正在燃烧的油溅出，引燃厨房中的其他可燃物。
- 高层建筑楼道狭窄、楼层高，发生火灾后人员不容易逃生，救援困难，而且常因人员拥挤，阻塞通道，造成互相践踏的惨剧。因此，发生高层建筑火灾时，应利用各楼层的消防器材及时扑灭初起火灾。

- 酒店、影院、超市、体育馆等人员密集场所一旦发生火灾，常因人员慌乱、拥挤而阻塞通道，发生互相践踏的惨剧；或由于逃生方法不当，造成人员伤亡。因此，这些场所发生火灾时，应利用场所内的消防器材及时扑灭初起火灾。

灭火器使用不当差点让灭火的小吴窒息

星期六，小吴在宿舍看书，为考试做准备，突然听到附近的宿舍有人大喊着“着火了，快来帮忙灭火”。小吴所在宿舍的旁边就有灭火器，他便提着灭火器往着火宿舍赶去。快到着火宿舍时，他将灭火器安全销拔出，进到宿舍内，对着燃烧处压下灭火器压把进行灭火，匆忙中手没有把稳喷嘴，由于压力作用灭火器喷嘴四下摇摆，大量干粉喷到小吴嘴里、脸上，小吴一时喘不过气来，差点窒息。

点评：小吴着急灭火，但操作灭火器失误，导致了此次事故的发生。有的大学生消防安全意识淡薄，也从未面对过火情，安全操作技能可能比小吴还差。针对这种情况，大学生应积极参加消防安全培训讲座和实际演练，做到有条不紊地应对突发事件，熟练使用消防器材。

四、在火灾中逃生自救

微课视频

在火灾中逃生自救

当火灾发生、火势凶猛时，如果在当前条件下已无法对火灾进行扑救，就要迅速撤离。由于火场中的人可能受到烧伤、窒息、中毒、爆炸危害、倒塌物砸埋和其他意外伤害，所以应掌握火场避险的知识。对大学生来说，掌握在火灾中逃生自救的知识非常必要，一旦火灾降临，可以大大提升生还概率。

（一）在火灾中逃生自救的常识

天有不测风云，人有旦夕祸福。当火灾降临时，在浓烟、毒气和烈焰包围下，不少人葬身火海，也有人幸免于难。面对滚滚浓烟和熊熊烈焰，大学生只要冷静，机智地运用逃生与自救知识，就有极大可能拯救自己。

- **保持镇静，明辨方向，迅速撤离。**突遇火灾时，首先要保持镇静，迅速判断危险地点和安全地点，决定采用哪一逃生的办法，尽快撤离险地。一般来说，在火势蔓延之前，应朝逆风方向快速离开火灾区域。当发生火灾的楼层在自己所处楼层之上时，应迅速向楼下逃生。逃生时要注意随手关闭通道上的门窗，以阻止和延缓烟雾向逃生通道蔓延。
- **不入险地，不贪财物。**在火场中，人的生命最重要，不要因害羞或顾及贵重物品，把宝贵的逃生时间浪费在穿衣服或寻找、搬运贵重物品上。已逃离火场的人千万不要重返险地。
- **简易防护，掩鼻匍匐前进。**火灾造成人员伤亡的主要原因是火灾烟雾中毒所致的窒息。因此，从火场逃生时，若通过浓烟区，则可采用毛巾、口罩蒙住口鼻，匍匐撤离，以防烟雾中毒、呛入浓烟窒息。另外，也可以采取向头部、身上浇冷水，或用湿毛巾、湿棉被、湿毯子等将头、身裹好后，再冲出去。
- **善用通道，莫入电梯。**规范、标准的建筑物都会有两个以上的逃生通道。发生火灾时，要根据情况选择进入相对安全的通道。千万要记住，高层建筑着火时，不可乘坐电梯。

因为普通电梯的供电系统在遇火灾时随时会断电，且电梯因热的作用会发生变形，使人被困在电梯内。

- **暂时避难，固守待援。**假如用手摸房门已感到烫手，此时一旦开门，火焰与浓烟势必迎面扑来。这时，首先应关紧迎火的门窗，打开背火的门窗，用湿毛巾、湿布等塞住迎火门窗的缝隙，或用水浸湿棉被蒙上门窗，并不停地用水淋透房间，防止烟火渗入，然后固守房间，等待救援人员到达。在室息失去自救能力前，应努力滚到墙边，便于消防人员寻找、营救，因为消防人员进入室内大都是沿墙壁摸索着行进。
- **传送信号，寻求援助。**被烟火围困暂时无法逃离时，尽量待在阳台、窗口等容易被人发现的地方，并可通过打手电筒、挥舞衣物、呼叫等方式向外发送求救信号，便于消防人员寻找、营救。
- **火已及身，切勿惊跑。**在火场上如果发现身上着了火，若惊跑和用手拍打，只会形成风势，加速氧气补充，促旺火势。正确的做法是赶紧设法脱掉衣服或就地打滚，压灭火苗。若能及时跳进水中或让人向身上浇水，则更加有效。
- **缓降逃生，滑绳自救。**高层、多层建筑发生火灾后，可迅速利用身边的绳索，或床单、窗帘、衣服等自制简易救生绳，并用水打湿后，从窗台或阳台沿绳滑到下面的楼层或地面逃生，不要贸然考虑跳楼，如果选择跳楼，要跳在消防人员准备好的救生气垫上，还要注意选择向水池、软雨篷、草地等方向跳。如有可能，要尽量抱些棉被、沙发垫等松软物品或打开大雨伞跳下。跳楼是求生的无奈之举，会对身体造成一定的伤害，所以要慎之又慎。

综上所述，在火灾中自救要记住以下 4 个要点：果断迅速逃离火场；寻找逃生之路；防烟熏毒气；等待他救。另外，身处险境自救时，莫忘救他人。火场中的儿童和老弱病残者不具备或者丧失了自救能力，在场其他人除自救外，还应当积极救助他们尽快逃离险境。

（二）在火灾中逃生时的心理误区

发生火灾时，人们普遍会产生惊慌心理和盲从心理，有的人也会产生冲动心理。为在火灾中顺利逃生，应克服这几种心理。

- **克服惊慌心理。**在逃生时，惊慌心理会使身处火场的人不知所措或惊慌失措。不知所措时，头脑一片空白，只能任凭火势发展，白白错过自救或被救的机会。惊慌失措时，思维混乱，无法判定火灾情势，对逃生线路、自救方式的选择举棋不定，容易错过安全疏散的大好时机；或者出于逃生本能做出一些不合理的非理性行为，如胡乱奔跑而使自己离火势猛烈的区域更近；或者发生迷路现象，找不到安全出口等。
- **克服盲从心理。**盲从心理是惊慌心理的延续。产生盲从心理的人在逃生时已失去正常的判断能力，没有了主见，往往只能通过盲目从众的方式逃生自救，不做其他思考、不计后果。例如，跟着人数最多的人群盲目奔跑，根本不知道要跑向何处、能否跑出去。有时，对环境不熟悉的人或逻辑思维能力差的人在逃生自救时也容易做出盲目从众的行为。
- **克服冲动心理。**在逃生自救过程中，产生冲动心理的人或横冲直撞或情绪激动，头脑中只有逃生的念头，不对逃生的路线、方法等加以判断，容易做出冲动行为。例如，明知危险，仍然不顾危险一股脑儿地往室外跑，不顾一切地在火场中猛冲，这样易造成不必要的伤亡；又如，奔至阳台或楼顶等暂时性避难地带后，由于对火场情势缺少判断，情绪激动之下不视具体情况，贸然从阳台或楼顶上跳下，不顾跳下的后果。

有的人在火灾逃生自救过程中，会同时出现惊慌心理、盲从心理和冲动心理。由于火场本就危险，在逃生过程中，人们一旦陷入这些心理误区，就可能使自己的处境更加危险。常见的危险行为有盲目跳窗、跳楼，以及逃（躲）进厕所、浴室、门角等。

大学生在遭遇火灾、逃生自救时要最大限度地避免陷入这些心理误区，要临危不乱，这需要大学生于平时多了解、学习消防安全知识，积极参加消防演习，掌握更多的逃生自救诀窍，并通过应急训练提高心理素质。同时，大学生平时就要对自己学习、居住或工作所在的建筑物的结构及逃生路径了然于胸；而当身处陌生环境，如入住酒店、在商场购物时，为了自身安全，务必留意疏散通道、安全出口及楼梯方位等。如果心里有底，那么遭遇火灾等突发危机时就不容易产生惊慌、盲从和冲动等心理。

盲目跳楼酿惨剧

某学院一女生在其宿舍使用直发夹板夹头发，学校晚上 11 点断电后，由于该女生忘记拔掉直发夹板的电源插头，第二天早晨 6 点通电后，直发夹板快速升温，引燃被褥，从而引发火灾，4 名被困女生慌乱中被逼至阳台，在火快要烧到阳台门窗时，其中一名女生身上的睡衣着了火，惊慌失措下她直接从 6 楼宿舍阳台跳了下去。其余 3 人看到同学跳楼求生，乱了方寸，顾不得楼下同学“不要跳！不要跳！”的提醒，一个接一个从阳台跳下。最终 4 名跳楼的女生当场死亡，酿成惨剧。

点评：在许多火灾中，人员伤亡的发生都与惊慌、盲从和冲动心理带来的消极后果密切相关。在火灾中，被困人员应有良好的心理素质，保持镇静，不要惊慌，不盲目行动，选择正确的逃生方法。楼层高时，千万不要盲目跳楼，应当镇定思考，另想他法，可利用疏散楼梯、阳台、排水管等逃生，或把床单、被套撕成条状以连成绳索，将绳索紧拴在窗框、铁栏杆等固定物上，顺绳索滑到未着火的楼层脱离险境。

（三）特殊火灾情景下的逃生自救

多了解与掌握一些火灾中的逃生自救知识，如一些特殊火灾情景下的逃生自救知识，以防遇到突发情况时毫无准备。

❶ 夜间睡觉时听到火灾警报后的逃生自救

夜间发生火灾，特别是人们已熟睡时，更易造成伤亡。大学生如果在夜间睡觉时听到火灾警报，要注意以下事项。

- 在开门之前用手背接触房门或门把手，试一试房门或门把手是否已变热，如果不热，则火势可能还不大，大学生可以通过正常的途径逃离房间。离开房间后，一定要随手关好身后的门，以防火势蔓延。如果房门或门把手发热，那么千万不要开门，否则烟和火可能一下子冲进房内。
- 如果室内充满烟雾，应用湿毛巾、湿抹布或其他东西捂住口鼻，降低身体姿势，移向出口。
- 如果身上的衣服着火，应立即脱掉或撕扯下衣服，或躺下就地打滚压灭火苗。
- 如果被困在室内，且处于 3 层及以下的低楼层，则可以从窗户、阳台跳楼逃生，否则建议趴在窗口、阳台附近等待救援，并用色彩鲜艳的床单、毛巾或手电筒向外发出求救信号，或者充分利用室内可用的东西逃生，如用床单或其他东西结绳自救等。

❷ 山林失火时的逃生自救

当发现或发生山林火灾时，应该及时拨打“12119”森林防火报警电话报警。拨通后，要准确报告起火单位、具体方位、火场的燃烧面积及燃烧的植被种类。在山林火灾中逃生自救时，应注意以下事项。

- 如果被大火围困在半山腰，要快速向山下跑，切记不能往山上跑。
- 当发现自己处在森林火场中央时，要保持头脑清醒，向火已经烧过、杂草稀疏或地势平坦的地段转移，如附近有水，可把身上的衣服浸湿，用衣服蒙住头部，快速从逆风方向冲出去，切记不能向顺风方向跑。
- 陷入危险环境无法突围时，应该选择植被少、火焰低的地段扒开浮土，直到看见湿土后把脸放进小坑里，用衣服包住头，双手放在身体正面，避开火头。

❸ 公交车起火后的逃生自救

如果公交车起火后火势较小，应先选择车载灭火器（一般配置在司机座椅靠背后面和下客门附近）灭火；如果火势很大，就赶紧逃生。逃生时，乘客一定要保持冷静，听从司机的指挥，不要拥挤，要寻找最近的出路，如门、侧窗、天窗等。在公交车车门无法打开的情况下，可用公交车上配置的逃生锤敲击侧窗破窗逃生。如果没有找到逃生锤，则可以找一些身边的尖锐硬物，比如女士的高跟鞋后跟、男士的腰带扣等。

乘客不要轻易从天窗逃生。在车辆没有侧翻的时候，从车顶上的天窗逃生不是明智的选择：一方面需要足够的力气才能攀爬；另一方面火灾烟雾往上升，往上爬反而不利于逃生。在车辆侧翻的时候，乘客可以选择从天窗逃生，以快速撤离危险之地。

乘客逃生时还要尽量屏住呼吸或用湿毛巾捂住口鼻。逃生后，要及时拨打“119”报警，并在确认处境安全之后，尽可能地帮助他人，如捡起路边的石头砸碎车窗玻璃，帮助车内的老人、妇女、儿童等逃生。

自我测评

本次“自我测评”用于测试同学们的消防安全意识的强弱，共12道测试题。请仔细阅读以下内容，实事求是地作答。若回答“是”，则在测试题后面的括号中填“是”；若回答“不是”，则在测试题后面的括号中填“否”。

1. 你对火灾的分类和等级有一定的了解。（　）
2. 你知道火灾发展过程的4个阶段及其特点。（　）
3. 你不会在宿舍内焚烧垃圾。（　）
4. 你不会在宿舍内使用违反学校安全管理规定的电器。（　）
5. 你对生活中常见的易燃易爆物有足够的了解。（　）
6. 你能够识别所有的消防安全标志。（　）
7. 你不会购买或使用劣质电器产品。（　）
8. 你能够正确、熟练地使用常见的手提式灭火器。（　）
9. 你能够正确、熟练地使用室内消火栓。（　）
10. 你掌握了扑灭火灾的原理和基本方法。（　）
11. 你掌握了在火灾中逃生自救的基本知识。（　）
12. 你会对他人不安全的用火、用电行为进行劝阻和制止。（　）

以上填“是”的选项越多说明你的消防安全意识越强。“防为上、救次之、戒为下”，消防安全主要包含预防与扑救逃生两方面的内容。目前，大学校园火灾的发生大多是由人为的不安全行为所导致。因此，遵守学校安全管理规定，提高消防安全意识并掌握一定的消防安全知识，是大学生预防火灾，以保障自己和他人的人身财产安全的有效手段。

过关练习

一、判断题

1. 火灾等级标准有一般火灾、重大火灾、特大火灾。（ ）
2. 严禁堵塞消防通道，严禁随意挪用或损坏消防设施。（ ）
3. 按燃烧性分类，汽油属于易燃液体。（ ）
4. 扑救火灾的最佳时机是火灾蔓延阶段。（ ）
5. 未熄灭的烟头容易引起固体可燃物、易燃液体和易燃气体着火。（ ）
6. 夜间睡觉时听到火灾警报要立即打开房门冲出去。（ ）
7. 在火灾中逃生时要跟着人群走。（ ）
8. 在火场逃生过程中通过浓烟区时，可以用湿棉被将头、身裹好后冲出去。（ ）
9. 金属钾、钠引起的燃烧应当立即用水扑救。（ ）
10. 燃烧的必备条件是可燃物、助燃物和着火源。（ ）

二、单选题

1. A 类火灾是指（ ）。

A. 固体物质火灾 B. 气体火灾 C. 金属火灾 D. 带电火灾

2. 火警电话是“119”，森林防火报警电话是（ ）。

A. 10119 B. 11119 C. 12119 D. 13119

3. 隔离灭火法的要点是（ ）。

A. 隔绝空气 B. 移去可燃物 C. 降低着火点 D. 以上都不是

4. 火灾发展至（ ）必须及时撤离，由训练有素的消防官兵扑救。

A. 初起阶段 B. 蔓延阶段
C. 猛烈燃烧阶段 D. 衰减熄灭阶段

5. 在生活日用品中，（ ）的酒精含量能达到 70%~75%，燃点仅为 24℃，应特别注意避开火源、热源，不得随意存放。

A. 香水 B. 啫喱膏 C. 染发水 D. 花露水

6. BC 干粉灭火器是指（ ）。

A. 碳酸氢钠干粉灭火器 B. 二氧化碳灭火器
C. 磷酸铵盐干粉灭火器 D. 泡沫灭火器

三、多选题

1. 碳酸氢钠干粉灭火器适用于（ ）。

A. 可燃液体、气体初起火灾 B. 扑救带电设备的初起火灾
C. 固体类物质的初起火灾 D. 扑救金属燃烧引起的火灾

2. 管理消防器材时，应当（ ）。

A. 定点摆放 B. 定时清洗 C. 定期巡查 D. 定人管理

3. 实施隔离灭火时，可以（ ）。

A. 把火源附近的可燃、易燃、易爆物品搬走

B. 把着火的物件移到安全的地方

C. 关闭可燃气体、液体管道的阀门

D. 设法阻拦流散的易燃、可燃液体

4. 在火灾中逃生时，可以（ ）。

A. 结绳自救 B. 匍匐前进 C. 乘坐电梯 D. 盲目跟从

5. 在学生宿舍内，容易引起火患的行为有（ ）。

A. 肆意焚烧杂物 B. 私拉乱接电线

C. 使用大功率电器 D. 不文明吸烟

四、思考题

1. 灭火的基本方法和手段有哪些?

2. 公安消防部门和国家教委对高校火灾事故的历年通报显示：近几年全国高校所发生的火灾事故的数量、造成的经济损失、对教学科研的破坏程度，以及给师生员工造成的生活负担等，是逐年上升的。对此，你有何看法？你认为应该如何做好火灾预防工作?

3. 阅读下面的材料，分析发生火灾事故的原因，你认为应如何避免发生火灾事故?

（1）某体育学院一学生因宿舍断电之后忘记关闭吹风机，宿舍来电后，运行的吹风机引燃了被褥，从而引起火灾。虽没有造成人员伤亡，但是导致了部分经济损失。

（2）某科技大学三名女研究生在宿舍内违规使用电饭锅加热食物，造成电线线路短路，并引发火灾，整间宿舍被烧得面目全非。

（3）某校一大三学生因乱丢未熄灭的烟头而引燃被褥，并引起火灾。发生火灾后，又因灭火器操作不当，未能在火灾初起阶段灭火，导致火势蔓延，造成宿舍财物严重受损和两名同学受伤。后经消防人员紧急扑救，火势得以扑灭。

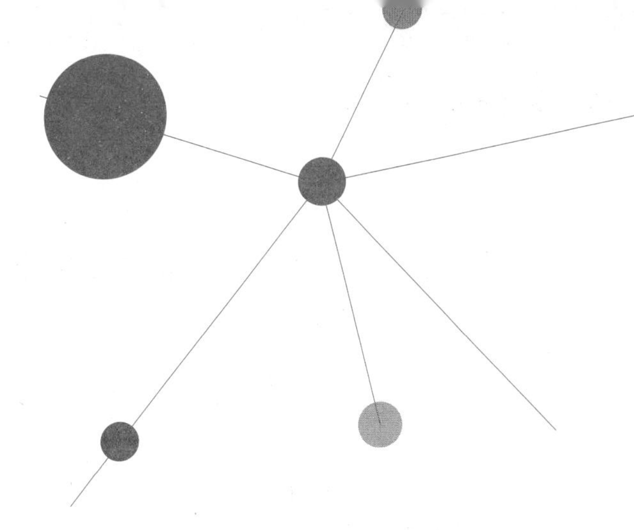

第九章

公共安全

随着经济和社会的发展，公共安全越来越重要。大学是大学生学习和掌握专业知识和技能的关键时期，也是大学生步入社会的过渡期。大学生作为大学校园的主体，应积极增强公共安全防范意识，掌握公共安全基础知识，使自己能有效应对公共突发事件，救人救己。公共安全知识涵盖了丰富的内容，本章主要介绍防范自然灾害、预防户外事故、预防疾病和救护常识等内容。

人生欲求安全，当有五要。一是清洁空气，二是澄清饮水，三是流通沟渠，四是扫洒屋宇，五是日光充足。

——南丁格尔

视频

第一节 防范自然灾害

自然灾害是指给人类生存带来危害或损害人类生活环境的自然现象，如雷电、洪涝、地震、泥石流、滑坡等，这些自然灾害对人类社会造成的危害往往触目惊心。自然灾害发生的原因一是自然变异，二是人为影响（如人类对环境的破坏）。当代大学生要加强对自然灾害相关知识的积累，提升自己应对自然灾害的能力，并且在遭遇自然灾害时能够开展自救和互救。

【学习目标】

◎ 了解自然灾害的基本知识。

◎ 掌握在自然灾害中避灾避险、逃生自救、互救互助等的应对措施。

一、雷电灾害

雷电灾害是影响人类活动最严重的自然灾害之一，频繁发生在人们的生产生活中。它不仅威胁人身安全，而且会影响卫星、通信、导航、计算机网络系统乃至每个家庭的家用电器。那么，什么是雷电灾害？我们该如何应对雷电灾害呢？

（一）什么是雷电灾害

雷电灾害一般指因雷击而导致的人员或动物伤亡，以及由此带来的直接经济损失或间接经济损失的现象的统称。其中，雷击指打雷时电流通过人、畜、树木、建筑物等而造成杀伤或破坏。雷击的主要表现形式为闪电。

（二）防雷电的注意事项

当雷电发生时，由于室内室外环境不同，所采取的防护措施也存在一定不同。

在室内时，应注意以下事项。

- 不要冒险外出，要关闭门窗，远离门窗、阳台、潮湿的墙壁，以及水管、煤气管等金属物体。
- 尽量不使用家用电器，要拔掉电源插头，不要用太阳能热水器淋浴。
- 避免拨打或接听电话，也不要手拿金属物。

在室外时，应注意以下事项。

- 远离大树、天线、电线杆、烟囱、高塔等高大的物体，及时躲避到室内，如躲避到有防雷设施保护的建筑物内或汽车内。
- 不要拨打或接听电话，不要站在避雷针附近，不要靠近金属和潮湿的物体，不要穿湿衣服赶路。穿上雨衣可以提升防雷效果。
- 尽量不骑自行车、摩托车。
- 不要在雷雨中狂奔，行走时跨步不要太大，双脚要尽量靠近，与地面接触越小越好，以便减少跨步电压。
- 身处空旷场地时，不宜把金属工具、羽毛球拍、高尔夫球棍等物品扛在肩上。
- 不要到江、河、湖、塘等附近活动，应立即停止室外游泳、划船、钓鱼等水上活动。因

想一想

什么是跨步电压？为什么在低洼处蹲下可以防雷电？

为水的导电率较高，所以在水边更容易遭受雷击。

- 若较短时间内找不到任何合适的避雷场所，应尽量降低身体重心，以便减少直接遭受雷击的危险。
- 在空旷的野外无处躲避时，应尽量在低洼处躲避，保持双脚并拢、身体前屈、低头蹲下。
- 如多人共处室外，则相互之间不要挤靠，以防被雷击中后电流互相传导。

在雷雨天气下游泳，学生遭遇意外

某地突发雷雨天气，两名大学生小黄与小星正在河里游泳，小黄建议上岸躲避，但小星兴致正浓，觉得雷雨一会儿就过去了。最终小黄上岸躲避雷雨，小星继续泡在水里。不一会儿，小黄听到一声震耳的雷声，一道闪电过后，还在河里游泳的小星被雷击致昏迷。小星在送医后经抢救无效死亡，年仅 20 岁。听此消息后，小黄号啕大哭，小星的亲人和朋友也莫不沉浸在伤痛中。

点评：自然灾害降临时大学生不能心存侥幸。雷雨天气下，大学生应迅速寻找安全场所躲避，一定要立即停止游泳等水上活动，切莫拿自己的生命开玩笑。

（三）雷电伤害发生后的处置方法

与遭遇其他突发事件一样，雷电伤害发生后要保持镇定，注意以下事项。

- 如果身上的衣服起着火，可就地打滚压灭火苗。
- 查看身体是否有伤，若身上有伤情，可向附近的人求助，及时去医院治疗。
- 即使自我感觉没事，也应去医院检查，确认内脏、骨骼是否受到损伤。
- 发现有人被雷击中后，对于轻伤者，应立即将其转移到附近避雨避雷处休息；如果伤者身上的衣服着火，应马上让伤者躺下，使火不致烧伤面部，并往伤者身上泼水，或者用厚衣服、毯子等把伤者裹住，以扑灭火焰。
- 对于处于假死状态的重伤者，要立即对其进行心肺复苏急救。
- 如果室内发生雷击火灾，要赶紧切断电源，并迅速拨打“119”报警求救。

【安全小贴士】

人被雷击中的一瞬间，电流会经过人的身体导入大地，所以雷电伤害发生后人的身体是不带电的。不要因为怕触电，不敢去触摸伤者而错过急救的黄金时间。

二、洪涝灾害

洪涝灾害包括洪水灾害和雨涝灾害。其中，强降雨、冰雪融化、堤坝溃决、风暴潮等引起江河湖泊及沿海水量增加、水位上涨而泛滥，以及山洪暴发所造成的灾害均为洪水灾害；大雨、暴雨或长期降雨而产生大量的积水和径流，排水不及时，致使土地、房屋等渍水、受淹而造成的灾害均为雨涝灾害。由于洪水灾害和雨涝灾害往往同时或连续发生在同一地区，有时难以准确界定，往往统称为洪涝灾害。

洪涝灾害是一种较为频繁发生的自然灾害，且洪涝灾害容易造成人员伤亡，并带来巨大的财产损失。那么，我们该如何应对洪涝灾害？

（一）提前做好应对准备

应对洪涝灾害，防范意识很重要，大学生需提前做好应对准备。

- 平时应尽量多了解一些洪涝灾害防范的基本知识，掌握自救逃生的方法。
- 若生活在易受洪水侵扰的地区，则在汛期来临时，要随时提高警惕，密切关注和了解当地的雨情、水情变化，养成收听、收看气象信息和有关部门发布的灾害预报的习惯，必要时选择好路线进行撤离。
- 熟悉居住地所处的位置和各类隐患灾害情况，确定好安全转移的路线和地点。
- 准备一些必要的食品、应急物品和简易救生器材。

【安全小贴士】

暴雨期间电线杆可能存在漏电情况，让周围水体带电。但水体电场是一个向外衰减的电场，距离越远危险越小。如脚下感到发麻，应立刻止步后退。若看到有人触电倒入水中，不要无绝缘防护就入水救人，可以先用带钩的长杆将人拉出带电区域。

（二）洪水来临时的逃生自救

洪水来临时切勿惊慌，应保持头脑清醒，积极逃生自救。

- 受到洪水威胁时，若时间充裕，应按照预定路线，迅速向山坡、高楼等地转移，并设法尽快与当地防汛或救援部门取得联系，找好参照物报告自己的方位和险情，积极寻求救援。若无通信条件，可制造烟火或集体同声呼救等，向外界发出求助信号。
- 若洪水来得太快，人来不及转移，应立即爬上屋顶、大树、高墙等高地暂时避险，等待救援。但要远离高压线、高压电塔、变电器等有供电危险标志的一切设施。
- 若洪水水位继续上涨，人在暂避的地方也难以自保，则要充分利用准备好的游泳圈、充气艇、充气床等救生器材逃生，或者迅速找一些门板、木排、大块的泡沫塑料等具有一定浮力的物品，将其捆绑在一起扎成逃生筏。千万不要游泳逃生。
- 万一被卷入水中，一定要尽可能抓住固定的或能漂浮的东西，寻找机会逃生；若暂无可用资源，应平躺身体，头部向上与上游方向一致，两手侧平伸出，以降低被卷入水底和防止洪水下冲时头部受伤的可能性；在身体漂流过程中，应尽可能抓住身边的固定物或漂浮物以自救。
- 洪水过后，要做好各项卫生防疫工作。若出现发热、呕吐、腹泻、皮疹等症状，要尽快就医，防止发生传染病。

【安全小贴士】

安全转移的原则是“就近、就高、迅速、有序、先人后物”。洪水来临时逃生自救的要点是冷静迅速转移、积极寻求救助、警惕周边风险、抓牢救命稻草。

三、地震灾害

地震灾害是指由地震造成的人员伤亡、财产损失、环境和社会功能的破坏。地震灾害具有突发性和不可预测性等特点，并会产生严重次生灾害（如洪灾、火灾等），对社会也会产生很大影响，是全球最为普遍、造成危害最大的自然灾害之一。下面主要从地震灾害防御知识、地震发生后的避灾自救和地震发生后的互救等方面介绍应对地震灾害的措施。

（一）地震灾害防御知识

地震虽然突发性强，难以预测，但也不是不可防御的，地震灾害的损害与个人的防灾意识密切相关。如果大学生能更加了解地震知识，掌握基本的地震防御方法，那么在地震发生时只要把握好时机、运用避震知识就可以保护自己，减少甚至避免地震对自己造成的伤害。

- 地震时，如果正在教室内上课，则不能在教室内乱跑或争抢外出。低楼层靠近门的同学可以迅速跑到门外，中间及后排的同学可以尽快躲在各自的课桌下，用书包或双手护住头部，震后应当有秩序地撤离。如果在操场上课，则可原地不动蹲下，用双手护住头部，注意避开高大建筑物或危险物。另外，千万不要地震一停就立即回教室取东西，避免余震发生时躲避不及。
- 地震时，如果正在街上，则绝对不能跑进建筑物中避险，也不要在高楼下、广告牌下、狭窄的胡同、桥头等危险地方停留。应尽量到宽阔地带，减少因建筑物倒塌而受到伤害的概率。
- 地震时，如果正在车站、影院、商店、地铁等公共场所活动，则应随机应变，就地择物躲避，如躲避在排椅、柜架、工作台、办公家具下，并用双手护住头部，待地震过后再有序地撤离。
- 地震时，如果正在野外活动，则应尽量避开山脚、陡崖，以防滚石和滑坡；如果遇到山崩，则要向远离滚石前进的两侧方向跑。
- 地震时，如果正在海边游玩，则应迅速离开，以防地震引起的海啸；如果正在驾车行驶，则应迅速躲开立交桥、陡崖、电杆等，并尽快选择空旷处停车。

【安全小贴士】

破坏性地震从人感觉震动到建筑物被破坏平均只需12秒，在这短短的时间内，人们应根据自身所处环境迅速做出保障安全的抉择。地震发生时，切记不要靠近窗户，不要去阳台附近，不要乘电梯，更不能盲目跳楼。如身处室内，突遇地震时，还要抓住时机切断电源、关闭煤气，以防火灾、煤气泄漏等次生灾害发生。

（二）地震发生后的避灾自救

地震发生后，如果被压或身处险境，则要有坚定的生存毅力，消除恐惧心理，相信能脱离险境，积极避灾自救。

- **保持呼吸畅通。**首先设法将双手挣脱出来，清除脸部、口鼻、胸前的尘土、杂物，使自己的呼吸不受阻，然后尽快捂住口鼻，防止因倒塌建筑物的灰尘窒息，之后清理身上的其他杂物。
- **稳固和扩大生存空间。**如果一时无法脱险，要用周围可以挪动的物品（如砖块、木棍等）支撑断壁残垣，并注意避开身体上方不结实的倒塌物和其他容易掉落的物体，以避免因余震等使环境进一步恶化。
- **寻找和开辟逃生通道。**暂时脱险后，可寻找和开辟逃生通道，在这个过程中避免使用明火，防止引起火灾，可用手机、手电筒等照明，朝着有光亮、更安全、更宽敞的地方移动，设法逃离险境。如果找不到或无法开辟逃生通道，应尽量保存体力，向外发出求救信号，但不可盲目地大声呼救，而是要在听到上面（外面）有人活动时再呼救，或用石块、铁具等敲击物体来联系外界。

- **设法维持生命**。如果无法脱险，则应等待时机呼救。如果受伤，则要想办法包扎，避免失血过多，尽量减少体力消耗，等待救援人员的到来。在等待救援的过程中，如被困时间较长，尽量寻找食品和水，尽量创造生存条件维持自己的生命，必要时自己的尿液也能起到关键作用。
- **配合互助**。多人被压埋时，要互相鼓励，共同计划，团结一致，必要时采取脱险行动。

（三）地震发生后的互救

地震发生后，也许有房屋受损和人员受伤，此时人们要相互救助。互救时应注意以下事项。

- 注意听被困人员的呼喊、呻吟、敲击声。
- 要根据房屋结构，先确定被困人员的位置，再进行抢救，以防止意外伤亡。
- 及时抢救那些容易获救的幸存者，以扩充互救队伍。
- 抢救队伍应首先抢救那些容易获救的医院、学校、旅社、招待所等人员密集的地方。
- 在被破坏过的建筑物内进出或活动时，要特别小心，因这些建筑物随时有倒塌的可能。同时，要预防煤气泄漏、触电或碎玻璃的危害。
- 抢救被压埋人员时，注意不要破坏被压埋人员所处空间的支撑物，以防发生新的垮塌。
- 抢救被压埋人员时，首先应使其头部暴露，迅速清除其口鼻内的尘土，防止其窒息，再对其进行抢救。用铁锤、铁锨等工具刨挖掩埋物时，应注意避免伤及被困人员。

- 对于被压埋时间较长的人员，应及时为其提供水、食物及药品，然后实施抢救；对于颈椎和腰椎受伤的人，施救时切忌对其生拉硬抬。
- 对于那些一息尚存的危重伤员，应尽可能在现场进行救治，然后将其迅速送往医院或医疗点。
- 注意震后传染性疾病的发生，加强消毒卫生工作，及时处理因地震死亡的人和动物的尸体。尤其是在夏季更要做好消毒卫生及震后处理工作，避免震后传染性疾病的发生。

汶川大地震中永不言弃的刘乐会

在汶川大地震中，刘乐会被困 75 个小时后被营救出来。记者问她是怎样度过这 75 个小时的，刘乐会回答道：“当听到外面有人时我就使劲地喊‘救命’，外面没声响时我就休息，保持体力。饿了、渴了都忍着，我一直坚持着。我相信你们一定会来救我，我相信我一定能活下去。”“我现在还活着，我很高兴。我希望大家不要再为我担心，在里面我会自己保护自己，你们来救我，我很感谢你们！”刘乐会镇静、自信、永不言弃的精神感染着身边的每个人。她说的话正是地震中所有被埋的人的心里话。

点评：突发地震被埋后，首先，一定要保持镇定，无法脱险时不要大声哭喊，应保存体力。其次，要寻找时机积极呼救，听到人声时要呼喊，或用石块敲击铁管、墙壁发出呼救信号。相信救援人员，按照救援人员的要求行动。

四、泥石流灾害

泥石流是一种含有大量泥沙、石块的特殊洪流。泥石流形成一般须同时具备以下 3 个条件：陡峻的地形、丰富的松散固体物质和充沛的水源。泥石流的冲击力和破坏性强，能够堵塞河道、冲毁道路甚至村庄、城镇，给人们的生命财产带来极大危害。下面主要介绍泥石流的预防和泥石流发生时的应急措施。

拓展阅读

泥石流的成因及规律

（一）泥石流的预防

泥石流灾害虽然突发性强，来势迅猛，多发生在山区、沟谷深壑，受连续降雨、暴雨影响。泥石流的发生有迹可循，我们只要及时捕捉前兆，迅速采取措施，就可以有效地避免人员伤亡。

- 泥石流发生前的迹象有：河流突然断流或水势突然加大，并且河流中夹有较多柴草、树枝；深谷或沟内传来类似火车轰鸣或闷雷的声音；沟谷深处突然变得昏暗，并有轻微震动感等。若在山地户外发现这些迹象，要立即向两岸上坡方向跑去，不要在谷地停留。
- 在山地户外，应选择平整的高地作为营地，尽可能避开河（沟）道弯曲的凹岸或地方狭小高度又低的凸岸。切忌在沟道处或沟内的低平处搭建宿营棚。当遇到长时间降雨或暴雨时，应警惕发生泥石流。
- 雨季穿越沟谷时，先要仔细观察，确认安全后再快速通过。山区降雨普遍具有局部性特点，沟谷下游是晴天，沟谷上游不一定也是晴天，即使在雨季的晴天，同样也要提防泥石流灾害。

（二）泥石流发生时的应急措施

泥石流发生时应快速观察泥石流的走向，迅速逃跑，绝对不能顺着泥石流倾泻的方向跑，要向泥石流倾泻方向两侧的高地或山坡跑去。跑得越快越好，爬得越高越好。但不要在土质松软、土体不稳定的斜坡停留。如果不幸陷入泥石流，要寻机呼救，然后尝试将身体后倾，同时张开双臂，十指张大，平贴在地面上慢慢将陷入泥潭的双脚抽出，切忌用力过猛、过大而使自己陷得更深。要采取仰泳般的姿势向安全地带“游”过去，动作尽量轻柔、缓慢，千万不要惊慌挣扎。需要注意的是，泥石流发生后，整个山体处于动摇状态，所以，泥石流停止后不能马上返回危险区，防止二次灾害。另外，如泥石流席卷、淹浸、淤埋沿途的房屋、牲畜及杂物，那么泥石流结束之后还要进行清理和消毒，做好卫生防疫工作，防止流行病的发生和传播。

五、滑坡灾害

滑坡灾害是指山坡在河流冲刷、降雨、地震、人工切坡等因素的影响下，土层或岩层整体或分散地顺斜坡向下滑动造成的灾害。通常，易发生滑坡的区域也易发生泥石流。滑坡的特点是顺坡滑动，泥石流的特点是沿沟流动。不论是滑动还是流动，都是在重力作用下，物质由高处向低处运动的过程。因此，滑动和流动的速度都受地形坡度的制约，即地形坡度较缓时，滑坡、泥石流的运动速度较慢；地形坡度较陡时，滑坡、泥石流的运动速度较快。两者突出的差异是泥石流的暴发需要水源，而滑坡不需要。

在山地环境中，滑坡现象虽然不可避免，但滑坡临滑前具有许多前兆，如发现以下征兆应特别注意，及早撤离危险区域。

- 滑坡前部甚至中部出现横向及纵向的放射状裂缝，表明滑坡体向前推挤受到阻碍，已经进入临滑状态。
- 建在斜坡上的多处房屋中的地板、墙壁出现明显裂缝，墙体歪斜。
- 滑坡体上电线杆、烟囱、树木、高塔出现歪斜，表明滑坡正在蠕滑。

- 滑坡体上的树木歪斜，像醉汉一样东倒西歪，表明滑坡已滑动解体。
- 滑坡区域中的动物出现异常反应，如猪、牛、鸡、狗等惊恐不安、不入睡，老鼠乱窜不进洞，表明滑坡可能即将来临。
- 滑坡前缘坡脚有堵塞多年的泉水突然涌出，或者泉水（井水）突然干枯、井水位突然变化等异常现象，表明滑坡体变形滑动强烈，可能发生整体滑动。

山体滑坡时，我们要争分夺秒、果断撤离，不要沿滑坡体滑动的方向跑，应向滑坡体两侧安全的地段跑。这与泥石流发生时的逃生方法一样。一般除高速滑坡外，只要人们行动迅速，都有可能逃离危险区段。当遇无法跑离的高速滑坡时，不能慌乱，在一定条件下，如滑坡呈整体滑动时，原地不动或抱住大树等物也不失为一种有效的自救方法。

六、其他自然灾害

其他自然灾害包括沙尘暴、大雾天气、大风天气、冰雪天气和高温天气。下面分别介绍相应的应对措施。

（一）沙尘暴

当强风将裸露的干燥土壤中的大量沙尘卷入大气时，通常会发生沙尘暴。沙尘暴是干旱和半干旱地区的常见气象灾害，多出现在我国西北和华北北部等地区，可造成房屋倒塌、交通供电受阻或中断、火灾、人畜伤亡等，污染自然环境，破坏作物生长，给人们的生命财产和经济建设造成极大的危害。发生沙尘暴时，应避免或减少室外活动，如果确需外出，尽量避免骑自行车，应穿戴防尘衣物，同时要及时清洗皮肤，多喝水，以预防疾病。

（二）大雾天气

由于近地层空气中悬浮的无数小水滴或小冰晶造成水平能见度小于500米的天气现象称为大雾或浓雾天气。大雾天气影响城市交通运输，容易酿成事故，其雾滴中各种酸、碱、盐、胺、病原微生物等有害物质的比例比普通大气水滴中相应物质的比例高出几十倍，危害人体健康。预防大雾危害，应注意收听天气预报，做好应对措施，包括戴口罩、外出慢行等，以减少不必要的伤害和损失。

（三）大风天气

一般风力达到或超过8级、风速达到或超过17米/秒的天气现象称为大风天气。大风会摧毁地面设施和建筑物等，造成人员伤亡和财产损失，即通常所说的风灾。预防大风危害，应注意收听天气预报，做好应对措施，包括储备物资、加固房屋，停止高空、水上等户外活动，不在高大建筑物、广告牌或大树下方停留，以减少不必要的伤害和损失。

（四）冰雪天气

暴雪、冻雨等冰雪天气会给道路、供电供水设施、通信设施、农牧业生产等带来严重的影响。预防冰雪危害，应及时收听天气预报，做好应对措施，包括储备物资、加固房屋；外出时不宜穿高跟鞋或硬塑料底的鞋，以免跌倒摔伤；不要在结冰的湖面、河道上玩耍，以免落入水中；远离建筑工地、临时搭建物、广告牌和老树等，避免被砸伤；用电暖气、煤炉取暖时要做好防火防毒的工作。

（五）高温天气

一般气温在35℃以上的天气就可称为高温天气。高温天气主要表现为酷热难耐、让人汗流不止，严重时会让人皮肤灼伤和中暑。预防高温天气危害，应及时收听天气预报，做好应对措施，包括避免或减少户外活动，预防中暑；外出时，可以随身携带藿香正气水、风油精、肠胃药等常用药；在户外工作时一定要带遮阳帽、护臂等防护设备；注意保证充足的睡眠，饮食上以清淡、爽口的食物为主，还要勤洗手，保持室内空气流通，尽量缩减在人口密集的地方逗留的时间。

想一想

你所在的城市易发生哪些自然灾害？对此，你觉得应该采取哪些应对措施？

第二节 预防户外事故

当代许多大学生喜欢走向户外，如参加户外运动和外出旅游等，以锻炼体能、放松身心、拓展知识面等。但是在大学生参加户外运动时，户外事故时有发生，所以大学生应重视预防户外事故。

【学习目标】

◎ 了解常见户外运动安全的注意事项。

◎ 了解旅游出行安全的注意事项。

一、户外运动安全

户外运动因“拥抱自然、挑战自我”的运动观念特别受大学生的喜爱。户外运动不仅可以锻炼大学生的身体素质，提升大学生的户外生存技能及其在户外运动时所需的心理素质，还可以增强大学生的团队意识，拓宽其知识面，有利于大学生融入未来的社会工作。然而，户外运动项目大多具有很强的挑战性和探险性，也存在着更多危险。因此，大学生要丰富户外运动的安全防范与急救等知识，在感受自然、享受自然的同时确保安全。

（一）游泳安全

游泳作为一项十分普及的健身运动，受很多大学生的喜爱，然而游泳存在一定的危险性，尤其是户外游泳，如果大学生不注意安全防护，可能会发生溺水等事故。因此，大学生在游泳时，必须增强安全防范意识。

❶ 游泳安全要点

游泳溺水的原因既有不会游泳者下水遭遇意外，也有会游泳者盲目自信、准备不足或遭遇意外等。为了确保游泳安全，防止游泳溺水事故的发生，大学生必须做到以下 7 点。

- 严重心脏病、高血压、肺结核、沙眼及各种传染病等患者不宜游泳；处于月经期间的女生不能游泳；剧烈活动后的人和酗酒者不宜马上游泳。
- 不到无安全设施的游泳场所游泳；不到有危险警告标志的水域游泳；不到不熟悉地理环境的水域游泳；不到水情险恶、有危险警告标志等危险水域游泳。
- 学习游泳时必须要有识水性的人陪同，并且要在浅水区练习。游泳时用鼻子呼吸容易引起呛水，要尽量用嘴呼吸。
- 不要独自一人外出游泳，对自己的水性要有自知之明。下水后不要逞能，不要贸然远游、跳水和潜泳。

- 下水时切勿太饿、太饱；下水前应试试水温，若水太冷，就不要下水；入水前要做适量的准备运动，使头、颈、双肩、双臂、腰、腿的关节都活动开；入水前应用水冲洗一下躯干和四肢，使身体尽快适应水温，以免抽筋。
- 在水中遇到乱石、水草、淤泥等，要立即离开，以免乱石伤身、陷在淤泥中或被水草缠住不能脱身。
- 在游泳过程中感到身体不适时，如眩晕、恶心、心慌、气短等，要立即上岸休息或呼救。

大学生在水库游泳酿惨剧

因天气炎热，两名大学生相约到水库游泳降温。下水前，有路人劝阻，但两人并未听从。一眨眼的工夫，路人回头再看时，两名大学生已在水里挣扎。这名路人立即呼救，待两名大学生被拖上岸时，两人已经溺亡。后经多方查证，溺亡的两人中一名大学生会游泳，另一名大学生则不会游泳，惨剧发生的原因极有可能是不会游泳的大学生先溺水，另一名大学生施救措施不当，最终两人同时溺亡。

点评：一般水库都有“禁止游泳”的警告标志，但是有的人仍然会冒险。须知，去水库游泳危险极大，因为水库的水深，且不流动，夏天水库上面和下面的水温相差大，容易使游泳者抽筋。并且很多水库里面有状似藤蔓的水生植物，这种植物会绊住游泳者的手脚。大学生应该选择安全的游泳场所，一定不能去危险的水域游泳。

【警钟长鸣】

尽管学校三令五申学生不能私自下河游泳，水库或江、河、湖周围设有警示牌，但有的学生仍不听劝阻，对警示牌熟视无睹，只图一时痛快，导致溺亡事故发生。尽管这些悲剧屡屡见诸报端，警示着那些跃跃欲试的学生，但仍有少数学生抱着侥幸心理，最终的结果往往让人痛心。水祸遗患无穷，每个人都要谨记于心。若想游泳解暑，可以去游泳馆或水上乐园。

❷ 溺水时的自救方法

万一游泳时不幸溺水，应保持镇静，千万不要因害怕下沉而手脚乱动、拼命挣扎，这样只会使体力过早耗尽、身体更快地下沉。溺水时，可按照以下方法积极自救。

- **呼救。**溺水时，立即屏住呼吸，然后放松肢体等待自己浮出水面，因为肺脏就像一个大气囊，屏气后人的密度比水小，所以人体在水中经过一段时间的下落后会自动上浮。当感觉身体开始上浮时，应尽可能地保持仰位，使头部后仰。只要不胡乱挣扎，人在水中就不会失去平衡，这样在口鼻先浮出水面时可以进行呼吸。如果在两到三米深的水池，可用脚用力地蹬地，加速上浮。
- **浮泳自救。**溺水时，可双腿分开，双手上举或头枕双手，努力使脚上浮。如果足尖无法外露，应尽量使双手靠近耳侧，同时张开双脚。吸气时尽量扩胸并收腹，呼气时则缩胸隆腹。
- **利用漂浮物自救。**溺水时，尽可能利用水上的漂浮物，如开口盒子、球类、面盆、水桶、塑料瓶等，将其开口部压在水面下或把口封住。充满气的购物袋也可以起到一定作用。
- **抽筋时的处理。**当小腿抽筋即小腿肚子突然发生痉挛性疼痛时，可改用仰泳体位，先用单手抓住患侧的大脚趾向背屈方向牵拉，然后按捏患侧腿肚子即可缓解。必要时呼叫同伴救助。手腕部肌肉痉挛时，可上下屈伸手指，另一只手辅以按捏。

- **体力不支时的处理。**经过长时间游泳自觉体力不支时，可改为仰泳，用手足轻轻划水即可使口鼻轻松浮于水面，调整呼吸、全身放松，稍事休息后游向岸边或浮于水面等待救援。
- **被水草缠住时的处理。**游泳时，万一被水草缠住了，切不可踩水或乱动手脚，否则就会使肢体被缠得更难解脱。可仰躺在水面上，一手划水，一手解开缠在肢体上的水草。一旦险情解除，应采用仰泳姿势马上远离危险区并上岸。自己无法摆脱时，应及时呼救。

需要注意的是，救助者出现时，溺水者只要理智尚在，绝不可惊慌失措地去抓、抱救助者的手、腿、腰等部位，一定要听从救助者的指挥，让救助者带着自己游上岸。否则不仅落水者不能获救，反而还会连累救助者。

拓展阅读

被溺水者缠住时的脱困方法

❸ 救助溺水者

发现有人溺水时，应尽量施救，但救人时先要保证自身安全，再安全、合理、有效地施救。

不会、不善游泳者如果遇到有人溺水，不要冒险下水救人（浅水区儿童溺水的情况除外），应大声呼救其他人员帮忙救助。如果发现溺水者距离岸边不远，应尽可能地迅速利用岸上的营救设施和可用物品，如将救生圈、竹竿、木板、绳子、长棍、树枝、树藤等投向溺水者，立足在岸上营救。水性好的、有经验的游泳者下水前尽量脱去衣、裤、鞋，因为衣服裤子沾水后会变重，影响游泳。如有条件可携带救生圈，游向溺水者时一般采用速度较快的抬头爬泳，亦可采用头部入水的蛙泳，以便观察溺水者的情况。当游到距溺水者 2 ～ 3 米处时，深吸气后再接近溺水者，以保证自身体力充足。如溺水者面向自己，则潜入水中，游到溺水者身后，从溺水者背后伺机施救，可托住其腋窝，使其头部位于水面，然后用反蛙泳的方式将人救回岸边，切忌被溺水者使劲抱住。

将溺水者解救上岸后，对不同状态的溺水者应采取不同的急救措施。

- 溺水者清醒，有呼吸、有脉搏时，应立即拨打“120”。注意为溺水者保暖，等待救援人员。
- 溺水者昏迷，有呼吸、有脉搏，呼叫无反应时，应立即拨打“120”，清理其口鼻异物，将其以侧卧位稳住，等待救援人员。同时注意观察溺水者的呼吸和脉搏情况，必要时对其进行心肺复苏。
- 溺水者昏迷，无呼吸、脉搏微弱时，可先清理其口鼻异物，对其进行人工呼吸，迅速增强其脉搏和心跳。待溺水者恢复呼吸后，可将其以侧卧位稳住，同时拨打“120”，等待救援人员。
- 溺水者昏迷，无呼吸、无脉搏时，应即刻清理其口鼻异物，对其进行人工呼吸、胸外按压。同时拨打“120”，并持续进行心肺复苏至溺水者呼吸和脉搏恢复或急救人员到达。

案例阅读

大学生到陌生水域学游泳险丧命

小张很羡慕那些能够熟练游泳的人，特别是游泳赛事上的健将们。然而生长在城市的他虽然有多次下水的经历，但直到进入大学仍然是游泳的初学者，只会简单的狗刨式，水性并不好。某天放假，小张在网上观看了游泳视频后，决定独自到附近的河里练习游泳。小张去的时候没有准备任何安全救生设施，结果下水后不久就遇到险情。就在小张溺水的危急时刻，不远处的垂钓者发现情况后，立马奔跑过去，跳入水中，快速游到小张身后，用单手夹胸拖带的方式把他救上岸。

点评： 大学生学习游泳时一定要有水性好的人陪同，并且要到安全的地方学习；溺水时，应积极自救。营救溺水者时，施救者先要保证自身安全，然后采用正确的施救方法。总之，热爱游泳的大学生要增强安全防范意识，丰富游泳知识。

（二）骑行安全

很多人觉得，户外骑行是一项相对安全的户外运动项目，其实不然，户外骑行者也会面临中暑、肌肉拉伤、意外摔伤、交通事故等安全问题。因此，大学生在户外骑行时，要增强安全意识，了解户外骑行的基本注意事项。

- 户外骑行时可以结伴而行，万一路上出现麻烦或意外，也能够互相照应。
- 骑行前，检查单车性能，如刹车是否有效、车胎气压是否合适等。
- 骑行前，准备头盔、手套、骑行衣裤、太阳镜或风镜，以及双肩背包（用来放水壶、食物、备用衣服、手机充电宝等）等骑行装备；如有必要，还应准备所需的药品和修车工具。
- 骑行过程中，遵守交通规则，骑行速度不宜过快，要注意过往的行人和车辆。
- 骑行过程中，不管是单人骑行还是组团骑行，都应随时注意与其他车辆保持安全距离。
- 骑行过程中，应保持注意力集中，远观路况，近观路面。因为户外骑行的路况有好有坏，即使一条视野宽阔、路面平坦的道路有时也避免不了突发情况。在遇到井盖、坑洼、突起、不明物体等时，一定不要去碾压，以免造成危险。
- 骑行过程中，难免会有精神状态不好的时候，精神不济、注意力无法集中时，就应休息一下，并补充水分和能量。

（三）登山安全

“会当凌绝顶，一览众山小。” “不畏浮云遮望眼，自缘身在最高层。”古人素来对登高望远颇为喜爱，登山已成为人们在日常空闲时较为喜欢的一项户外运动。它不仅可以增强我们的身体素质，释放生活中的压力，还可以让我们亲近大自然，起到修身养性、陶冶情操的作用。但是登山者有可能面临迷路、缺水、扭伤、摔伤、蛇虫叮咬等安全问题，以及自然灾害的威胁，所以大学生在登山前应做好准备，并在登山过程中牢记注意事项，这样才可以安全无忧地享受登山的乐趣。

❶ 登山准备

> 想一想
>
> 登山时同伴中暑，应该怎么办？

登山具有一定的危险性，除非有丰富的登山经验，否则不建议少于 4 人以下的队伍登山。登山前，一是要根据自己的身体状况和能力选择合适的山峰，详细了解所要攀登山峰的自然环境，做好前期准备工作。若是自行组队前往，则需找熟悉的人带路，防止盲目地在山中乱闯，并计划好休息和进餐的时间，对整个登山时长进行预估；若是跟团出行，则要在出行前对整个行程做到心中有数。二是轻装上阵的同时要带好必需品，如：充足的饮用水，防止因登山出汗，没有补充足够的水分而虚脱、中暑；早晚御寒的衣物，防止感冒；随身携带急救药品，如藿香正气液、云南白药等，以便在中暑、摔伤、碰伤、扭伤时使用。

❷ 登山过程中的注意事项

对热爱登山的大学生而言，登山是一个亲近自然、享受自然的过程，但是登山是一个向上运动的过程，对登山者体力要求高，同时因山里环境复杂，所以登山过程中往往也易发生安全事故。大学生可以在早晨或者上午上山，午后下山返回驻地，在上山前要做好热身运动。登山期间时刻留意自己的身体状况，可适当多休息，行进过程中应集中精神，注意脚下和周边的山况，同时留意同伴情况，互相提醒或协助通过危险地段，发挥团队精神；遇到看不清楚的路面，要先用木棍、树枝等探路，避免蛇、虫叮咬，防止失足滑跌；如需拍摄风景，要止步拍摄，以免造成不必要的伤害。需要注意的是，登山过程中应保持通信工具的畅通，可以沿途做记号，以便返回时识别。如果迷路，应折回原路，或寻找避难处静待救援。如有意外发生，应保持冷静，设法与团队或警方取得联系。

③ 下山时的注意事项

登山者在下山时也不能完全放松警惕，应注意以下事项。

- **快去慢返。**上山的路可走得稍快，下山的路则要慢些走，以免疲劳的关节、肌腱受伤。
- **走阶不走坡，走硬不走软。**上下山时尽量走台阶或阶梯形的路段，少走山面斜坡，因为在水泥、石板等硬地上行走比在草地、湿地、沙坡等软地上行走更安全。
- **下山后及时放松身体。**登山后难免肌肉僵硬、酸痛，下山后要及时放松肌肉，否则很可能出现小腿、大腿胀痛或全身酸痛等现象。

大学生为在跨年夜看日出被困深山

某校12名大学生为了在跨年夜看到日出，相约一起攀爬海拔2434米的赵公山。在没有充分准备的情况下，12名大学生如约在12月31日出发。但因为不熟悉赵公山的自然环境、路面状况，12名大学生被困于海拔2100米的山上。山上雨雪飘落，随着天色渐黑，气温降到0℃以下，有的被困大学生体力已经透支。晚上7时30分左右，众人报警。在等待救援的过程中，被困大学生偶遇一支专业登山队，有队员直言，没有专业装备和登山经验就来爬这么高的山，无异于自寻绝路。

另一边，警方接到报警后，30余名救援人员连夜上山，历时12个小时，于1月1日7时许，将其中8名被困大学生全部安全转移到山下。其他4名被困大学生随专业登山队登顶。事后，被救大学生纷纷后怕。

点评：大学生通过登山挑战自我、亲近自然无可厚非，但为了安全，登山尤其是攀登那些环境复杂的山峰之前，大学生不仅要做好充足的准备，还应选择与经验丰富的人同行。

【安全小贴士】

大学生大多将登山作为一项业余的休闲活动，一般攀登海拔较低的山峰。要成为专业登山运动员，则需要参加登山知识和技能的基础培训及体能训练，熟练掌握登山攀岩技能。国家体育总局颁布的《国内登山管理办法》规定，登山者在西藏自治区5000米以上，以及其他省、自治区、直辖市3500米以上独立山峰举行登山活动前，应当向山峰所在地省级体育行政部门申请《登山活动批准书》。近年来，擅自违法违规登山引发的登山者受伤、遇难、失踪等事故时有发生，这些事故既令人惋惜，也让人深思。时下，越来越多的人包括大学生参与户外运动，在挑战自我、体验自然的同时需要注意：一些户外运动项目的挑战性、竞技性和探险性强，需要参与者经专门的培训和锻炼，具备专业的知识和能力。因此，大学生要量力而行，不做身体、知识和能力不及之事。

（四）垂钓安全

虽说垂钓是一件令人非常愉快的事情，可以舒缓压力、锻炼耐力，但安全第一，大学生在户外垂钓时应掌握垂钓安全常识，避免发生意外情况。

- **恶劣天气不垂钓**。垂钓前应多关注天气状况，对突发性风雨等天气变化，事前应该有预防和准备，如准备保暖衣物以及防暑药品等；遇雷电、暴雨、大雾、冰雪、高温等恶劣天气时，一定不要外出垂钓；垂钓时天气骤变遇到雷雨时，不管是刚找好钓位，还是正在钓鱼，都要及早躲避、撤离到安全地点。
- **远离高压电线**。垂钓时一定要远离高压电线、变电器等电力设备，不可麻痹大意，因为鱼线、钓竿湿水后都会导电，附近有高压电线、变电器时触电可能性极大；在转移钓位时，切记要收缩钓竿，防止在转移钓位的过程中，因钓竿上端触碰高压电线、变电器而造成伤亡。
- **防溺水危险**。钓位不要选在悬崖陡坎上或者可能滑落入水的地方；在江河垂钓时要防范上游开闸放水和洪水；海钓时要防范被浪潮卷落入水；冰钓时要注意冰层厚度，防止因裂冰、化冰而落水；乘船垂钓时，一定要穿好救生衣。另外，垂钓时若出现钓竿被鱼拖走或手机等物品掉落水中等情况，不能轻易下水而因小失大。
- **防鱼钩伤人**。垂钓过程中容易发生抛竿时鱼钩钩伤自己或伤及旁人的事故，特别是被有倒刺的鱼钩刺入皮肤会很痛。如果鱼钩钩住眼睛等身体重要部位，那么后果会更严重。为防止鱼钩伤人，垂钓者一般要戴眼镜和帽子，身旁有人时，抛竿时要特别留意方向和力度。
- **防蛇虫叮咬**。如果到僻静的野外或树木杂草茂密的地方垂钓，应特别注意防止被毒蛇咬伤，如尽量不去枯树旁、倒树边、大石头旁等毒蛇容易出没的区域垂钓；路过杂草丛生的地方时，应先用棍棒等物体探试，确认安全后再通过。另外，还要注意防止被野蜂、水里的蚂蟥等毒虫叮咬，防止被荨麻等有毒植物刺伤。因此，渔具包里可以常备花露水、过敏药、创可贴等。

（五）露营安全

露营是一种体验户外生活的方式，通常表现为露营者携带帐篷，离开城市在野外扎营，度过一个或多个夜晚。露营通常伴随着登山、垂钓或游泳等活动。经常进行这些活动的人，被称作背包客或“驴友”。

露营由于多在野外山谷湖畔、密林深处、旷野田地等区域，自然也就存在一定的安全隐患。所以大学生在露营时，一定要增强安全意识，了解必要的露营安全注意事项。

- **露营装备配置**。露营需要必要的装备，以应对野外复杂的环境，抵御多变的天气。露营装备包括帐篷、背包、睡袋、冲锋衣、炊具、餐具、指南针等，以及一些药物，如感冒药、退烧药、止血药及治疗跌打损伤的药物，以备不时之需。
- **露营营地选择**。要想保障露营安全，营地的选择至关重要。一般可选择靠近水源、明亮干燥的平地作为营地。注意营地上方不要有滚石、滚木及风化的岩石。如果所在区域附近有村庄，则宜将营地安扎在靠近村庄的位置，这样遭遇突发情况时可及时向村民求助。
- **搭建帐篷**。在营地搭建帐篷时，帐篷搭建地不能离溪水太近，避免过于寒冷，帐篷的出口一定要处于背风的位置。注意要固定好帐篷，以保证帐篷的抗风能力。
- **用水、用火安全**。野外取水后不要急于用水，应进行必要的净化和消毒处理，如通过沉淀后煮沸 3 ~ 4 分钟的方法消毒；尽量不在帐篷内做饭，在植被茂密的地方避免用火，确需用火时，要扫除火源周围的易燃物，离开露营地时要彻底检查并熄灭所有火苗。
- **夜间安全**。夜间可安排人员轮流值守，可以在帐篷附近生一堆火，以驱赶野兽；要把刀和手电筒放在帐篷内触手可及的地方，如遇紧急情况，可以割开帐篷逃生。

- **野外求救**。露营遇险被困时，有通信信号时应及时报警，如无通信信号或者在等待救援，可通过以下方式使自己更容易被救援人员发现：生起火堆，在火势旺盛后可加些湿枝叶或青草，使火堆升起大量浓烟；穿戴颜色鲜艳的衣服、帽子，也可拿颜色鲜艳的衣物当作旗子，不断挥舞。

【安全小贴士】

人人都知道户外运动不安全事件带来的危害，但在日常生活或者工作中却往往忽视，抱有侥幸心理，往往要等到事故发生了或造成了损失，才会警醒。因此，大学生需要学习安全知识，时常提醒自己注意安全。

大学生深山探路坠崖身亡

某大学大二学生张某和6名同学结伴进行太白山探险活动。第一天，暴雨使他们被迫在山下休息了一晚。第二天上午，一行人开始沿着山民踩出的小路攀登太白山。当天晚上，他们所带的食物和水就已耗尽，由于没有带帐篷等露营装备，他们决定下山。为了能让大家尽早下山，避免在山上挨饿受冻，张某自告奋勇为大家探路，让其他同学留在原地。但是一夜过后，其他同学仍未等到张某，他们下山后向自然保护区及当地政府汇报了此事。于是救援人员开始上山营救，在一个谷底找到了张某，此时张某已经死亡。经调查，他是失足从悬崖坠落死亡的。

点评：在野外，除了美景之外，还有各种各样的隐患。因此，在野外探险时，要做好充分的准备，如提前了解当地的地形特征、天气等。同时，野外环境恶劣，若无丰富经验和专业技能，应避免独自探路，应结伴而行，否则容易出现意外。

话题讨论

讨论主题：大学生该不该进行户外运动

讨论内容：有的人觉得大学生是国家的人才，而户外运动很危险，万一发生意外，会造成不可挽回的损失，因此，大学生要爱护自己，不应该进行危险的户外运动。有的人则认为不能因为几起事故就对大学生进行户外运动持否定态度，只要准备充分、方法得当、服从指挥，户外运动经历可以成为人生不可多得的经验。对此，请大家发表对大学生该不该进行户外运动的态度与看法，并分小组讨论交流。

二、旅游出行安全

随着我国社会经济的快速发展，外出旅行逐渐成为人们生活的重要组成部分。部分大学生会在学业之余，通过旅游观赏风景，放松身心，开阔眼界，拓展知识面。为了在旅游中避免不必要的麻烦，保障人身财产安全，大学生有必要了解一定的旅游出行安全知识，使自己的旅途更加顺利。

（一）旅游出行准备

大学生决定外出旅行时，应提前做好充分准备，主要包括以下事项。

- 根据自己的经济实力和身体状况选择旅游路线和旅游目的地。
- 查询出行期间的天气情况，备好防雨、防晒、防寒等工具和衣物，以及一些常用药品，如感冒药、晕车药等，以备不时之需。
- 了解旅游目的地的风俗，尊重当地的风俗习惯，避免产生不必要的麻烦。
- 携带并妥善保管身份证、护照等相关证件，外出旅行期间尽量不携带大量现金、金银首饰及其他贵重物品。
- 规整所带物品，尽量减少包、箱的数量，可在包、箱上制作明显的标识，严禁携带违禁物品乘坐交通工具。
- 随团旅行时，要先比较各家旅行社的信用状况及服务质量，选好旅行社后，应当和旅行社签订有效旅游合同，明确相关权利和义务。出行时，还应与导游和同行人员互相交换电话号码。

（二）旅游出行安全常识

在旅行中，大学生除了欣赏沿途风景，领略各地自然风光和风土人情，也应掌握一定的旅游出行安全常识。

❶ 交通安全

在旅行中，大学生往往人生地不熟，因此必须注意交通安全，不搭乘黑车，要了解各种交通工具的安全须知。另外，旅行时，大学生应通过微信或电话等方式告知家人或朋友自己所乘坐的交通工具、出行时间、预计到达时间等信息。随团旅行时，要按照安排乘坐车辆。

❷ 饮食安全

在旅行中，大学生应保持原有的饮食规律，按时就餐，避免两餐的间隔时间过长，还要防止暴饮暴食，不要在美食面前丧失自制力。特别要注意饮食卫生，不吃不干净或变质的食品，尤其是在炎热的夏季更应提高警惕。有时，个别人由于水土不服会产生消化不良或皮肤过敏等反应，可提前咨询医生，准备一些助消化、抗过敏及其他相关的药品。

❸ 住宿安全

在旅行中，大学生要特别注意住宿安全。

- 选择卫生和安全条件较好的宾馆入住。
- 在宾馆内居住时，要注意开窗通风，更换新鲜空气，注意卧具的清洁卫生。
- 进出房间时，要随时关门锁门，并保管好钥匙。睡觉前要注意房间门窗是否关好，保险锁是否锁上，物品应放在身边而非靠窗的地方。
- 不要将自己住宿的房间随便告诉陌生人，更不要让陌生人进入房间。
- 入住宾馆后需观察房间门后张贴的安全疏散示意图，熟悉宾馆内各安全通道的位置。
- 正确使用房间中的电器设备，不要把湿衣物放在电灯架上；不要在床上吸烟，也不要在房间内生火煮食物、自接电线等。
- 记住宾馆名称和电话，以便迷路后安全返回。

❹ 景区观光与活动安全

大学生外出旅游时，一般都会游览名山大川、江河湖海，不管是观光还是参加旅游活动项目，大学生务必增强自我保护意识，将安全问题时刻放在心上。

- 相对来说，旅游景点人员比较混杂，而且人员较多，相当拥挤，是小偷经常出没的场所。因此在外出旅游时，大学生必须加强对自己财物的保护。

- 在景区游玩时，应注意景区设置的安全提示和警示标志。
- 登山时一定要集中注意力，在陡峭处观景时应当停止步行，避免脚步踩空而出现危险。
- 经过高处或钢索栈道时，必须扶好栏杆或钢索，不要拥挤追逐，小心踏空。
- 经过台阶和狭窄、路滑地段时，谨防跌倒。
- 不要去不了解、没有正式开放的水域游泳。
- 参加漂流、探险、蹦极、登山、缆车等危险性较大的旅游活动项目时，应严格遵守有关安全规定。
- 如遇恶劣天气，则必须注意预防暴雨、山洪暴发、雷电伤害、山体滑坡、泥石流等。

大学生不顾险情跌落悬崖

某大学几名大学生结伴旅游，到达某景区后，一位姓周的同学自觉体力过人，又有登山的经验，便在前面为大家开路。爬到一半时因山势实在太陡，其他同学认为太危险，就劝周某别爬了，但周某不顾同学的劝阻继续往山上爬。不久后，后面的同学们发现山上已没有动静，估计可能出事了，立即向景区报告。景区随后组织人员在山林中展开搜索，直到第二天才在一个十几米高的悬崖下找到周某，但此时周某已是一具冰冷的尸体。

点评：我国地大物博，奇峰异景较多。如果大学生在旅行中不顾危险地追求无限风光，那么可能会不幸发生人身伤害事故，再也欣赏不到好风光。

⑤购物安全

在旅行中，大学生难免会进行购物消费，但要特别注意以下 3 个方面的内容。

- 不要轻信流动推销人员的商品推荐。由于小摊位商品真伪及质量难以保障，所以尽量不要在小摊位购买商品。如必须购买，请先看好商品再与商家讲价。如无意购买，请勿向商家询价或者还价，以免发生争执。
- 不能随商品推销人员到偏僻的地方购物或者取物。
- 在热闹拥挤的场所购物或者娱乐时，应注意保管好自己的钱包、手提包、贵重物品及证件。

⑥其他安全事项

旅行中的其他安全事项主要包括以下 7 个方面的内容。

- 行走、乘车、候车时，不要让随身包、箱离开自己的视线。
- 避免在火车站或汽车站随意向人问路，如需问询，则询问工作人员，避免被居心叵测的人误导和利用。
- 上车后行走时要时刻保持警惕，防止被小偷割包。中途下车购买物品时要注意周围的人，防止钱财被盗。
- 不要向陌生人搭讪，远离那些陌生但非常热情的人，如主动带路、主动帮忙看管东西的人；不要接受陌生人馈赠的物品，尤其是香烟、饮料、食物。
- 注意言行举止，避免与他人发生口角或冲突；不去赌博和色情场所。
- 避免晚上独自上街，尤其是女生尽量避免夜间外出，外出时应结伴而行，要注意在人多、光线亮的地方行走。如被人跟踪，可绕行到人多的场所，或就近向公安、治安亭、巡逻车求助。
- 发生意外安全事故时，应及时求助相关部门，拨打当地的报警电话和救护电话，并保护好现场和物证。

第三节 预防疾病

健康的身体是大学生学习和生活的基础保障。没有健康的身体，一切就无从谈起。疾病是威胁大学生身体健康的重要因素，大学生应积极学习预防各种疾病的知识，随时掌握自己的身体状况，关注自己的身体健康。

【学习目标】

◎ 掌握常见传染病的一般防护办法。

◎ 掌握其他常见疾病的一般防护办法。

◎ 了解新型冠状病毒肺炎的个人防护注意事项。

一、预防常见传染病

疾病可分为传染病和非传染病。传染病是由各种病原体引起的，能在人与人、动物与动物、人与动物之间相互传播的一类疾病。学校人群密集，一旦发生传染病，就很容易造成大面积传播，影响广大师生的工作和学习，所以大学生必须注意预防各种传染病。

（一）传染病流行的三要素

传染病流行的三要素包括传染源、传播途径和易感人群。

- **传染源。**传染源是指体内有病原体生长、繁殖且能排出病原体的人和动物，包括患者、病原体携带者，以及受感染的人和动物（猫、鼠、狗等）。
- **传播途径。**传播途径是指病原体被传染源排出体外，到达与侵入新的易感者所经历的途径，包括经空气传播、经水传播、经食物传播、经土壤传播和经虫媒传播等。
- **易感人群。**易感人群是对某种传染病缺乏特异性免疫力而容易被感染的人群。易感者是对某种传染病缺乏特异性免疫力而容易被感染的人群中的某个人。易感者的抵抗力越弱，其易感性就越高。一般情况下，老人和小孩是多数传染病的易感人群。易感者的比例在人群中达到一定水平，且有传染源和合适的传播途径时，就很容易引起传染病的流行。

（二）预防疾病的要点

预防传染病是针对传染病流行的三要素进行的，即控制传染源、切断传播途径、保护易感人群。预防疾病，具体要做到以下 6 点。

- 养成良好的卫生习惯，提升自我防病能力。
- 加强体育锻炼，增强对疾病的抵抗力。
- 按规定进行预防接种，提高免疫力。
- 搞好环境卫生，消灭传播疾病的蚊、蝇、鼠、蟑螂等有害动物。
- 发现传染病人要早报告、早诊断、早隔离、早治疗，防止交叉感染。
- 严格消毒传染病人接触过的用品及居室。

（三）常见传染病的具体预防措施

下面介绍一些常见传染病的具体预防措施。

❶ 流行性感冒的预防

流行性感冒简称流感，是流感病毒引起的一种常见的急性呼吸道传染病，也是一种传染性强、传播速度快的疾病，常见于冬春季。流感主要通过空气中的飞沫、人与人之间的接触、与被污染物品的接触传播。流感患者的症状主要是咳嗽、流鼻涕、高热、乏力、头痛、全身酸痛等。

流行性感冒的预防措施如下。

- 加强户外体育锻炼，提升身体抗病能力。
- 在室内经常开窗通风，保持空气流通。
- 勤洗手，使用肥皂或洗手液并用流动的水洗手，不用污浊的毛巾擦手。双手接触呼吸道分泌物后（如打喷嚏后）应立即洗手。
- 流感期间，避免集会或集体娱乐活动，易感者少去公共场所。

❷ 病毒性肝炎的预防

病毒性肝炎是由肝炎病毒引起的一种传染病，主要有甲型肝炎和乙型肝炎等类型。甲型肝炎一般通过饮食传播，毛蚶、泥蚶、牡蛎、螃蟹等均可成为甲肝病毒携带物。乙型肝炎主要经血液、母婴和性传播，部分慢性乙型肝炎还可能发展为肝硬化或肝癌。病毒性肝炎患者的症状主要是身体疲乏、食欲减退、恶心、腹胀、肝脾肿大及肝功能异常等，部分病人可能出现黄疸。乙型肝炎病毒携带者可能无任何肝炎症状。

病毒性肝炎的预防措施如下。

- 养成用流动的水勤洗手的好习惯。
- 不喝生水，生吃瓜果蔬菜前要彻底将其洗净。
- 生熟食物要分开放置和储存，避免熟食受到污染。
- 食用毛蚶、牡蛎、螃蟹等水产品前，须将其加工至熟透再吃。
- 对肝炎病人用过的餐具要消毒，且在开水中煮 15 分钟以上。
- 不要与肝炎病人共用生活用品，对其使用过或接触过的公共物品和生活物品要消毒。
- 与肝炎病人共用同一个厕所前，要用消毒液或漂白粉对便池消毒。
- 不要与乙型肝炎病人及乙型肝炎病毒携带者共用剃刀、牙具；不要与乙型肝炎病人发生性关系。

❸ 肺结核的预防

肺结核俗称肺痨，是一种慢性传染病。肺结核患者的症状主要有低热、乏力、食欲不振、咳嗽和咯血等，但多数肺结核患者通常无明显症状，经检查后才发现患病。

肺结核的预防措施如下。

- 我国规定婴儿出生后即开始注射卡介苗，以后每隔 5 年做结核菌素复查，阳性者加种，直到 15 岁为止。进大学时也应复查。
- 养成良好的卫生习惯，加强体育锻炼，提高自身的免疫力。
- 患者咳嗽时应以手帕或纸掩口，不随地吐痰，可以吐在纸里烧掉，防止传染他人。
- 发现有低热、盗汗、干咳、痰中带血、乏力、饮食减少等症状后，要及时到医院检查。

【安全小贴士】

确诊肺结核以后，要立即治疗，同时还要注意补充营养，以增强体质。只要发现及时，治疗彻底，肺结核是可以完全治愈的。

❹ 禽流感的预防

禽类流行性感冒简称禽流感，是指由甲型流感病毒引起的一种人禽共患的急性传染病。患者的症状主要有发热、流鼻涕、鼻塞、咳嗽、咽痛、头痛、全身不适等，部分患者可能有恶心、腹泻、腹痛、稀水样便等消化道症状，体温多持续在39℃以上。患禽流感后一旦引发病毒性肺炎，可致多脏器功能衰竭，死亡率高。

禽流感的预防措施如下。

- 勤洗手、勤换衣、勤消毒，特别是接触禽类后要及时洗手。
- 发现家禽或候鸟不明原因死亡，应及时向当地农业部门报告。
- 避免接触病（死）鸡、鸭等禽类，避免接触禽流感患者。
- 处理死亡家禽时，应穿防护衣、戴手套和口罩，事后马上消毒或用肥皂洗手。
- 接触禽类后，如出现发烧、头痛、发冷、哆嗦、浑身疼痛无力、喉咙痛、咳嗽等症状，且48小时内不退烧者，应马上到医院就诊。
- 所处地区发生禽流感疫情时，当地居民均应采取强制性的防疫措施。

❺ 红眼病的预防

传染性结膜炎俗称红眼病，是一种急性传染性眼炎。该病全年均可发生，常见于春夏季节。红眼病患者的症状主要有双眼发烫、烧灼、畏光、眼红，早晨起床时，眼皮常被分泌物粘住，双眼不易睁开，严重的可能伴有头痛、发热、疲劳、耳前淋巴结肿大等全身症状。红眼病是通过接触传染的眼病，如接触患者用过的毛巾、水龙头、门把、游泳池的水、公用的玩具等。

红眼病的预防措施如下。

- 勤剪指甲，饭前便后均要洗手，注意不用脏手揉眼睛。
- 在红眼病易流行季节，应去正规并且消毒条件完善的游泳池游泳。严禁红眼病患者进入游泳池。
- 患红眼病时除积极治疗外，应少到公共场所活动，不与他人共用毛巾、脸盆等，防止传染他人。

【安全小贴士】

校园内传染病的发生与寒、暑假有着密切的关系。寒、暑假后的两次开学所伴随的传染病的发生与流行，与社会上传染病的流行季节相吻合。更重要的是，在寒、暑假中，学生在走亲访友时可能将接触的外地传染病带到本地，又随着开学而带进学校，通过学生之间的密切接触而在学校中传播。因此，在寒、暑假期间，大学生要特别注意预防传染病。

二、预防其他常见疾病

下面介绍一些非传染病的常见疾病的具体预防措施。

❶ 脂肪肝的预防

人如果经常食荤食或高热量食品、缺少运动和饮酒过量，就容易使大量脂肪在肝脏内异常蓄积，导致脂肪肝。脂肪肝会影响人体消化功能和肝脏正常代谢功能，如不加以控制，严重者会导致肝硬化。

脂肪肝的预防措施如下。

- 戒除烟酒、合理膳食，多吃豆类、蔬菜、水果，如山楂、海带和胡萝卜等蛋白质和维生素含量较多的食品，少食动物内脏、肥肉和蛋黄等。

- 坚持体育锻炼，可视自己体质选择适宜的运动项目，如慢跑、骑行、打乒乓球、打羽毛球等；要从小运动量开始循序渐进地增大运动量至适当程度，以加强体内脂肪的消耗。
- 学习、工作时注意劳逸结合，不暴怒、少气恼，保持心情愉快。

❷ 肥胖症的预防

肥胖症多是嗜好肥甜油腻食物、暴饮暴食，有大量摄食高脂肪和高热量的饮食习惯，以及缺少运动等因素造成的。肥胖症患者容易并发高血压和Ⅱ型糖尿病，并患上脂肪肝、胆结石和冠心病等。肥胖症的预防措施主要是合理膳食并进行体育锻炼，与脂肪肝的预防措施类似。另外，肥胖症患者应注意控制减肥速度，根据专家的建议，每周减脂 0.5kg 以内较为合适。

❸ 哮喘的预防

哮喘全称支气管哮喘，是一种常见的慢性气道炎症。哮喘的主要表现为可引起反复发作的喘息、气促、胸闷或咳嗽等症状，且多在夜间或凌晨发生。哮喘发病原因可能主要与遗传和环境因素有关，空气污染、花粉、冷空气、食物过敏、感冒、气管炎等都可能诱发哮喘。确定引起哮喘的环境因素，加以避免，是预防哮喘的主要措施。不能确定环境因素的，平时生活中应注意环境卫生，气候变化时注意保暖，运动前后应补充水分。

❹ 慢性胃炎的预防

慢性胃炎是指由不同病因引起的各种慢性胃黏膜炎性病变，是一种常见病，其发病率在各种胃病中居首位。慢性胃炎一旦患上就难以根治，所以，预防慢性胃炎非常重要。预防慢性胃炎要注意以下 4 个方面的事项。

- 精神抑郁、过度紧张和疲劳都容易造成慢性胃炎，所以要保持心情愉快。
- 应戒烟忌酒。过量饮酒或长期饮用烈性酒会使胃黏膜充血、水肿，甚至糜烂，使慢性胃炎发生率明显提高。
- 不要将痰液、鼻涕等带菌分泌物吞咽入胃导致慢性胃炎。
- 应尽量避免吃过酸、过辣等刺激性食物，以及生冷不易消化的食物。进食时要细嚼慢咽，使食物充分与唾液混合，有利于消化和减少对胃部的刺激。忌服浓茶、浓咖啡等刺激性饮料。

❺ 亚健康的预防

现在还没有明确的医学指标来诊断亚健康，因此易被人们忽视。一般来说，如果没有什么明显的病症，但又长时间处于以下的一种或几种状态中，则表明可能患有亚健康：失眠、乏力、无食欲、易疲劳、心悸、抵抗力差、易被激怒、经常感冒、口腔溃疡或便秘等。处于高度紧张的工作或学习状态中的人应当特别注意这些症状。

亚健康是一种临界状态，处于亚健康状态的人虽然没有患上明确的疾病，但其精神活力和适应能力会减弱，如果亚健康状态不能得到及时缓解，则非常容易引发其他身心疾病。预防亚健康的方法是改变不良的生活方式和习惯，从源头上避免亚健康。一旦出现亚健康状况，合理的饮食与及时的营养补充对恢复健康都有一定的积极作用。

微课视频

预防新型冠状病毒肺炎

三、预防新型冠状病毒肺炎

自新型冠状病毒肺炎疫情发生以来，一场关系到每个人生命健康的疫情防控阻击战在全国各地打响。通过社会各界的努力，我们取得了这场战役的胜利，向世界彰显了我国的综合实力，但疫情尚未彻底结束，我们仍要提高警惕，做好防疫工作。

（一）新型冠状病毒的传播途径

新型冠状病毒主要有以下 3 种传播途径。

- **飞沫传播。**飞沫传播是新型冠状病毒的主要传播途径，具体是指患者在咳嗽、咳痰、打喷嚏或者说话时喷出的飞沫携带有病毒，当被近距离内的健康者吸入之后，病毒就可以进入其呼吸道，造成其感染。
- **接触传播。**接触传播是指当携带有病毒的飞沫沉降到物体表面后，若健康者用手接触了携带有病毒的物体，在没有洗手和消毒处理的情况下，又接触了口、眼、鼻而感染病毒。
- **气溶胶传播。**气溶胶传播是指密闭的空气中含有的大量病毒可以引起空气吸入性传播。

另外，在新型冠状病毒肺炎患者的粪便中，曾检测出新型冠状病毒核酸。所以，患者粪便对周围环境造成的污染也可能导致病毒的传播。

（二）新型冠状病毒肺炎感染的主要症状

新型冠状病毒肺炎感染以急性呼吸道感染为主要表现，具体为发烧至 38℃以上，同时伴有干咳、乏力、呼吸困难的症状，偶尔可见鼻塞、流涕、咽痛、腹泻等症状。部分患者仅表现为低热、轻微乏力、嗅觉障碍及味觉障碍等，没有肺炎的表现。

患者感染病毒之后可能不会立刻发病，这中间间隔的时间被称为潜伏期。新型冠状病毒肺炎的潜伏期为 1 ～ 14 天，多为 3 ～ 7 天，极少数病例潜伏期超过 2 周。部分患者会在 1 周之后病情加重，可能出现急性呼吸窘迫综合征、代谢性酸中毒、凝血功能障碍、多器官功能衰竭、中枢神经系统受累及肢端缺血性坏死等并发症。

（三）个人防护注意事项

无论新型冠状病毒有哪些传播途径，做好个人防护依旧是目前最简单、最容易接受、最有效的预防感染措施。大学生在做好个人防护时，应注意以下事项。

❶ 戴口罩

口罩是预防呼吸道传染病的重要防线，可以降低人们感染新型冠状病毒的风险。佩戴口罩的基本原则是科学合理佩戴、规范使用、有效防护，具体注意事项如下。

- 在非疫区、空旷且通风的场所可以不佩戴口罩，但进入人员密集或密闭的公共场所后必须佩戴口罩。
- 在疫情高发地区、空旷且通风的场所建议佩戴一次性医用口罩；进入人员密集或密闭的公共场所建议佩戴医用外科口罩或颗粒物防护口罩。
- 有疑似症状患者到医院就诊时，需佩戴不含呼气阀的颗粒物防护口罩或医用防护口罩。
- 有呼吸道基础疾病的人需在医生指导下使用防护口罩。年龄极小的婴幼儿不能戴口罩，否则易引起窒息。
- 棉纱口罩、海绵口罩和活性炭口罩对预防新型冠状病毒肺炎无保护作用。

【安全小贴士】

大学生外出乘坐公交车时要积极配合有关规定佩戴口罩，使用后的口罩按照生活垃圾分类的要求处理即可。

❷ 勤洗手

除了佩戴口罩，个人防护的另一个要点是随时保持手部卫生。从公共场所返回、咳嗽捂手之后、饭前便后，都要用洗手液或肥皂流水洗手，或者使用含酒精成分的免洗洗手液；不确定手是否清洁时，要避免用手接触口、鼻、眼。在洗手时，可采用七步洗手法，如图 9-1 所示。

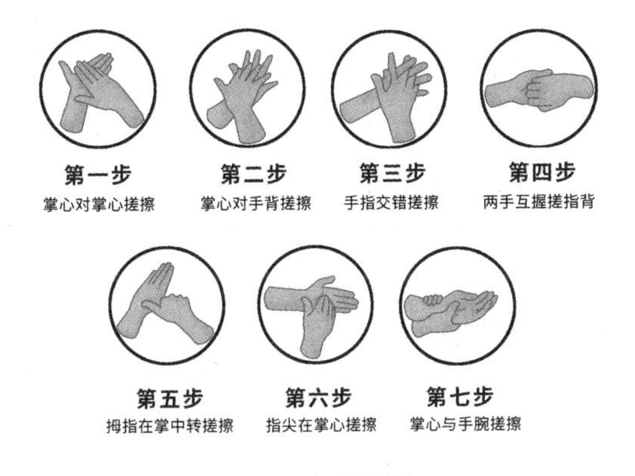

图9-1 七步洗手法

- **第一步：**用流水湿润双手，涂抹洗手液或肥皂，手指并拢，掌心相对相互揉搓。
- **第二步：**掌心对手背，沿指缝相互揉搓，双手交换进行。
- **第三步：**掌心相对，双手交叉沿指缝相互揉搓。
- **第四步：**双手互握，相互揉搓指背。
- **第五步：**一手大拇指在另一手掌中旋转揉搓，双手交换进行。
- **第六步：**一手指尖合拢在另一手掌心旋转揉搓，双手交换进行。
- **第七步：**旋转式揉搓手腕，双手交换进行。

【安全小贴士】

疫情期间，使用酒精、消毒液消毒时，一定要保持室内通风、避免明火，以免引起火灾。每次取用酒精后，必须立即将容器上盖封闭，严禁敞开放置。

❸ 室内通风

开窗通风是改善室内环境质量的常用方法，大学生在学生宿舍内更应常开窗通风。在使用开窗通风方法改善室内环境质量时，应注意以下 4 点。

- 每天可通风 3 次，每次 15 ～ 30 分钟。城市居民通风换气可以在上午 9 点～ 11 点，下午 1 点～ 4 点，以及晚上 7 点～ 10 点。
- 在雾霾天气和沙尘天气不宜通风换气。
- 城市空气质量低于“优”“良”的情况下，要减少通风换气的次数和时间。
- 开窗通风时应注意根据不同户型，将窗户全部打开形成对流，以保持室内空气流通。

❹ 其他事项

大学生在校园内活动时，需佩戴口罩，与人接触时保持 1 米以上的距离，避开密集人群，避免在公共场所长时间停留。建议适当、适度活动，保证身体状况良好，避免过度、过量运动造成身体免疫力降低。另外，要做好健康监测，自觉发热时要主动测量体温，若出现可疑症状，尽量避免接触其他人员，视病情及时就医。

第四节 救护常识

现实生活中人们常常会在医院以外的环境中遇到发生危重急症、意外伤害的人，当公众掌握了基本的救护技能后，在事发现场对伤病人员实施及时、有效的救护，可以起到挽救生命、减轻伤残的作用。大学生也应掌握一些救护常识，在危急关头若能做到沉着冷静、临危不乱、就地取材，采取有效的救护措施，则既能保障自身安全，又能救护他人。

【学习目标】

◎ 能够识别常见的预警信息。

◎ 熟悉遇险求救的求救电话和求救信号。

◎ 掌握紧急救护的常用知识。

一、识别预警信息

预警信息一般是指政府部门为了最大限度地预防和减少突发事件（包括自然灾害、公共卫生事故和社会安全事故）发生及其造成的危害，向社会公开发布的及时、准确、客观、全面的突发事件相关预警消息。突发事件预警级别一般依据突发事件可能造成的危害程度、波及范围、影响力大小、人员及财产损失等情况，由低到高划分为Ⅳ级（一般）、Ⅲ级（较重）、Ⅱ级（严重）、Ⅰ级（特别严重）四个级别，并依次用蓝色、黄色、橙色和红色表示。

预警信息可通过广播电台、电视台等新闻媒体平台发布，也可利用手机短信向社会发布。下面对一些常见的预警信息进行说明。

（一）大雾预警

大雾预警信号分 3 级，分别用黄色、橙色、红色表示。大雾预警信号说明如表 9-1 所示。

表 9-1　大雾预警信号说明

颜色等级	标准	防御指南
黄色预警	12 小时内可能出现能见度小于 500 米的雾，或者已经出现能见度小于 500 米、大于等于 200 米的雾并将持续	1. 有关部门和单位按照职责做好防雾准备工作； 2. 机场、高速公路、轮渡码头等单位加强交通管理，保障安全； 3. 驾驶人员注意雾的变化，小心驾驶； 4. 户外活动人员注意安全
橙色预警	6 小时内可能出现能见度小于 200 米的雾，或者已经出现能见度小于 200 米、大于等于 50 米的雾并将持续	1. 有关部门和单位按照职责做好防雾工作； 2. 机场、高速公路、轮渡码头等单位加强调度指挥； 3. 驾驶人员必须严格控制车、船的行进速度； 4. 减少户外活动
红色预警	2 小时内可能出现能见度小于 50 米的雾，或者已经出现能见度小于 50 米的雾并将持续	1. 有关部门和单位按照职责做好防雾应急工作； 2. 有关单位按照行业规定适时采取交通安全管制措施，如机场暂停飞机起降，高速公路暂时封闭，轮渡暂时停航等； 3. 驾驶人员根据雾天行驶规定，采取雾天预防措施，根据环境条件采取合理的行驶方式，并尽快寻找安全停放区域停靠； 4. 不要进行户外活动

（二）大风预警

大风（除台风外）预警信号分 4 级，分别用蓝色、黄色、橙色、红色表示。大风预警信号说明如表 9-2 所示。

表 9-2　大风预警信号说明

颜色等级	标准	防御指南
蓝色预警	24 小时内可能受大风影响，平均风力可达 6 级以上，或者阵风 7 级以上；已经受大风影响，平均风力为 6 ～ 7 级，或者阵风 7 ～ 8 级并可能持续	1. 政府及相关部门按照职责做好防大风工作； 2. 关好门窗，加固围板、棚架、广告牌等易被风吹动的搭建物，妥善安置易受大风影响的室外物品，遮盖建筑物资； 3. 相关水域水上作业和过往船舶采取积极的应对措施，如回港避风或者绕道航行等； 4. 行人注意尽量少骑自行车，刮风时不要在广告牌、临时搭建物等下方逗留； 5. 有关部门和单位注意森林、草原等防火
黄色预警	12 小时内可能受大风影响，平均风力可达 8 级以上，或者阵风 9 级以上；已经受大风影响，平均风力为 8 ～ 9 级，或者阵风 9 ～ 10 级并可能持续	1. 政府及相关部门按照职责做好防大风工作； 2. 停止露天活动和高空等户外危险作业，危险地带人员和危房居民尽量转移到避风场所避风； 3. 相关水域水上作业和过往船舶采取积极的应对措施，加固港口设施，防止船舶走锚、搁浅和碰撞； 4. 切断户外危险电源，妥善安置易受大风影响的室外物品，遮盖建筑物资； 5. 机场、高速公路等单位应当采取保障交通安全的措施，有关部门和单位注意森林、草原等防火
橙色预警	6 小时内可能受大风影响，平均风力可达 10 级以上，或者阵风 11 级以上；已经受大风影响，平均风力为 10 ～ 11 级，或者阵风 11 ～ 12 级并可能持续	1. 政府及相关部门按照职责做好防大风应急工作； 2. 房屋抗风能力较弱的中小学校和单位应当停课、停业，人员减少外出； 3. 相关水域水上作业和过往船舶应当回港避风，加固港口设施，防止船舶走锚、搁浅和碰撞； 4. 切断危险电源，妥善安置易受大风影响的室外物品，遮盖建筑物资； 5. 机场、铁路、高速公路、水上交通等单位应当采取保障交通安全的措施，有关部门和单位注意森林、草原等防火
红色预警	6 小时内可能受大风影响，平均风力可达 12 级以上，或者阵风 13 级以上；已经受大风影响，平均风力为 12 级以上，或者阵风 13 级以上并可能持续	1. 政府及相关部门按照职责做好防大风应急和抢险工作； 2. 人员应当尽可能停留在防风安全的地方，不要随意外出； 3. 回港避风的船舶要视情况采取积极措施，妥善安排人员留守或者转移到安全地带； 4. 切断危险电源，妥善安置易受大风影响的室外物品，遮盖建筑物资； 5. 机场、铁路、高速公路、水上交通等单位应当采取保障交通安全的措施，有关部门和单位注意森林、草原等防火

（三）高温预警

高温预警信号分 3 级，分别用黄色、橙色、红色表示。高温预警信号说明如表 9-3 所示。

表 9-3　高温预警信号说明

颜色等级	标准	防御指南
黄色预警	连续 3 天日最高气温将在 35℃以上	1. 有关部门和单位按照职责做好防暑降温准备工作； 2. 午后尽量减少户外活动； 3. 对老、弱、病、幼人群提供防暑降温指导； 4. 高温条件下作业和白天需要长时间进行户外露天作业的人员应当采取必要的防护措施
橙色预警	24 小时内最高气温将升至 37℃以上	1. 有关部门和单位按照职责落实防暑降温保障措施； 2. 尽量避免在高温时段进行户外活动，高温条件下作业的人员应当缩短连续工作时间； 3. 对老、弱、病、幼人群提供防暑降温指导，并采取必要的防护措施； 4. 有关部门和单位应当注意防范因用电量过高，以及电线、变压器等电力负载过大而引发的火灾
红色预警	24 小时内最高气温将升至 40℃以上	1. 有关部门和单位按照职责采取防暑降温应急措施； 2. 停止户外露天作业（除特殊行业外）； 3. 对老、弱、病、幼人群采取保护措施； 4. 有关部门和单位要特别注意防火

（四）雷电预警

雷电预警信号分 3 级，分别用黄色、橙色、红色表示。雷电预警信号说明如表 9-4 所示。

表 9-4　雷电预警信号说明

颜色等级	标准	防御指南
黄色预警	6 小时内可能发生雷电活动，可能会造成雷电灾害事故	1. 政府及相关部门按照职责做好防雷工作； 2. 密切关注天气，尽量避免户外活动
橙色预警	2 小时内发生雷电活动的可能性很大，或者已经受雷电活动影响，且可能持续，出现雷电灾害事故的可能性比较大	1. 政府及相关部门按照职责落实防雷应急措施； 2. 人员应当留在室内，并关好门窗； 3. 户外人员应当躲入有防雷设施的建筑物或者汽车内； 4. 切断危险电源，不要在树下、电杆下、塔吊下避雨； 5. 在空旷场地不要打伞，不要把农具、羽毛球拍、高尔夫球杆等扛在肩上
红色预警	2 小时内发生雷电活动的可能性非常大，或者已经有强烈的雷电活动发生，且可能持续，出现雷电灾害事故的可能性非常大	1. 政府及相关部门按照职责做好防雷应急抢险工作； 2. 人员应当尽量躲入有防雷设施的建筑物或者汽车内，并关好门窗； 3. 切勿接触天线、水管、铁丝网、金属门窗、建筑物外墙，远离电线等带电设备和其他类似金属装置； 4. 尽量不要使用无防雷装置或者防雷装置不完备的电视、电话等电器； 5. 密切注意雷电预警信息

（五）暴雨预警

暴雨预警信号分 4 级，分别用蓝色、黄色、橙色、红色表示。暴雨预警信号说明如表 9-5 所示。

表 9-5 暴雨预警信号说明

颜色等级	标准	防御指南
蓝色预警	12 小时内降雨量将达 50 毫米以上，或者已达 50 毫米以上且降雨可能持续	1. 政府及相关部门按照职责做好防暴雨准备工作； 2. 学校、幼儿园采取适当措施，保证学生和幼儿安全； 3. 驾驶人员应当注意道路积水和交通阻塞状况，确保安全； 4. 检查城市、农田、鱼塘排水系统，做好排涝准备
黄色预警	6 小时内降雨量将达 50 毫米以上，或者已达 50 毫米以上且降雨可能持续	1. 政府及相关部门按照职责做好防暴雨工作； 2. 交通管理部门应当根据路况在强降雨路段采取交通管制措施，在积水路段进行交通引导； 3. 切断低洼地带有危险的室外电源，暂停在空旷地方的户外作业，将危险地带人员和危房居民转移到安全场所避雨； 4. 检查城市、农田、鱼塘排水系统，采取必要的排涝措施
橙色预警	3 小时内降雨量将达 50 毫米以上，或者已达 50 毫米以上且降雨可能持续	1. 政府及相关部门按照职责做好防暴雨应急工作； 2. 切断有危险的室外电源，暂停户外作业； 3. 处于危险地带的单位应当停课、停业，采取专门措施保护在校学生、幼儿和其他上班人员的安全； 4. 做好城市、农田的排涝，注意防范可能引发的山洪、滑坡、泥石流等灾害
红色预警	3 小时内降雨量将达 100 毫米以上，或者已达 100 毫米以上且降雨可能持续	1. 政府及相关部门按照职责做好防暴雨应急和抢险工作； 2. 停止集会、停课和停业（除特殊行业外）； 3. 做好山洪、滑坡、泥石流等灾害的防御和抢险工作

二、遇险求救须知

当遇到危险时，一是可以利用通信工具报警求救，二是可以根据自身的情况和周围的环境条件，发出不同的求救信号。

（一）求救电话

常用求救电话有公安报警电话“110”、火警电话“119”、医疗救护电话“120”和交通事故报警电话“122”。这些电话均免收电话费，电话拨通后，应先进行确认，讲话要清晰、简练、易懂，以免打错、讲错误事。

（二）求救信号

当遇到危险时，可以根据自身的情况和周围的环境条件，发出求救信号。发出求救信号的具体方法如下。

- **声音信号**。当遇到危险时，除了喊叫求救外，还可以吹响哨子、击打脸盆、用木棍敲打物品、用斧头击打门窗或敲打其他能发出声音的金属器皿，以发出求救信号。发声规律可为先三声短，而后三声长，再三声短，间隔一分钟后重复。
- **火光信号**。国际通用的火光信号是燃放三堆火焰。将火堆摆成三角形，每堆之间的间距相等最为理想。保持燃料干燥，一旦有飞机路过，应尽快点燃燃料求助。尽量选择在开阔地带点火。

- **浓烟信号**。白天，浓烟升空后与周围环境形成强烈对比，易被发现。在火堆中添加绿草、树叶、苔藓或蕨类植物都能产生浓烟；潮湿的树枝、草席、坐垫可熏烧更长时间。
- **反光信号**。利用阳光、手电筒或反射镜即可发出信号光求救。如果没有镜子，可利用罐头盖、玻璃、金属片等来反射光线。持续的反射将产生一条长线或一个圆点，引人注目。
- **旗语信号**。将一面旗子或一块色泽鲜艳的布料系在木棒上，挥棒时，在左侧长划、右侧短划，做 8 字形运动。如果双方距离较近，不必做 8 字形运动，简单划动即可，在左边长划一次，右边短划一次，前者应比后者用时稍长。
- **信息信号**。遇险人员转移时，应留下一些信号物，以便救援人员发现。如将岩石或碎石摆成箭头形，指示方向；将棍棒支撑在树杈间，顶部指着行动方向；在一卷草束的中上部系结，使其顶端弯曲指示行动方向等。

另外，在高楼遇到危难时，可抛掷软物，如枕头、轻薄的书本、空塑料瓶等，引起下面的人注意并指示方位。在比较开阔的地面（如草地、海滩、雪地）上可以制作地面标志，如 SOS（求救）、HELP（帮助）、INJURY（受伤）、TRAPPED（受困）、LOST（迷失）等。

三、一般急救知识

大学生可以储备一些急救知识，这样可以在遭遇危险时或紧急情况下，进行自救或及时救助他人。

（一）急救步骤

紧急医疗救护的首要任务是抢救生命、减轻伤病人员的痛苦，预防伤情加重，以及预防并发症，正确而迅速地把伤病人员转移到医院。

一旦发生人员伤亡，首先，要及时拨打“120”急救电话。其次，要对伤病人员进行必要的现场处理。急救主要事项包括以下 6 个方面的内容。

- 迅速排除致命和致伤因素。如搬开压在身上的重物；撤离中毒现场；如果意外触电，应立即切断电源；清除伤病人员口鼻内的泥沙、呕吐物、血块或其他异物，保持其呼吸道通畅等。
- 检查伤病人员的生命特征。检查伤病人员的呼吸、心跳、脉搏情况，如无呼吸或心跳停止，应就地立刻进行心肺复苏。
- 止血。为创伤出血者迅速包扎止血。止血材料宜就地取材，可用加压包扎、上止血带或指压止血等方法。
- 如有腹腔脏器脱出或颅脑组织膨出，可用干净毛巾、软布料或搪瓷碗等加以保护。
- 对骨折者用木板等临时固定。
- 对于神志昏迷者，未明了病因前，应注意其心跳、呼吸、两侧瞳孔大小。对于舌后坠者，应将其舌头拉出或用别针穿刺固定在口外，防止其窒息。

最后，根据不同的伤情和病情，以及病情的轻重缓急，选择适当的工具，迅速而正确地将伤病人员转移至医院。在转移途中应随时关注伤病人员的病情变化。

（二）受伤时的简易处理办法

下面主要介绍止血和包扎这两种受伤时的简易处理办法。

❶ 止血

人体受到外伤之后，往往会先出血。一个体重为 50 千克的成年人的血量约为 4 000 毫升。

当失血量达总血量20%以上时，会出现头晕、脉搏增快、血压下降、出冷汗和肤色苍白等症状。当受外伤引起大出血时，失血量达到总血量40%就有生命危险。因此，止血是救护中极为重要的一项措施。外伤止血的具体方法如下。

- **包扎止血法。**包扎止血法一般限用于无明显动脉性出血的情况。小创口出血后，有条件时先用生理盐水（1 000毫升冷开水加9克食盐可制作出生理盐水）冲洗局部创口，再用消毒纱布覆盖创口，用绷带或三角巾包扎。无条件时可用冷开水冲洗创口，再用干净毛巾或其他软质布料覆盖包扎。如果创口较大而出血较多，要加压包扎止血。加压包扎止血法的应用很普遍，可用于小动脉、静脉或毛细血管的出血，如伤口内有碎骨片，则禁用此法，以免加重损伤。加压包扎止血方法为：用消过毒的纱布、棉花做成软垫盖在伤口上，再用力加以包扎，以增大压力，达到止血的目的。
- **指压止血法。**用手指压迫出血的血管上部（近心端），用力压向骨方，以达到止血目的，如图9-2所示。指压止血法适用于头部、颈部和四肢的外伤出血。采用此法时，救护人员必须熟悉各部位血管出血的压迫点。
- **屈肢加垫止血法。**当前臂或小腿出血时，可在肘窝、腘窝内放入纱布垫、棉花团或毛巾、衣服等物品，屈曲关节，用三角巾缠绕固定，如图9-3所示。但不能对骨折或关节脱位者使用此法。
- **橡皮止血带止血法。**掌心向上，用虎口按住止血带的一端，用另一只手拉紧止血带，绕肢体缠绕2圈止血带，用中指、食指两指将止血带的末端夹住，顺着肢体用力拉下，压住“余头”，以免止血带滑脱。注意使用橡皮止血带止血时要加垫，不要使其直接接触皮肤。每隔1小时放松止血带3 ~ 5分钟。

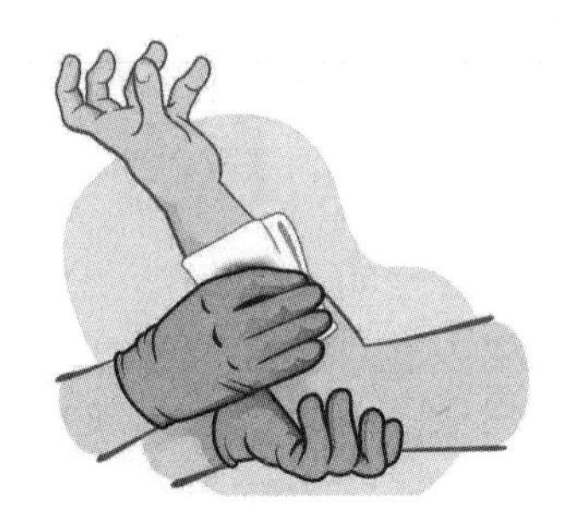

图9-2 指压止血法

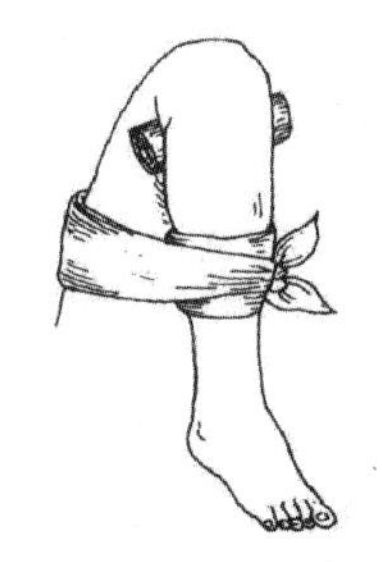

图9-3 屈肢加垫止血法

❷ 包扎

包扎是最基本的急救技术之一，常用于一般烧烫伤、普通外伤、动物抓咬伤及骨折等情况。及时正确的包扎可以起到压迫止血、减少感染、保护伤口、减少疼痛，以及固定敷料和夹板等作用。包扎材料以绷带和三角巾较为常见，现场急救时，如没有专用的绷带和三角巾，则可撕剪衣物、床单等。

常用的应急包扎方法主要是绷带包扎法和三角巾包扎法。

- **绷带包扎法。**常用的绷带包扎法是绷带环形法，一般适用于包扎清洁后的小创口。还适用于包扎颈部、头部、腿部及胸腹等处的伤口。其具体方法为：绷带的第一圈环绕呈斜状，第二圈、第三圈呈环形，并将第一圈斜出的一角压于环形圈内，这样固定更牢靠；最后用粘膏将绷带尾部固定，或将绷带尾部剪开成两头打结。

- **三角巾包扎法**。该法适用于较大受伤创面、固定夹板、手臂悬吊等情况。如包扎头部创面时，要先将三角巾底边折叠，把三角巾底边放于前额，再拉到脑后，相交后先打一半结，再绕至前额打结；包扎手臂悬吊时，要使患肢呈屈肘状放在三角巾上，然后将三角巾底边一角绕过肩部，在背后打结，即成悬臂状。三角巾包扎法的要点是边要固定、角要拉紧、中心伸展、敷料贴紧、打结要牢。

需要注意的是，包扎前清洁、消毒伤口时，如有大而易取出的异物，可酌情取出；切勿勉强取出深而小又不易取出的异物，以免把细菌带入伤口或增加出血。如有刺入体腔或血管附近的异物，切不可轻率地拔出，以免损伤血管或内脏，在现场可不必处理。另外，应使用干净无污染的材料包扎，包扎动作要迅速准确，不能造成伤口污染、加重伤员的疼痛或加重出血，如内脏脱出，不应送回，以免引起严重的感染或发生其他意外。在烧烫伤中，如有大面积的深度烧伤创面，或包扎后对防治感染不利的情况，特别是在炎热季节，则不宜进行包扎处理。

（三）心肺复苏

心肺复苏是针对呼吸和心跳停止的急症危重病人采取的关键抢救措施，主要针对意外事件中心跳和呼吸停止的病人，而非心肺功能衰竭或癌症晚期病患。在溺水、车祸、雷击、触电、摔伤等事件中，只要一发现患者或伤者停止呼吸、心跳，就应在第一时间抢救。在一般情况下，心跳停止即脑组织缺氧 4 分钟之内，可恢复其原有功能；若心跳停止超过 4 分钟，易造成脑组织永久性损害，甚至导致死亡。心肺复苏的目的是开放气道、重建呼吸和循环。通常只有充分了解心肺复苏知识并接受过此方面训练的人才可以为他人实施心肺复苏。没有经验的人千万不要随便为他人实施心肺复苏。

心肺复苏的 3 项基本措施是通畅气道、人工呼吸和胸外按压。采用心肺复苏的方式实施抢救前，必须确定病人已经失去意识，可先拍摇并大声询问病人，在手指掐压病人的人中穴约 5 秒后，如无反应，则表示其已失去意识。

❶ 通畅气道

确定病人失去意识后，要始终确保其呼吸通畅。首先应使病人水平仰卧，解开其颈部纽扣，若发现病人口内有异物，注意清除异物，然后使病人仰头抬颌通畅气道。具体做法是施救者一只手放在伤者前额，另一只手的手指置于伤者下颌将其向上抬起，两只手协同推头部使其后仰，气道即可通畅。此时如果用耳贴近病人口鼻，未感到有气流或胸部无起伏，则表示病人已停止呼吸。

❷ 人工呼吸

一旦病人停止呼吸，机体不能正常地交换气体，最后便会死亡。人工呼吸就是利用人工机械的强制作用维持病人的气体交换，并使其逐步恢复到正常的呼吸状态。具体操作方法为：在保持患者仰头抬颌的前提下，施救者用放在病人前额的那只手捏住病人鼻孔，然后深吸一口气，迅速用力向病人口内吹气，吹气后放松病人被捏住的鼻孔，并用手压其胸部，以帮助其呼气。照此操作 5 ~ 6 秒反复一次（即每分钟 10 ~ 12 次），每次吹气的时间需持续 1 秒以上，1 ~ 1.5 秒较为合适，直到病人恢复自主呼吸为止。

如果病人口腔有严重外伤或牙关紧闭，可对其鼻孔吹气，即口对鼻吹气。注意此时要将病人嘴唇紧闭以防漏气。

❸ 胸外按压

心脏是血液循环的发动机，一旦心脏停止跳动，病人机体的血液循环就会中止，最后会导致病人死亡。胸外按压法就是利用人工机械的强制作用维持病人的血液循环，并使其逐步恢复到正常的心脏跳动频率。通常经4次人工呼吸吹气后应观察病人胸部有无起伏，同时测试其颈动脉，若无搏动，便可判断为心跳已停止，此时应立即同时实施胸外按压。

实施胸外按压时，病人必须平卧，施救者跪于病人一侧，从病人的胸部（近施救者侧）开始找寻肋骨下缘，再沿肋骨缘向上滑动至肋骨与胸骨交汇的胸窝处，即为按压位置，将一手掌根置于按压位置，另一手掌根附于前掌之上，手指向上跷起，两臂伸直，凭自身重力通过双臂和双侧手掌垂直向胸骨加压。胸外按压应该有力而迅速，但不能冲击式地猛压，每次按压后，应使胸廓完全恢复原位。胸外按压的频率为每分钟100 ~ 120次，按压深度为5 ~ 6cm。胸外按压与人工呼吸两法同时实施时，应以30∶2的比例交替进行，即30次胸外按压后进行2次人工呼吸，5个循环后重新评估病人的生命体征，随后决定下一步是否继续进行心肺复苏。当病人仍无脉搏时，继续交替进行胸外按压与人工呼吸；有脉搏时，检查其呼吸3 ~ 5秒后，对无呼吸者进行人工呼吸，为有呼吸者维持呼吸道畅通，使其呈侧卧姿势，等待专业救援人员赶来。

（四）具体应急事件的急救处理

下面分别介绍对触电、烧烫伤、煤气中毒、虫兽咬伤、中暑等事件的急救处理。

❶ 触电的急救处理

触电又称电击伤，是指一定量的电流通过人体后，造成机体损伤或功能障碍，甚至死亡。发生触电时，首先，施救者要在确保自身安全的情况下，立即切断电源，或用竹竿、扁担、木棍、塑料制品、橡胶制品等不导电物体使触电者尽快脱离电源。未切断电源之前，施救者一定不能用手直接接触触电者。其次，触电者无自主呼吸时，施救者应立即为其实施心肺复苏，并拨打“120”等待救援。

❷ 烧烫伤的急救处理

烧烫伤的急救处理关键在于迅速脱离现场，转移到安全的地方；在前往医院之前，应迅速进行必要的急救处理。处理热力烧伤时，包括火焰、蒸气、高温液体、金属等烧伤，首先，脱去着火或沸液浸湿的衣服，特别是化纤衣服，以免着火或衣服上的热液继续作用，使创面加深，或用水将火浇灭、就地打滚压灭火焰；其次，立即离开密闭和通风不良的现场，以免发生吸入性损伤和窒息；最后，可进行冷疗，如用大量清水清洗创面，并及时就医。对于酸碱烧伤，其严重程度除与酸碱的性质和浓度有关外，多与接触时间有关。因此无论处理何种酸碱烧伤，均应立即用大量清水冲洗创面，时间一般在30分钟以上，一方面可冲淡和清除残留的酸碱，另一方面可作为冷疗的一种方式，减轻疼痛。注意开始时用水量应足够大，以保证迅速将创面中的残余酸碱冲尽。

拓展阅读

烫伤的程度分级及处理

❸ 煤气中毒的急救处理

煤气中毒即一氧化碳中毒，中毒者先出现头痛、头晕、心慌、耳鸣、恶心、呕吐等症状，再慢慢出现呼吸困难、意识障碍等症状。当发现自己有中毒迹象时，要迅速关闭煤气开关，打开门窗，然后走出室内。若无力打开门窗，可通过砸破门窗玻璃等方式使室内通风，并呼叫求救。

对他人煤气中毒的急救处理办法如下。

- 如发现煤气中毒者，施救者不要直接冲进煤气浓度高的室内，防止自己中毒。应先深吸一口气，用湿毛巾等捂住鼻子进入室内，然后迅速打开窗户，关掉煤气开关。进入室内后，切记千万不能开灯、点火、打开手机等，谨防爆炸。

- 将中毒者抬离现场使其脱离中毒环境后，应松解其衣扣，使其呼吸通畅，同时要注意为中毒者保暖，防止其着凉。轻度煤气中毒者到室外呼吸新鲜空气后就能缓解；对于重度煤气中毒者，应立即将其送医治疗。
- 将中毒者抬离现场后，如中毒者呕吐，应使其头偏向一侧，并及时清理其口鼻内的分泌物。
- 对于失去意识者，应让其保持仰卧体位，以保持其气道通畅。若其呼吸停止，应对其进行人工呼吸；若其心跳停止，应立即对其交替实施胸外按压与人工呼吸。

④ 毒蜂蜇伤的应急处理

被毒蜂蜇伤后伤者被蜇伤处将疼痛、红肿，可能出现恶心、呕吐、发热、胸疼等症状，较重者伴有呼吸困难、肌肉抽疼，严重者可能引起过敏性休克、急性肾功能衰竭等，甚至死亡。被毒蜂蜇伤后，先找到被蜇伤部位，如果发现有刺在皮肤里，一定要先挑出断刺。如果20分钟内被蜇部位没有太大反应，一般就没事了。伤口处如果红肿、疼痛，可以用醋或肥皂水冲洗伤口。在野外可以找到新鲜的马齿苋、蒲公英或紫花地丁，将其洗干净后捣烂涂抹在伤口处。如果出现头疼、头昏、恶心、呕吐、烦躁、发烧等症状，应立即到医院治疗。万一伤者发生休克，在就医途中要注意保持其呼吸畅通，并进行人工呼吸、胸外按压等急救处理。

⑤ 蛇咬伤的急救处理

被蛇咬伤后，首先要判断蛇是否有毒。简单的判断方法为：毒蛇的牙痕为单排，无毒蛇的牙痕为双排；从伤口看，由于毒蛇有毒牙，毒蛇留下的伤口上会留有两颗毒牙的牙印，而无毒蛇留下的伤口是一排整齐的牙印。在无法判断是否为毒蛇咬伤时，应先按毒蛇咬伤进行治疗。

人一旦被蛇咬伤，应保持镇静，尽量减少运动，避免血液循环加速使毒液扩散。在安静的状态下，施救者应将伤者迅速护送到医院。如在野外，自救或互救时，首先用生理盐水冲洗伤口，无条件时用肥皂水或清水冲洗，此时，如果发现有毒牙残留，则必须将其拔出。然后用止血带、橡胶带、布条或手巾等在肢体被咬伤的上方扎紧，以阻断淋巴和静脉回流；扎紧后应留一较长的活结头，便于解开，每20分钟左右松开2 ~ 3分钟，避免肢体缺血坏死。缠扎止血带后，可用手指直接在咬伤处挤出毒液，在紧急情况时可用口吸吮，吸吮者口腔应无破损，以免中毒。吸吮时，应边吸边吐，再以清水、盐水或酒漱口。

⑥ 狗咬伤的急救处理

被狗咬伤后，一般情况下很难区分是被疯狗还是正常狗咬伤，所以一旦被狗咬伤，都应按疯狗咬伤处理。被狗咬伤后千万不要包扎伤口，应就地、立即、彻底冲洗伤口，这是急救成功的关键。冲洗伤口要彻底，可用肥皂水或清水冲洗，若一时无法找到水源，可先用人尿代替，再设法找到水源，切不可忘记冲洗或者马马虎虎冲洗伤口。若伤口出血过多，应设法立即用止血带止血，但千万不要包扎伤口。经急救处理后，立即将伤者送医接种狂犬病疫苗，如果伤势比较严重，还要注射狂犬病免疫球蛋白，以中和伤口里的病毒。

⑦ 中暑的急救处理

中暑是人持续在高温环境中或受阳光暴晒所致，大多发生在烈日下长时间站立、劳动、集会、徒步行军等情境中。中暑者通常有头晕、头痛、恶心、呕吐、乏力等症状，重度中暑者可能出现高烧、痉挛等症状。预防中暑，一是要做好防晒的准备，二是大量出汗后要及时补充水分。

中暑的急救处理办法如下。

- 将中暑者迅速移到通风阴凉的地方，使其平卧并解开其衣扣，松开或脱去其衣服，如衣服被汗水湿透则应更换。可在其头部捂上冷毛巾，同时让其双脚抬高，这样有利于增加中暑者脑部的血液供应，同时起到散热的作用。

- 给中暑者降温，用冷毛巾捂住中暑者额头，在有条件的情况下，还可以用酒精、白酒、冰水或冷水擦拭其全身，然后用扇子或者电风扇扇风，以加速散热。等中暑者清醒后，可给其一些清凉饮料或解暑类的药物等来解暑。在补充水分时，可在水中加入少量盐或小苏打，但千万不可急于补充大量水分，否则会引起呕吐、腹痛、恶心等症状。
- 若中暑者已经失去知觉，则可以按压其人中和合谷穴，使其恢复意识。如果中暑者出现呼吸停止的情况，应及时对其做人工呼吸。
- 对于出现高烧、昏迷、抽搐等症状的重症中暑者，则必须立即拨打“120”，尽快将中暑者送医治疗。搬运中暑者时，应用担架运送，不可使中暑者步行，同时运送途中要尽可能用冰袋敷于中暑者额头、脑后、胸口、肘窝及大腿根部，积极进行物理降温，以保护其大脑、心肺等重要器官。

自我测评

本次“自我测评”用于测试同学们的公共安全意识的强弱，共12道测试题。请仔细阅读以下内容，实事求是地作答。若回答“是”，在测试题后面的括号中填“是”；若回答“不是”，则在测试题后面的括号中填“否”。

1. 你不会在雷雨天气冒险走出室外。（　）
2. 你知道发生泥石流时的正确逃跑方向。（　）
3. 你能够识别常见的预警信号。（　）
4. 你不会在高温天气外出活动，在室内会多喝水。（　）
5. 你不会独自一人外出游泳。（　）
6. 你不会到无安全设施的游泳场所游泳。（　）
7. 你在登山、骑行、垂钓等户外运动中始终保持警惕，不做冒险行为。（　）
8. 你在外出旅游会做好充分准备，旅途中随时注意人身财产安全。（　）
9. 你有良好的个人卫生习惯，并坚持锻炼。（　）
10. 你在传染病流行期间会加强个人防护，不到人群密集的场所。（　）
11. 你对各种求救电话和求救信号都非常熟悉。（　）
12. 你掌握了一定的急救知识。（　）

以上填“是”的选项越多说明你的公共安全意识越强。虽然大学生可能并未遭遇过某些公共突发事件，但在大学期间除了学习专业知识技能，也应储备公共安全知识，这对自己以后的职业生涯和人生都十分有益。

过关练习

一、判断题

1. 发生一切紧急情况都可拨打“110”报警。（　）
2. 未切断电源之前，施救者一定不能用自己的手直接接触碰触电者。（　）
3. 当雷电发生时，在室内可以用太阳能热水器淋浴。（　）
4. 当地震发生时，无论如何都要不顾一切地跑向室外。（　）
5. 大风天气中不应在高大建筑物、广告牌或大树的下方停留。（　）
6. 实施心肺复苏前，要确定病人已经失去意识。（　）

二、单选题

1. 预警信号级别一般分 4 个等级，由高到低依次用红色、橙色、黄色和（　）表示。

A. 绿色　B. 紫色　C. 蓝色　D. 青色

2. 燃放 3 堆火焰，将火堆摆成三角形，这样的求救信号是（　）。

A. 火光信号　B. 浓烟信号　C. 旗语信号　D. 信息信号

3. 被困在火场时，下列求救方法错误的是（　）。

A. 在窗口、阳台或屋顶处向外大声呼救

B. 白天可挥动鲜艳布条发出求救信号，晚上可挥动手电筒

C. 大声哭泣

D. 找离水源近的地方

4. 公安消防队救火（　）。

A. 不收取任何费用　B. 只收救火成本费

C. 收取所有费用　D. 以上选项都不正确

5. 进入室内救助煤气中毒者时，应当（　）。

A. 迅速闯入室内，打开窗户　B. 先深吸一口气，用湿毛巾等捂住鼻子进入室内

C. 进入室内后点火寻找中毒者　D. 以上选项都不正确

三、多选题

1. 发生泥石流时，错误的逃生方法有（　）。

A. 站在原地不动　B. 向着泥石流的顺方向跑

C. 向着泥石流的逆方向跑　D. 向着泥石流发生的两侧高地跑

2. 泥石流形成的必要条件包括（　）。

A. 陡峻的地形　B. 茂密的植被

C. 丰富的松散固体物质　D. 充沛的水源

3. 地震发生后的避灾自救要点有（　）。

A. 保持呼吸畅通　B. 稳固和扩大生存空间

C. 寻找和开辟逃生通道　D. 设法维持生命

4. 预防传染病的要点有（　）。

A. 养成良好的卫生习惯　B. 加强体育锻炼

C. 保持环境卫生　D. 按规定进行预防接种

四、思考题

1. 登山时应该注意哪些安全事项？旅游出行时应该注意哪些安全事项？

2. 救助溺水者时，被溺水者从背后抱紧双臂、双腿夹住身体，该如何脱困？

3. 阅读下面的材料，你有何启示？

某校一大二学生在景区游玩时不顾安全提示，在危险的河边玩耍，不慎掉进了河里。河水不深，但水流湍急。该学生被水冲着顺流直下，心里十分害怕。流经一个大河滩时，河水只有小腿那么深，本来他可以趁机站起来，但他没有抓住这个机会。此后又有几次流经大石块、树桩，他都没能抓住这些机会脱险。结果，他被冲进了一个大水库，最终遇难。

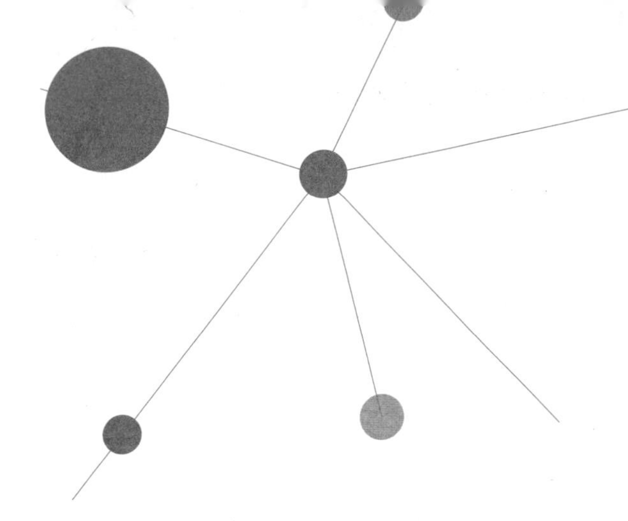

第十章 社会实践安全

知之愈明，则行之愈笃；行之愈笃，则知之愈益明。

——朱熹

大学生要想更好地理解社会、融入社会，社会实践是一种行之有效的方法。社会实践不仅可以让大学生理解社会、融入社会，而且可以让大学生了解和掌握更多的知识和技能。因此，在大学生的大学生涯中，社会实践占有很大的比重，具有十分重要的意义。然而，部分大学生缺乏社会经验，加之安全意识淡薄，容易在社会实践中发生上当受骗、生产安全事故、合法权益受损等事故。这就时刻提醒着大学生参与社会实践时，必须增强安全防范意识，保障自身的人身财产安全。

视频

第一节

校外实践安全

大学生参与校外实践，一方面，可以把理论知识应用到实践中，提升各方面的能力，对日后的就业大有裨益；另一方面，有助于提高综合素质，培养积极主动的劳动态度等。校外实践对大学生的积极意义不言而喻，但同时大学生也要重视校外实践安全。

【学习目标】

◎ 增强勤工助学的安全意识。

◎ 增强实习的安全意识。

一、勤工助学安全

勤工助学（或勤工俭学）是指学生在学校的组织下利用课余时间，通过劳动取得合法报酬，用于改善学习和生活条件的实践活动，是学校学生资助工作的重要组成部分。目前，勤工助学是大学生进行校外实践的常见方式。

在大学生勤工助学的过程中，尤其是在校外兼职时，损害学生权益的事情屡有发生。若想在校外寻找合适的勤工助学机会，大学生需要注意以下 3 个方面。

- **虚假信息**。社会上一些不规范的中介机构借着学生急于利用假期勤工助学的心理，夸大事实、无中生有，往往以“紧急招聘”的幌子诱导学生缴纳中介费。一旦中介费到手，要么将学生搁置一边不予理睬，要么将学生打发到有合作关系的单位，然后单位以各种理由将其辞退，使学生花了中介费却没找到合适的工作。对于这类情况，大学生在寻找勤工助学机会时不能急于求成，只要沉下心来思考，不急于一时，就能有效地辨别虚假信息，避免上当受骗。
- **预交押金**。预交押金这类骗局经常在假期发生，骗子通常在招聘广告上宣传类似文秘、打字、公关等比较轻松的岗位，求职者只需交一定的保证金即可上班。然而，结果要么是骗局，要么是职位已满，佣金却按规定不再退还。大学生在求职时一定要注意：需要预交押金，或要求将身份证、学生证作为抵押物的招聘企业，绝大部分都不是正规企业。
- **不付报酬**。一些学生被个人或流动服务的公司雇用，原本说好按月或按周领取报酬，但雇主往往会不断寻找借口搪塞学生，并承诺一定会支付薪酬，结果却消失得无影无踪，让学生没有得到应得的报酬。面对这种情况，大学生一定要敢于维护自己的权利，如果有用工合同或协议，则必须要求雇主照章办事；如果没有，则尽量要求雇主按约定支付，否则不再继续为其工作。

【安全小贴士】

大学生要通过可靠途径寻找勤工助学机会，如勤工助学管理服务组织，该组织主要为大学生提供勤工助学活动。此外，大学生还可以通过学校社团组织、企业官方网站、老师介绍和同学介绍等相对可靠的途径寻找勤工助学机会。

案例阅读

小雯的一次折本经历

小雯家里经济较为困难，刚上大一，她决定要靠自己的双手赚取生活费和学费，减轻父母的负担。开学没几天，有年轻女子称自己是一家文具公司的职员，按照公司的推广计划，要在许多大学中寻找一些校园代理进行合作。她告诉小雯，公司的一些产品正在做推广计划，因此与他们合作的校园代理能得到进价优惠的产品，即每件产品都是 2 元，如果卖得好，公司就会按照这个进价长期供货。小雯想了想，在这些产品中，U 盘和耳机至少能卖 20 元到 30 元，笔记本至少也能卖七八元，而每件产品的进价都是 2 元，这太划算了。于是小雯告诉那名女子，想先批发一些 U 盘和笔记本。但那名女子说按照公司规定不能指定进货产品，如果想要进货，则需要一次性批发笔、U 盘、笔记本、耳机等一大包文具。小雯心想，虽然笔价格低，但也有利润，而且 U 盘、笔记本和耳机能创造大量的利润，应该没什么问题，于是决定进货。为此，她花了近 1000 元。

进货后，勤快的小雯马上开始拎着袋子向各个宿舍推销产品，U 盘卖 30 元，笔记本卖 8 元，笔卖 3 元，耳机卖 30 元。U 盘和笔记本性价比最高，不一会儿就被抢购一空，但当她向同学们推销笔和耳机时，却没人感兴趣，都说耳机较为劣质，笔的质量非常不好，有的笔根本不出水。小雯辛辛苦苦跑了几天，笔和耳机全砸在了手里。

小雯这才反应过来自己上当了。当初那名陌生的女子把很多种类的东西掺在一起让她进货，重点向她介绍质量较好的产品，却故意忽略质量差的产品。她上网一查才发现，那些笔的进价才 0.2 元，耳机才 1.5 元。这批货她只卖了不到 300 元，赔了近 700 元。小雯心里非常难受，但事情已经发生了，她只希望自己以后能更加谨慎，找到其他勤工助学的机会，把钱赚回来。

点评：大学生往往缺乏社会经验，与小雯有类似受骗经历的大学新生不在少数。大学生勤工助学的精神虽然值得鼓励，但大学生应该谨慎对待一些校外勤工助学机会。大学生应通过学校或正规中介寻找勤工助学的机会，调整好心态，不受诱惑，不贪小便宜，这样就不容易上当受骗。

二、校外实习安全

微课视频

校外实习安全

实习是让大学生开始了解和适应学校与职场、学习与工作、学生与职员之间差异的好机会，可以为其将来离开学校、融入职场与社会做好准备。实习的好处显而易见，但是一些大学生在实习过程中由于没有完全脱离学校步入社会，其思想仍然很放松，以致在实习中生产安全事故与实习权益受损的事件时有发生。

（一）生产实习安全

实习十分强调大学生的动手操作能力，实习存在种种安全隐患，如果防范不够就可能发生实习安全事故。实习安全事故的发生大多是大学生缺少生产操作经验、违反用人单位劳动纪律所导致的。劳动纪律是实现文明劳动、减少和防止职业危害事故发生的重要保证。所以，大学生在实习期间应遵守用人单位的劳动纪律要求。由于社会分工日益精细化，劳动方式和工作种类繁多，不同行业、岗位和用工单位的劳动纪律的具体内容不尽相同，但其涵盖的范围基本一致，大致包括以下 7 项内容。

- **履约纪律。**严格履行劳动合同及违约应承担的责任。
- **考勤纪律。**按照规定的时间和地点到达工作岗位，不做与生产无关的事情，按照要求请休事假、病假、年假、探亲假等。

- **作业纪律**。根据生产、工作岗位职责及规则，按质、按量完成工作任务，严格执行工艺规程和技术规程等。
- **安全卫生纪律**。严格遵守安全管理制度和安全卫生规程，正确使用工作服和防护用具，建立良好的工作秩序和营造和谐的工作环境等。
- **日常行为纪律**。节约原材料，爱护用人单位的财产和物品。
- **保密纪律**。严守用人单位的商业秘密和技术秘密等。
- **奖罚纪律**。遵守奖励与违纪惩罚规则。

违反劳动纪律造成安全事故

某校大学生到电表配件公司实习，某日下午，因同车间的师傅不在岗，其机床无人操作，该学生想多学些技术，就违反公司的劳动纪律，擅自操作空闲的机床。操作时，因电表配件没有放正，该学生贸然用手扶正配件，导致其左手被机床轧成粉碎性骨折，使其左手丧失部分劳动能力。

点评：本起生产安全事故是该学生操作时违反劳动纪律所导致的，他因安全意识淡薄而付出了惨痛的代价。可见，遵守劳动纪律是实现实习安全的基本手段。

（二）实习权益保护

在实习中如何界定实习生与用人单位是否具有劳动关系是个难题。如果实习生与用人单位具有实质劳动关系，则属于《劳动法》的调整范围；如果不具有劳动关系，实习生在实习期间的权益就不可能通过劳动仲裁解决。因此，大学生应与用人单位签订实习协议，实习协议是实习生保护自我权益的有力武器。当实习生在实习期间的权益受到侵犯时，实习生就可以根据协议与用人单位协商解决，或通过向法院申请民事调解、诉讼等方式解决。

实习协议主要包含以下内容。

- **实习期内工作时间的约定**。可约定每日工作不超过 8 小时，如确因特殊情况超过 8 小时的，应约定相应的加班时间和报酬。
- **实习期内实习报酬的约定**。虽然实习期内实习生的报酬不受最低工资标准的约束，但实习生与单位可以约定一定的报酬或者补助，并且应明确约定给付的时间及相应的违约责任。
- **实习期内实习生发生伤亡的处理**。实习生一般不享受工伤待遇，所以实习生应与实习单位约定好实习期内发生伤亡的处理方法，以免事后自己的权益得不到保障。
- **实习期内发生纠纷的处理**。可约定友好协商或诉讼的处理方式。

签订实习协议的时候，实习生应注意以下 3 点。

- **查明用人单位的主体资格是否合法**。协议双方的主体资格是否合格是协议书是否具有法律效力的前提。因此，实习生在签订协议之前，一定要先审查用人单位的主体资格。
- **看清协议条款是否明确合法**。实习协议的内容是整个实习协议的关键部分，实习生一定要认真核查双方权利义务是否合法，是否符合国家相关法律和政策，是否明确了岗位与薪酬等。
- **查看签订实习协议的程序是否完备**。实习生和用人单位经协商一致签协议时，要注意完整地履行手续。其一，实习生要签名并写清签字时间；其二，用人单位必须加盖单位公章并注明时间，不能用个人签字代替单位公章。

第二节 求职就业安全

学校不同于社会，大学生毕业后就意味着跨入了社会。在求职就业市场中，大学生属于弱势群体，要想顺利地求职就业，就必须明确自己在择业中所享有的权利，同时树立自我保护意识，维护自己的权利不受侵害。

【学习目标】

◎ 提升识别求职陷阱、筛选求职信息的能力，保证求职安全。

◎ 增强保护就业权益的意识，并学会通过法律保障就业权益。

一、求职安全

微课视频

求职安全

随着大学毕业生数量的不断攀升，就业压力的不断增大，大学生的就业焦虑越来越严重，求职心情更加迫切。许多大学生为了找到一份满意的工作，广搜信息、遍投简历，对于符合自己意愿的招聘岗位都积极投递。这也导致许多大学生误入求职陷阱，留下难以抹去的阴影。

（一）识别求职陷阱

每到毕业季，大学生就面临着找工作的问题。随着社会资源的整合，大学生在求职过程中也面临着诸多陷阱。对此，大学生应提升识别求职陷阱的能力，谨防上当受骗。

❶ 虚假广告陷阱

一些用人单位在招聘会上为了招到条件较好的大学生，往往会夸大或隐瞒自己的某些情况。比如在发布招聘信息时，故意扩大用人单位的规模和岗位数量，进行虚假宣传；又如把招聘职位写得冠冕堂皇，不是经理就是总监，但实际上只是办事员、业务员。

误信招聘信息

24 岁的小刘去年毕业于某财经大学的经贸管理系，同年 7 月，他在一家公司成功应聘了“销售经理”岗位。第一天上班，公司领导就让他去推销产品，美其名曰“了解市场”。这样的工作状态持续了整整一个月。

有一天，小刘实在忍不住了，决定找领导问清楚自己到底是经理还是推销员。就在这时，一个平时与他关系不错的同事偷偷告诉他：“我在这儿工作了快 3 个月，天天出去推销。公司最初招聘时就是要招推销员，怕招不到人，故意说成销售经理。”小刘这才恍然大悟，发现自己被骗了。

点评： 一些招聘单位因担心招不到业务员、推销员等，往往会把职位美化成“销售经理”等，以此来诱惑大学生。这类招聘信息一般很简单，涉及细节方面的内容都不明确，比如没有岗位职责和应聘条件等。因此，大学生在应聘时要提前了解职位的具体内容，询问工作细节，认真考虑后再做打算。

❷ 高薪陷阱

刚参加工作时，薪酬不高是正常的。相反，如果出现一个不熟悉的单位提供高薪酬，大学生一定要提高警惕，因为不少不法分子企图利用高薪待遇的幌子，骗取大学生的押金、培训费、服装费等。

大学生要清楚自身实力，从基础做起，逐渐展现自己的才华，对某些应聘单位提出的所谓押金、培训费、服装费等要敢于说不。

服装费还能退吗

大学毕业生小郑在贵阳一家商贸公司面试通过后，被要求交 500 元服装费，然后才能签订合同，进入培训期。交费后，小郑同该公司签订了劳动合同，上面特别注明：如因个人原因辞职或自动离职，公司不退还服装费，服装费由自己承担。

上班都快一周了，公司却一直未给小郑安排具体的工作，整天就是看资料，这让小郑很无奈，于是就要求辞职并退还服装费。但被对方以签有协议为由，拒绝向涉世未深的小郑退还收取的服装费，一直没有被安排工作的小郑被迫主动辞职。

点评：凡应聘时，招聘单位收取服装费、押金，或以其他方式变相收钱，都是违法的，大学生应向劳动监察部门举报。另外，当大学生遭遇求职诈骗后，要及时报案，否则不仅难以挽回自己的损失，而且可能会让更多人上当。

❸ 传销陷阱

传销已受到国家的严令禁止。传销者的首选对象往往是急于挣钱的求职者，尤其是刚刚毕业的大学生。传销者通过各种渠道得到欺诈对象的电话后，便打着同乡、同学、亲戚等幌子，以帮忙找工作为由，以高薪为诱饵，投其所好，骗求职者去进行非法传销活动。求职者一旦进入陷阱，便限制其人身自由，迫使其从事传销活动。此外，传销组织者还会采取扣留身份证、控制通信工具、监视等手段不让求职者离开，强迫他们联系亲友前来，或者寄钱、寄物从中牟利。

以招聘之名诱人犯罪

小霜是某高校的应届毕业生，找了近 2 个月的工作都没有结果，心里失望至极。一天，她忽然接到同乡的电话，说在山东济南有个人事专员的好工作，不仅工资高，而且各方面待遇都很好。小霜听后立刻心动了，连夜坐大巴车赶了过去。

到了济南后，那个同乡早早地等在了车站，接过行李后，把小霜领到了一个很偏僻的宿舍，里面还住着十多个“同事”。其中几个同事特别热情地向小霜招手，并嘘寒问暖道：“路上辛苦了。一路上怎么样？有没有吃饭……”等把小霜的东西安顿好后，对方对小霜说：“借你的手机玩一下嘛。”就这样，对方拿走了小霜的手机，然后告诉她：“我们是做传销的，不是什么人事专员，产品是 3 880 元一套，现在交钱吧。”小霜身上没有这么多钱，他们就要求小霜以在这边学驾驶为名，从家里骗钱，或者骗同学和朋友过来。

点评：某些大学生因被骗而涉足非法传销，到头来后悔不已。因此，大学生在求职的过程中如遇到非正规单位对自己非常主动，并把加盟后的前景说得天花乱坠，同时想让自己介绍朋友和同学一起加入，那一定要小心了，这很可能是传销陷阱。

④ 中介陷阱

通过人才中介公司寻找就业单位不失为一种有效的求职途径，但是大学生一定要选择政府主办的或社会信誉好的大型人才中介机构。

一些不知名的人才中介机构的场地、设施简陋不正规，很可能没有资源共享资格。当求职者缴纳数目不菲的中介费后，中介方就会列出种种理由来推辞，从而骗取求职者的中介费。

⑤ 皮包公司陷阱

如果大学毕业生接到一些自己并不熟悉或者并未投放简历的公司的面试通知，应该事先向有关部门查询并核实该公司的真实情况，并通过互联网搜索该公司的规模、主营业务、官方网站等相关信息，确定其用人需求，再去面试。

凡事要多留一个心眼儿

某天，大学生小程收到一家餐饮公司的电子邮件，被通知去面试。小程觉得很奇怪，自己并未向该公司投递过简历，怎么会收到面试通知呢？他心想不会是骗子吧，为了安全起见，小程决定先上网查一下该公司的相关信息。

不看不知道，小程发现这家让他面试的公司居然是一家皮包公司。小程通过上网搜索后发现，该公司用同一个电话、地址注册了 4 家公司，涉及餐饮、医疗、保险等不同领域。该公司给求职者的待遇异常优厚，而招聘信息中对求职者学历的要求竟然是中专以上即可。这种以低学历招聘求职者却支付高工资的现象，令小程十分怀疑。

点评：大学生在求职时，一定要留一个心眼儿。凡事要从实际出发，对一些太离谱、不切实际的现象一定要认真辨别，不要相信低要求、高待遇的招聘信息。本案例中所提的公司以这么低的标准进行招聘，其承诺的高工资往往不会兑现。

⑥ 地点陷阱

很多大企业在全国各地有分部，而参加招聘会的往往是总部的人力资源部门。因此，大学生在应聘时就容易产生错觉，误以为工作地点是总部所在的大城市。

用人单位在选聘毕业生时故意不予以说明，结果毕业生上岗后被分到其他地方。对此，大学生在面谈时一定要咨询清楚。

⑦ 智力陷阱

智力陷阱是指以招聘为名，无偿占有求职者广告设计、策划方案等创意，甚至知识产权等无形资产的现象。

例如，某些单位按程序进行面试，再进行笔试。在面试和笔试时，故意把本单位遇到的问题以考察的形式展现，要求前来的求职者作答，待求职者利用自己的专业优势完成作答后，再找出各种理由推辞，结果无一人被录用。此时，用人单位就理所当然地将求职者的劳动果实据为己有，使求职者陷入智力陷阱。

是考核还是免费劳动

李希成是一名刚毕业的大学生，在校期间他就很爱设计一些小软件，渐渐地他爱上了游戏设计，并成功设计了一个相当成熟的小游戏。毕业以后，他在学校所在的城市找到了一份工资和福利都不错的工作，但这家公司要求李希成在正式上班之前，做一套他们指定的小游戏来作为最终考核。按照用人单位提出的制作要求，小李只用了 3 天时间就完成开发，他信心满满地把成品发过去了，但两天后，公司却以李希成所做的游戏不能令他们满意为由而拒绝了他。

后来，李希成在另外一家公司工作了一段时间之后，才知道有的软件开发公司会用招聘的方法来骗取求职者的作品。

点评：求职者在应聘一些专业技术或创意领域岗位时，一定要注意智力陷阱。当遇到用人单位提出的一些类似于提交策划案的考核项目时，求职者应该在提交劳动成果时准备两份，一份提交，并附上版权声明；另一份自己留存，并在留存件上要求招聘单位签字确认，以便将来能够证明劳动成果内容的所属权。

（二）求职中的安全应对策略

求职大潮风起云涌，既蕴含着无数机遇，又隐藏着险滩暗礁。大学生要不断增强安全防范意识，才能够做到一帆风顺。

❶ 层层过滤就业信息

学校就业信息网发布的就业信息都是经过严格核实的，包括核实用人单位的工商许可证、营业执照等，基本确保了就业信息的真实性、准确性和安全性。

如果大学生通过其他渠道获得了就业信息，那么就一定要想方设法通过各种途径进行核实后再决定是否使用。

❷ 时刻保持警惕

在求职过程中，大学生一定要保持高度的警惕，擦亮眼睛，识别就业陷阱。

- 前往面试的第一天或职前训练的前几天，要留意该单位是否有隐瞒工作性质及业务性质的情况。
- 面试地点太过偏僻、隐秘，或是改变面试地点，或是要求夜间面试，大学生对这些状况皆应加倍小心。面试地点通常不会太隐秘，大学生最好不要去过于隐秘的地点。
- 如果面试时面试官所提的工作内容空泛不具体，大学生不要被其夸大的言辞迷惑。如果面试时自己感觉有不安全或不正常的状况，可以以某种借口迅速离开该单位，及时拒绝不合理的邀约及要求。
- 在面试过程中，如果遇到用人单位要求交保证金或其他培训费用（如报名费、训练费等），大学生一定要慎重，千万不要为了保住工作而盲目交费。
- 面试时可以让同学陪同前往，并准备适当的防范器物，尤其是女大学生要避免夜间到荒僻的地点面试。如果无法结伴而行，至少要将自己的面试时间和地点告知辅导员或同学。
- 面试前后随时与学校辅导员、同学、家长保持联系，并告知面试地址及时间。
- 要求提供亲友名单身份证号码（复印件）的均可能有诈骗嫌疑，大学生要注意识别。

❸ 谨慎行事

在找到合适的工作单位、双方达成就业意向后，大学生需要签订就业协议书。

近来，就业协议书引发的纠纷屡有发生。有的大学生正式到单位报到后，单位却擅自降低劳动报酬，变更原来双方约定的工作岗位；更有甚者以试用期（或见习期）为由不签订劳动合同，使大学生长期处于试用期。所以，大学生在签订就业协议书前，一定要反复斟酌、多方面考察、三思而后行，面试后认真核查。

- 上网或通过其他途径查看该单位（特别是企业、公司）登载的营业项目、刊登的项目、面试现场所见，判断三者是否相符。
- 登录有关部门的网站查看，或与亲友交谈，看该公司是否被列入了黑名单。
- 思考自己面试的职务内容是否与自己找工作时的初衷相符，并且所获得的待遇是否合乎自己的期望值。
- 面试当天或初进该单位的数天内，若被要求付给该单位一笔钱，则要特别注意。

二、就业安全

大学生由于在校期间缺少对劳动法律法规知识的系统学习，所以在就业环节中存在不少的法律盲区，当利益受到侵害时往往不知所措；其次，大学生自身守法观念可能较弱，若出现随意毁约、虚假应聘等问题，会给当事人、用人单位和学校带来很多负面影响。

因此，大学生应提高警惕，加强自我保护的意识，了解并熟知就业的相关政策法规，树立维权意识和提升自我保护能力，从而在就业时用政策法规保护自己，免受不合理的侵犯，成功就业。

（一）大学生就业权益的自我保护

大学毕业生在就业的过程中必须学会相应的自我保护措施，保护自身的合法权益不被侵害。

❶ 自觉遵守就业规范

在就业过程中，大学生应自觉遵守就业规范和相应的规则。据相关规定，当大学生有下列情形之一时，学校不再为其提供就业服务。

- 不顾就业单位需要，坚持个人无理要求，经多方教育后仍拒不改正的。
- 已签订就业协议书，无正当理由超过3个月不去就业单位报到的。
- 去就业单位报到后，因不服从安排或提出无理要求被就业单位退回的。

❷ 了解政策和法规

了解目前国家关于大学生就业的相关方针、政策和规范，以及它们之间的关系，熟悉大学生在就业过程中的权利和义务，是大学生实现自我保护的前提。只有这样，大学生才能发现就业过程中的不正当行为，从而依据法规办事，维护自己的合法权益。

❸ 预防合法权益受侵害

大学生在求职就业过程中，应本着诚实、信用和平等的原则，凭自身实力参与竞争。同时，大学生要有风险意识，对于一些用人单位使用虚假广告、高薪待遇等欺骗手段的招聘做法，要有提防和戒备心理，预防侵害自身合法权益行为的发生。

❹ 维护自身合法权益

在就业过程中，大学生可能会遇到一些不公平现象，使自身的合法权益受损。此时，大学生要敢于拿起法律武器据理力争，使自己处在与用人单位平等的地位，保障自己的合法权益。在实际维护自身合法权益的过程中，大学生除了个人的力量之外，还可以依靠向学校求助、向国家行政机关投诉、借助新闻媒体和寻求法律援助等方式来维护自己的合法权益。

（二）就业法律保障

就业法律保障主要通过劳动合同实现。劳动合同是用人单位与劳动者之间明确权利与义务的协议，所有劳动合同都必须依据《劳动合同法》制定，而不能依据用人单位的单方面意愿来制定。订立劳动合同要遵循合法、平等、自愿、协商一致的原则，不得违反法律和行政法规的规定。由于《劳动合同法》的内容多而全，下面仅列出一些与大学生关系密切的劳动合同签订注意事项。

❶ 必须签订劳动合同

现实中，一些用人单位对劳动合同存在错误的认识，即签订劳动合同就会将自己与劳动者捆绑在一起，而没有签订劳动合同就与劳动者没有劳动关系，可以规避对自己不利的规定。

其实不然，《劳动合同法》关于劳动合同的签订有以下规定。

- 《劳动合同法》第十条规定："建立劳动关系，应当订立书面劳动合同。已建立劳动关系，未同时订立书面劳动合同的，应当自用工之日起一个月内订立书面劳动合同。用人单位与劳动者在用工前订立劳动合同的，劳动关系自用工之日起建立。"
- 《劳动合同法》第八十二条规定："用人单位自用工之日起超过一个月不满一年未与劳动者订立书面劳动合同的，应当向劳动者每月支付二倍的工资。用人单位违反本法规定不与劳动者订立无固定期限劳动合同的，自应当订立无固定期限劳动合同之日起向劳动者每月支付二倍的工资。"

由此可见，用人单位若不与劳动者签订书面劳动合同，将面临更大的法律风险。

❷ 个人隐私保护

为了保护劳动者的隐私，《劳动合同法》第八条规定："用人单位招用劳动者时，应当如实告知劳动者工作内容、工作条件、工作地点、职业危害、安全生产状况、劳动报酬，以及劳动者要求了解的其他情况；用人单位有权了解劳动者与劳动合同直接相关的基本情况，劳动者应当如实说明。"这条规定表明不属于"与劳动合同直接相关的基本情况"，用人单位无权过问，劳动者也有权拒绝回答。

另外，《就业服务与就业管理规定》也规定，用人单位在招用人员时，除国家规定的不适合妇女从事的工种或者岗位外，不得以性别为由拒绝录用妇女或者提高对妇女的录用标准。用人单位录用女职工，不得在劳动合同中规定限制女职工结婚、生育的内容。

❸ 不得要求提供担保或收取财物

某些不正规的用人单位在招聘或录用过程中，为了谋取钱财，会利用招聘向求职者收取招聘费、培训费、押金或服装费等，以及要求必须扣押证件等，在《劳动合同法》中这些行为都是被禁止的。

同时，《劳动合同法》第八十四条规定："用人单位违反本法规定，扣押劳动者居民身份证等证件的，由劳动行政部门责令限期退还劳动者本人，并依照有关法律规定给予处罚。用人单位违反本法规定，以担保或者其他名义向劳动者收取财物的，由劳动行政部门责令限期退还劳动者本人，并以每人五百元人民币以上二千元以下的标准处以罚款；给劳动者造成损害的，应当承担赔偿责任。"

❹ 同工同酬

《劳动合同法》第六十三条规定："被派遣劳动者享有与用工单位的劳动者同工同酬的权

利。用工单位应当按照同工同酬原则，对被派遣劳动者与本单位同类岗位的劳动者实行相同的劳动报酬分配办法。用工单位无同类岗位劳动者的，参照用工单位所在地相同或者相近岗位劳动者的劳动报酬确定。”同工同酬是指技术和劳动熟练程度相同的劳动者在从事同种工作时，不分性别、年龄、身份、民族、区域等差别，只要提供相同的劳动量，就应获得相同的劳动报酬。同工同酬最重要的贡献之一是规定了同一工种不再有合同工与正式工的差别，在同一企业工作的劳动者只要是相同工种，就应得到相同报酬。

在实际施行过程中，同工同酬作为一项分配原则也有其相对性：即使相同岗位的劳动者之间也有资历、能力、经验等方面的差异。因此劳动报酬只要大体相同就不违反同工同酬原则。

⑤ 关于试用期

试用期指用人单位和劳动者为相互了解和选择，在劳动合同中约定的不超过6个月的考察期。劳动合同中约定试用期不是必备条款，而是协商条款，是否约定由劳动者和用人单位协商确定。但是，双方如果约定试用期，就必须遵守有关规定。《劳动合同法》关于在劳动合同中约定试用期主要有以下规定。

- 劳动合同期限三个月以上不满一年的，试用期不得超过一个月；劳动合同期限一年以上不满三年的，试用期不得超过二个月；三年以上固定期限和无固定期限的劳动合同，试用期不得超过六个月。
- 同一用人单位与同一劳动者只能约定一次试用期。
- 以完成一定工作任务为期限的劳动合同或者劳动合同期限不满三个月的，不得约定试用期。
- 试用期包含在劳动合同期限内。劳动合同仅约定试用期的，试用期不成立，该期限为劳动合同期限。
- 劳动者在试用期的工资不得低于本单位相同岗位最低档工资或者劳动合同约定工资的百分之八十，并不得低于用人单位所在地的最低工资标准。

用人单位违反《劳动合同法》规定与劳动者约定试用期的，由劳动行政部门责令改正；违法约定的试用期已经履行的，由用人单位以劳动者试用期满月工资为标准，按已经履行的超过法定试用期的期间向劳动者支付赔偿金。

⑥ 关于违约金

《劳动合同法》对违约金条款有严格的限制，明确规定只有以下两种情形可以在劳动合同中约定违约金。

- 用人单位与劳动者可以在劳动合同中约定保守用人单位的商业秘密和与知识产权相关的保密事项。对负有保密义务的劳动者，用人单位可以在劳动合同或者保密协议中与劳动者约定竞业限制条款，并约定在解除或者终止劳动合同后，在竞业限制期限内按月给予劳动者经济补偿。劳动者违反竞业限制约定的，应当按照约定向用人单位支付违约金。
- 竞业限制的人员限于用人单位的高级管理人员、高级技术人员和其他负有保密义务的人员。竞业限制的范围、地域、期限由用人单位与劳动者约定，竞业限制的约定不得违反法律、法规的规定。在解除或者终止劳动合同后，前款规定的人员到与本单位生产或者经营同类产品、从事同类业务的有竞争关系的其他用人单位，或者自己开业生产或者经营同类产品、从事同类业务的竞业限制期限，不得超过二年。

除以上两种情况外，用人单位不得与劳动者约定由劳动者承担违约金。即除这两种情况外用人单位要求劳动者支付违约金都是不合法的行为。

⑦ 关于辞退

《劳动合同法》中关于用人单位辞退劳动者的情形分为 3 种类型：即时通知解除、预告通知解除和经济性裁员。为了更好地保护劳动者的合法权益，《劳动合同法》对每一类辞退员工的情形都有条件限制，如即时通知解除劳动合同的，用人单位需要承担举证责任，即劳动者在试用期内不符合录用条件，或严重违纪、营私舞弊给单位造成重大损失，或劳动合同无效，或员工兼职给单位工作造成严重影响，或被追究刑事责任等；预告通知解除劳动合同的，需要符合法定情形，并且履行法定程序；经济性裁员也要符合裁员的条件并履行法定程序等。下面分别介绍《劳动合同法》中关于用人单位解除劳动合同的具体规定。

（1）用人单位可解除劳动合同的情况。《劳动合同法》第四十条规定，有下列情形之一的，用人单位提前三十日以书面形式通知劳动者本人或者额外支付劳动者一个月工资后，可以解除劳动合同。

- 劳动者患病或者非因工负伤，在规定的医疗期满后不能从事原工作，也不能从事由用人单位另行安排的工作的；
- 劳动者不能胜任工作，经过培训或者调整工作岗位，仍不能胜任工作的；
- 劳动合同订立时所依据的客观情况发生重大变化，致使劳动合同无法履行，经用人单位与劳动者协商，未能就变更劳动合同内容达成协议的。

（2）用人单位不可解除劳动合同的情况。《劳动合同法》第四十二条规定，劳动者有下列情形之一的，用人单位不得依照本法第四十条、第四十一条的规定解除劳动合同。

- 从事接触职业病危害作业的劳动者未进行离岗前职业健康检查，或者疑似职业病病人在诊断或者医学观察期间的；
- 在本单位患职业病或者因工负伤并被确认丧失或者部分丧失劳动能力的；
- 患病或者非因工负伤，在规定的医疗期内的；
- 女职工在孕期、产期、哺乳期的；
- 在本单位连续工作满十五年，且距法定退休年龄不足五年的；
- 法律、行政法规规定的其他情形。

（3）用人单位应支付经济补偿的情况。《劳动合同法》第四十六条规定，有下列情形之一的，用人单位应当向劳动者支付经济补偿。

- 劳动者依照本法第三十八条规定解除劳动合同的；
- 用人单位依照本法第三十六条规定向劳动者提出解除劳动合同并与劳动者协商一致解除劳动合同的；
- 用人单位依照本法第四十条规定解除劳动合同的；
- 用人单位依照本法第四十一条第一款规定解除劳动合同的；
- 除用人单位维持或者提高劳动合同约定条件续订劳动合同，劳动者不同意续订的情形外，依照本法第四十四条第一项规定终止固定期限劳动合同的；
- 依照本法第四十四条第四项、第五项规定终止劳动合同的；
- 法律、行政法规规定的其他情形。

总体来说，除了劳动者因个人原因主动辞职，或个人不满足岗位需求、违法乱纪外，因用人单位的情况，如经营不善倒闭、用人单位不按劳动法办事等原因解除劳动合同的，用人单位都应支付经济补偿。根据《劳动合同法》第四十七条规定，经济补偿的金额按劳动者在本单位工作的年限而定，具体情况如下。

- 每满一年支付一个月工资的标准；
- 六个月以上不满一年的，按一年计算；
- 不满六个月的，支付半个月工资的经济补偿。

另外，上述所称月工资是指劳动者在劳动合同解除或者终止前十二个月的平均工资。劳动者月工资高于用人单位所在直辖市、设区的市级人民政府公布的本地区上年度职工月平均工资三倍的，向其支付经济补偿的标准按职工月平均工资三倍的数额支付，向其支付经济补偿的年限最高不超过十二年。

自我测评

本次“自我测评”用于测试同学们的社会实践安全意识的强弱，共7道测试题。请仔细阅读以下内容，实事求是地作答。若回答“是”，则在测试题后面的括号中填“是”；若回答“不是”，则在测试题后面的括号中填“否”。

1. 你在找兼职工作时会加强安全防范意识。（　）
2. 你会对预交押金的兼职工作说不。（　）
3. 你在实习中严格遵守劳动纪律。（　）
4. 你知道并能识别常见的求职陷阱。（　）
5. 你会层层过滤就业信息，确保就业信息的真实性、准确性和安全性。（　）
6. 你有较强的就业权益自我保护意识。（　）
7. 你了解一些劳动合同相关的法律知识。（　）

以上填“是”的选项越多说明你在勤工助学、实习、求职就业等社会实践中的安全意识越强。大学生终将走出校园，增强社会实践安全意识是保护自己合法权益不受侵害的根本方法。

过关练习

一、判断题

1. 国家严令禁止传销。（　）
2. 建立劳动关系时，应当订立书面劳动合同。（　）
3. 《劳动合同法》禁止用人单位在招聘或录用过程中，向求职者收取招聘费、培训费、押金或服装费。（　）
4. 劳动合同期限一年以上不满三年的，试用期不得超过一个月。（　）
5. 《劳动合同法》中关于用人单位辞退劳动者的情形分为即时通知解除、预告通知解除、强制性解除和经济性裁员。（　）

二、单选题

1. 严格遵守安全管理制度和安全卫生规程是遵守（　）的要求。

A. 履约纪律　　B. 考勤纪律

C. 安全卫生纪律　　D. 日常行为纪律

2. 用人单位自用工之日起超过一个月不满一年未与劳动者订立书面劳动合同的，应当向劳动者每月支付（　）的工资。

A. 二倍　　B. 三倍　　C. 四倍　　D. 五倍

3. 同一用人单位与同一劳动者只能约定（ ）试用期。

A. 一次　　B. 二次　　C. 三次　　D. 四次

三、多选题

1. 实习协议应包含（ ）等内容。

A. 实习期内工作时间的约定　　B. 实习期内实习报酬的约定

C. 实习期内实习生发生伤亡的处理　　D. 实习期内发生纠纷的处理

2. 大学生一定要保持高度的警惕，在求职过程中应当（ ）。

A. 留意该单位是否隐瞒了工作性质及业务性质

B. 为了保住工作完全按照用人单位的要求交纳保证金

C. 及时拒绝不合理的邀约及要求

D. 避免提供亲友名单

3. 订立劳动合同要遵循的原则包括（ ）。

A. 合法　　B. 平等　　C. 自愿　　D. 协商一致

四、思考题

1. 大学生在求职就业时应注意哪些事项？

2. 劳动纪律有何作用？

3. 阅读下面的材料，分析当事人该如何保护自己的就业权益。

南充市某大学十多名大学生集体到深圳的一家民营企业做电子产品组装工作。该企业给学生的口头承诺是：月薪5000元，外加年终分红；工作满1年的，分房；工作满3年的，直接配车。这些学生都觉得天上掉馅饼了，这么好的机会怎能错过呢？于是，他们没有多想就去了深圳。

到了该企业之后，急于求成的学生草率地签订了劳动合同。1个月之后，所有人都大呼上当了。他们的月薪确实是定为5000元，但是在工作中他们经常会违反合同中的霸王条款。例如，迟到一次罚款500元；工作时间上厕所超过2分钟，罚款200元等。结果，1个月高强度工作下来，扣掉各种罚款后，实际发到大家手里的月薪只有不到1000元。学生集体反抗，说要辞职不干了，该企业拿出劳动合同，要求每个学生交10000元的违约金。学生说，企业在学校谈的时候可不是这么说的，该企业则表示，请拿出证据来，众学生木然。

提示：（1）大学生在签订劳动合同时，一定要认真看清合同里的条款，这样才能有效地保护自身的利益。（2）大学生一旦发觉上当受骗，要及时向用人单位所在地的劳动保障监察大队或公安派出所报案，寻求法律保护。

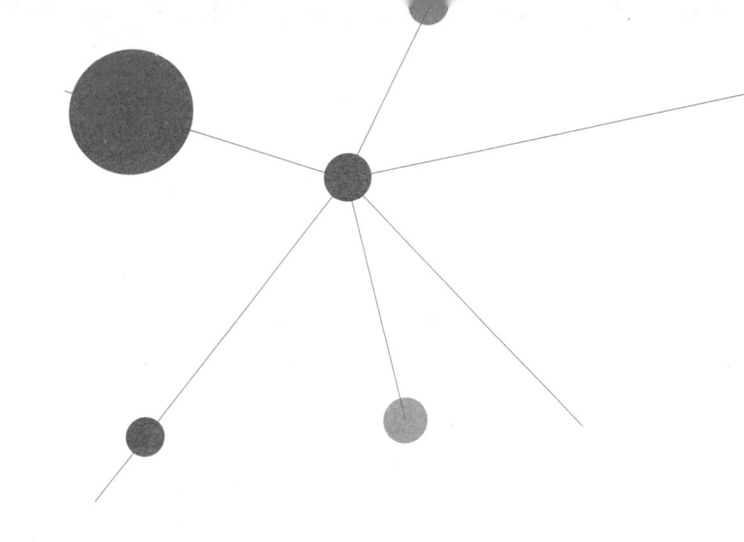

[1] 王明雯．认清国家安全形势 树立国家安全观念 [N]．光明日报，2016.

[2] 张密丹．大学生安全教育：慕课版 [M]．北京：人民邮电出版社，2016.

[3] 曹帅召．大学生安全教育 [M]．北京：经济科学出版社，2010.

[4] 贵州省教育厅．校园警钟：大学生安全教育读本 [M]．北京：电子工业出版社，2010.

[5] 朱亚敏 . 预防与应对：大学生安全教育读本 [M]．南京：东南大学出版社，2011.

[6] 王忠东，孙海燕．新型冠状病毒感染防护读本 [M]．青岛：青岛出版社，2020.

[7] 刘卫锋．大学生安全教育 [M]．南京：南京大学出版社，2018.

[8] 宁波市高等学校保卫工作研究会．安全教育读本：大学生身边的故事 [M]．宁波：宁波出版社，2018.